中国城乡规划·建筑学·园林景观博士文库

控规运行过程中公众参与制度设计研究

——以上海为例

著者　莫文竞
导师　夏南凯
学科　城市规划
单位　同济大学

东南大学出版社
SOUTHEAST UNIVERSITY PRESS
·南京·

内 容 提 要

2008年的《城乡规划法》通过设置公众参与制度，保障行政相对人的合法利益，提高公众对规划的接受性，促进城乡规划的公正性。但是近年来，我国公众对于城乡规划的争议事件却日渐增多。基于相关研究，公众参与制度的程序正义价值是促进行政过程程序正义，实现实质正义的必要条件。因此，本书以程序正义为视角，在建构城乡规划公众参与制度程序正义标准的基础上，以上海市为案例，运用社会学调查研究方法，从宏观(公众参与制度的总体实施概况)和微观(公众参与制度运行细节)两个层面对控制性详细规划运行过程中的公众参与制度进行程序正义考量，解析目前公众参与制度在程序正义方面存在的设计缺陷，优化程序正义标准下公众参与制度设计的内容，为我国城乡规划公众参与实践提供理论支持。

本书可供城乡规划、公共管理等专业方向人员及师生参考，也可供城市政府、城市建设及规划管理人员阅读。

图书在版编目(CIP)数据

控规运行过程中公众参与制度设计研究 ：以上海为例 / 莫文竞著. — 南京 ：东南大学出版社，2018.5

(中国城乡规划·建筑学·园林景观博士文库 / 赵和生主编)

ISBN 978-7-5641-7737-9

Ⅰ. ①控… Ⅱ. ①莫… Ⅲ. ①城乡规划-公民-参与管理-研究-上海 Ⅳ. ①TU982.251

中国版本图书馆CIP数据核字(2018)第089593号

控规运行过程中公众参与制度设计研究——以上海为例

著　　者　莫文竞
责任编辑　宋华莉
编辑邮箱　52145104@qq.com

出版发行　东南大学出版社
出 版 人　江建中
社　　址　南京市四牌楼2号(邮编:210096)
网　　址　http://www.seupress.com
电子邮箱　press@seupress.com

印　　刷　南京玉河印刷厂
开　　本　700 mm×1 000 mm　1/16
印　　张　17.5
字　　数　341千字
版　　次　2018年5月第1版　2018年5月第1次印刷
书　　号　ISBN 978-7-5641-7737-9
定　　价　58.00元

经　　销　全国各地新华书店
发行热线　025-83790519　83791830

(本社图书若有印装质量问题，请直接与营销部联系，电话:025-83791830)

主编的话

回顾我国20年来的发展历程，随着改革开放基本国策的全面实施，我国的经济、社会发展取得了令世人瞩目的巨大成就，就现代化进程中的城市化而言，20世纪末我国的城市化水平达到了31%。可以预见：随着我国现代化进程的推进，在21世纪我国城市化进程将进入一个快速发展的阶段。由于我国城市化的背景大大不同于发达国家工业化初期的发展状况，所以，我国的城市化历程将具有典型的“中国特色”，即在经历了漫长的农业化过程而尚未开始真正意义上的工业化之前，我们便面对信息化时代的强劲冲击。因此，我国城市化将面临着劳动力的大规模转移和第一、第二、第三产业同步发展、全面现代化的艰巨任务。所有这一切又都基于如下的背景：我国社会主义市场经济体制有待于进一步完善与健全；全球经济文化一体化带来了巨大冲击；脆弱的生态环境体系与社会经济发展的需要存在着巨大矛盾……无疑，我们面临着严峻的挑战。

在这一宏大的背景之下，我国的城镇体系、城市结构、空间形态、建筑风格等我们赖以生存的生态及物质环境正悄然发生着重大改变，这一切将随着城市化进程的加快而得到进一步强化并持续下去。当今城市发展的现状与趋势呼唤新思维、新理论、新方法，我们必须在更高的层面上，以更为广阔的视角去认真而理性地研究与城市发展相关的理论及技术，并以此来指导我国的城市化进程。

在今天，我们所要做的就是为城市化进程和现代化事业集聚起一支高质量的学术理论队伍，并把他们最新、最好的研究成果展示给社会。由东南大学出版社策划的《中国城乡规划·建筑学·园林景观博士文库》，就是在这一思考的基础上编辑出版的，该博士文库收录了城市规划、建筑学、园林景观及其相关专业的博士学位论文。鼓励在读博士立足当今中国城市发展的前沿，借鉴发达国家的理论与经验，以理性的思维研究中国当今城市发展问题，为中国城市规划及其相关领域的研究和实践工作提供理论基础。该博士文库的收录标准是：观念创新和理论创新，鼓励理论研究贴近现实热点问题。

作为博士文库的最先阅读者，我怀着钦佩的心情阅读每一本论文，从字里行间我能够读出著者写作的艰辛和锲而不舍的毅力，导师深厚的学术修养和高屋建瓴的战略眼光，不同专业、不同学校严谨治学的风格和精神。当把这一本本充满智慧的论文奉献给读者时，我真挚地希望每一位读者在阅读时迸发出新的思想火花，热切关注当代中国城乡的发展问题。

可以预期，经过一段时间的“引爆”与“集聚”，这套丛书将以愈加开阔多元的理论视角、更为丰富扎实的理论积淀、更为深厚真切的人文关怀而越来越清晰地存留于世人的视野之中。

赵和生
南京工业大学

序 言

现在摆在读者面前的《控规运行过程中公众参与制度设计研究——以上海为例》一书是我的学生莫文竞博士在其博士论文的基础上修改而成的。作为她的硕士及博士研究生导师，我为此由衷地感到高兴。公众参与是促进城乡规划决策更加公平正义的重要手段，正值城乡规划面临变革之际，这本专著的出版可谓正当其时，颇具理论创新价值和实践指导意义。

公众参与理念源自西方，是参与式、协商式民主理念在城市规划管理方面的体现，也是保障公众权益，保障城市规划顺利实施，促进城市健康发展的需要。我国在计划经济时期，政府包办一切城市建设，城市规划领域没有公众参与的需求。改革开放后实行市场经济，土地有偿使用，政府通过控规引导城市开发建设，控规成为政府经营城市、推动经济发展的工具。由于控规一直以来处于一种"重实体、轻程序"的状态，无法有效控制政府滥用职权，保障公众的权利，导致控规运行结果出现了很多侵犯个人利益，资源分配不公的现象。控规运行过程急需建立公众参与制度，缓和规划和公众之间的矛盾，提高城市规划决策的公平正义。

2008 年《城乡规划法》正式确立了公众参与制度的法律地位，一定程度上回应了学界和实务界对公众参与制度的渴望。值得注意的是《城乡规划法》除了明确规定城乡规划草案的公告时间不得少于三十日外，其他规定仍然比较原则。而上海早在 2002 年就颁布了《上海市建设项目规划设计公开暂行规定》，首次在建设项目的管理阶段明确了公众参与的具体内容，包含了项目公开的条件、项目公开的图纸内容，还规定："在方案核定的最后阶段，根据项目的具体情况，规划管理部门可以采取会议或书面征询意见方式进行公开征询意见。"另外还规定了公众意见反馈时间和形式。2006 年又颁布了《上海市制定控制性详细规划听取公众意见的规定》，对公众参与时间、方式做了较为详细的规定。《城乡规划法》颁布近十年，地方层面控规运行过程中公众参与制度的内容究竟是一种怎样的状态？实施情况如何？是否需要改进？目前这些问题的相关研究还较少。对公众参与制度的研究也仅限于技术层面的讨论。本书基于行政法学理论,从程序本位主义的视角探索程序正义标准下公众参与制度设计的内容,为我国城乡规划公众参与实践提供理论支持,具有一定的创新性。作者通过大量的详细案例,给我们呈现了目前公众参与在我国的状态,正是基于这些翔实的调查,使得研究结论更有价值。

莫文竞博士自硕士起就在我的门下,我对于其寄予厚望,并严格要求。城市规划公众参与课题是一个颇为"苦难"的题目,她非常努力,为了更好地获得研究结果,曾在英国交流学习一年,掌握了一定的公众参与理论知识,回国后又在上海市规划与国土资源管理局实习,翻阅了近八百份的卷宗,详细调查了十几个案例,获得大量的一手数据和资料。值得欣慰的是,在家庭和学业双重压力下,她以乐观、进取的心态和严谨求实的态度完成了优秀的博士学位论文。我衷心希望她在今后的学术生涯中继续努力,取得更好的成果。

作为她的导师写下以上文字实为勉励,是为序。

夏南凯

2018/3/16

目 录

第1章 绪 论

1.1 研究缘起

控制性详细规划(以下简称控规)自20世纪80年代在我国产生以来,目前已经有30多年的历史。它是市场经济体制下国家应对土地开发有偿使用,规范开发主体行为的规划管理依据,其根本目的是通过控制政策来保证公众的健康、安全和福利以及公众对更好的物质环境的追求。由于我国城市规划法制体系中长久以来处于一种“重实体、轻程序”的状态,无法有效控制政府滥用职权、保障公众的权利,导致控规运行结果出现了很多侵犯个人利益、资源分配不公的现象。

2008年的《中华人民共和国城乡规划法》(以下简称《城乡规划法》)在国家法律层面明确了“控规”的法定性,将其权威性提高到了前所未有的地位。《城乡规划法》规定城市和镇都必须编制“控规”,这也就意味着扩大了“控规”的适用范围。同时,《城乡规划法》规定城乡规划主管部门必须依据“控规”确定国有土地划拨和出让的规划设计条件;此外还规定了“修建性详细规划应当符合控制性详细规划”。至此,“控规”已经从可有可无的“自选动作”发展为必须执行的“指定动作”,“控规事实上已成为了城乡规划编制与管理体系中的核心环节”①。核心地位的确立对控规运行过程的程序正义和实质正义提出了更高的要求。《城乡规划法》一方面通过设置审批程序、修改程序及公开程序来体现规划行政程序正义精神;另一方面,也是最重要的举措,通过设置公众参与制度,保障行政相对人的合法利益,提高公众对规划的接受性,促进控规运行过程程序正义和实质正义的实现。

上海早在《城乡规划法》颁布前就已经在控规编制(包括调整)和控规实施(行政许可)阶段制定了一定程度的公众参与制度,《城乡规划法》颁布后,更是从操作的细节化和规范化入手,将相应的公众参与紧密融合在控规运行的过程中,要求各区县严格执

---

① 赵民,乐芸. 论《城乡规划法》“控权”下的控制性详细规划——从“技术参考文件”到“法定羁束依据”的嬗变[J]. 城市规划,2009,33(9):24-30.

守。然而我们发现公众参与制度的实施并没有实现预期的结果。首先,公众参与的人数很少,无法实现利益的均衡博弈,规划决策还是基于政府和专家观点的单方结果。从目前上海控规编制(包括调整)过程公众参与的实际案例看,从2009—2013年,772个控规编制(包括调整)项目中有640个项目处于“公众无意见”状态,占总数的82.9%。其次,公众对规划的可接受度仍较低。从2013年上海控规编制(包括调整)过程中公众参与的典型案例调查来看,406位被调查者中有260位公众不认可规划结果,占总数的64%。从2013年上海控规实施(行政许可)过程中公众参与的典型案例调查来看,218位被调查者中有182位公众不认可规划结果,占总数的83.5%。另外,实践中出现了相当数量的规划行政诉讼案件。根据上海规划与土地管理局的年报,2009—2013年,共有219件行政复议案例,其中133件还进行了行政诉讼。更为引人侧目的是,近年来爆发了一系列的公众极端抵制城市建设行为:2008年上海“沪杭磁悬浮”事件,2010年虹桥机场航站楼事件,2013年松江、惠南居民反对电池厂事件,还有近年来愈演愈烈地反对大型变电站项目,等等。当某种行为大量重复发生并成为较为普遍的社会现象时,我们就可以推断与这种行为相关的制度安排在制度结构上产生了问题①,这促使我们对目前的公众参与制度进行反思。

公众参与制度的研究存在两种视角:工具主义视角和本位主义(程序正义)视角。根据相关研究,公众参与制度的程序正义价值是促进行政过程实现程序正义,提高公众满意度,实现实质正义的必要条件,因此,本研究选择以程序正义为研究视角,以上海为例对控规运行过程中的公众参与制度进行研究,探索程序正义标准下公众参与制度设计的内容,为我国城乡规划公众参与实践提供理论支持。

本研究主要基于四个问题:① 目前控规运行过程中的公众参与制度状况是怎样的? ② 目前控规运行过程中的公众参与制度是否能实现程序正义? ③ 如果没有很好地实现程序正义,那么目前的公众参与制度存在哪些缺陷? ④ 以程序正义为标准,该如何设计公众参与制度?

1.2 研究意义

1.2.1 理论意义

(1) 丰富和拓展已有的程序正义理论

Tyler的研究告诉我们,“程序正义的意义随公民与法律权威机构的交往关系属性的变化而变化,个人并没有一个可以应用于所有情形的单一的衡量标准,而毋宁是

① 李龙浩.土地问题的制度分析:以政府行为为研究视角[M].北京:地质出版社,2007.

随着环境的不同而关注不同的问题。”①目前还没有城乡规划公众参与领域程序正义标准的研究，本研究结合程序正义及公众参与的相关理论，针对城乡规划领域的特点，搭建出适合于城乡规划公众参与程序正义的评判标准，丰富程序正义的研究领域。

另外，已有的行政过程程序正义的价值研究多是基于自然正义、尊严、道德理论及程序正义心理学视角理论，对哈贝马斯的理性程序主义理论的应用还较少，本研究将这一要素融入到城乡规划公众参与程序正义标准中，并将其应用到上海控规运行过程中公众参与制度设计的研究中，通过实践验证其实用性，拓展了程序正义的研究内容。

(2) 补充和完善已有的公众参与制度设计理论

目前的公众参与制度研究多是从公众参与的工具主义视角进行分析，例如，如何设计公众参与以提高决策的民主性，如何设计公众参与以提高决策的质量，等等，而缺乏对从程序本位主义视角对公众参与制度进行研究。我们知道，程序正义是实现实质正义的必要条件，公众参与制度必须通过体现本身应具有的“正当价值”来促进实质正义的实现。本研究通过程序正义标准对公众参与制度进行考量，搭建基于程序正义标准的公众参与制度设计内容，对补充和完善公众参与制度设计理论具有重要的意义。

1.2.2　实践意义

(1) 有利于提高我国法定规划运行的程序正义及实质正义，促进法定规划的实施

长久以来规划决策的“单中心”体制导致规划决策程序正义的不足，受决策影响的公众被排除在决策程序外，这大大影响了规划程序的公正性及结果的可接受性，导致了规划实施的困难。控规被赋予法定规划地位后，其权威性必须与其可接受性相匹配，法定规划的正当性要求彰显，通过基于程序正义标准的公众参与制度设计，可以大大提高法定规划编制(包括调整)和实施(行政许可)过程中的程序正义，获得程序的正当性及实质正义，促进规划的实施。

(2) 为正在进行的以及未来的上海市控规运行过程中的公众参与制度改革提供借鉴

随着国家政治民主建设的发展和城市规划实践对公众参与的需求，上海市行政管理部门拟定对目前的控规运行过程中的公众参与制度进行改进，扩大公众参与的范围和程度。但是如何改进，政府部门还未确定出很好的方向。是继续沿着工具主义视角对其进行设计？还是从程序正义视角对其进行探索？本研究认为，在我国目前特殊的制度环境下，如行政权力还不够规范，公众对政府信心不足等都提示我们应该从程序正义的视角出发，通过公众参与程序正义的设计提高规划决策的实质正义，这样会大大提高公众对制度的信任和尊重，从而更有利于公众参与制度的实施，也更能获得实质正义。本研究从程序正义视角出发，根据程序正义评价标准，解析了目前上海控规

① Lind E A, Tyler T R. The Social Psychology of Procedural Justice[M]. New York: Plenum Press, 1988.

运行过程中公众参与制度的缺陷，并以解决问题为出发点，以目标为指导，以制度环境为依托设计了适合于上海控规运行过程中的公众参与制度设计，为政府进行公众参与制度的改革和创新提供借鉴。

1.3 概念界定

1.3.1 程序正义

(1) 程序的概念

从一般的意义上看，程序是指“事情进行的先后次序”或者“按时间先后或依次安排的工作步骤”，它有“顺序”“手续”“方式”“步骤”以及“程式”等各种不同的含义。人们通常所说的办事或者工作的顺序、电脑软件的设计程序、机器的操作规程等都可以说是这种广义上的“程序”的具体表现①。法学角度的“程序”定义则是从过程、方式和关系三种要素对其进行限定。孙笑侠认为程序是从事法律行为、作出某种决定的过程、方式和关系。过程是时间概念，方式和关系是空间概念。程序就是由这样的时空三要素所构成的一个统一体，当然，这其中最主要的是关系②。卢曼认为，所谓程序就是为了法律性决定的选择而预备的相互行为系统。季卫东认为，程序主要表现为“按照一定的顺序、方式和手续来作出决定的相互关系”③。由上分析，法学概念的程序呈现三大特点：第一，程序是针对特定的行为而作出要求的；第二，程序是以法定时间和法定空间方式作为基本要素的；第三，程序具有形式性。

陈瑞华认为“根据所要产生或者形成的实体决定的不同，法律程序也相应地具有不同的性质和特点。如立法机关为制定和颁布一部法律，按照一定的步骤和顺序而经过的法律实施过程可称为‘立法程序’；有关机构或者团体为选举领袖或者民意代表而经过的法律实施过程可称为‘选举程序’；行政机构为颁布一部行政法规或者作出一项行政决定而经过的法律实施过程可称为‘行政程序’；司法机关为解决一起纠纷而制定一项司法裁判而经过的法律实施过程可称为‘司法程序’”④。本研究对象是控规运行过程中公众参与制度设计，属于行政程序的范畴。

(2) 正义的概念

正义是一个历史的、相对的概念，多方面、多层次的规定性和含义使其具有显著的“开放性”特征。正如美国法学家 E. 博登海默在考察人类历史有关正义的观点时所言：“正义有着一张普洛透斯似的脸，变幻无常、随时可呈不同形状并具有极不相同的

① 陈瑞华. 程序正义理论[M]. 北京：中国法制出版社，2010.
② 孙笑侠. 程序的法理[M]. 北京：商务印书馆，2010.
③ 季卫东. 法治秩序的建构[M]. 北京：中国政法大学出版社，1999.
④ 陈瑞华. 程序正义理论[M]. 北京：中国法制出版社，2010.

面貌。”[①]

“正义”源自古希腊先哲对自然法的讨论，其代表性人物包括毕达哥拉斯、苏格拉底、柏拉图和亚里士多德等。毕达哥拉斯是历史上第一个从“权利”出发，引出“公平”“正义”的理念的思想家，他的正义建立在“比例权利”和“政治公平”的基础上，按比例享权利，实现政治公平，就是“正义”[②]。苏格拉底对正义问题的探讨散见于其诸如“欠债还债就是正义”“正义是智慧与善，不正义是愚昧和恶”“正义是心灵的德性，不正义是心灵的邪恶”等的论断当中，他将德性视为展现正义理念的超验实在。柏拉图认为正义就是“每个人只能从事最适合自己天性的职业，各行其是，各司其职”，他强调的是正义特征的等级性和秩序性[③]。亚里士多德把正义与平等联系在一起，他认为，正义是指按照均衡原则将这个世界的万事万物公平地分配给社会的全体成员，相等的东西给予相同的人，不相等的东西给予不相同的人。同时在他看来，正义不仅是一种内在的道德意识，同时也必须体现于外在的行为，并内含着关心他人的善。人们不论做什么事情都是为了追求一个目的，这个目的就是善和至善。他认为，如果人们从事的事情是在追求该目的，就是正义的，反之，便是不正义的[④]。

中世纪时期，正义概念已经被笼罩上了神学的色彩。在他们那里，正义是合乎逻辑的宗教推断的结果。人的正义只有借助于神的恩典才能达到。托马斯·阿奎那的正义论是中世纪正义理论的典型代表。对于公正他是这样描述的：“一种习惯，依据这种习惯，一个人以一种永恒不变的意愿使每个人获得其应得的东西。”他将公正分为“自然的公正”和“实在的公正”。自然的公正也就是理所应当就是这样的公正。实在的公正就是通过协议而达成的恰当的比例。

近代以来的正义理念虽然对传统正义理论有所借鉴，但它本质上是一种资产阶级的正义观念，描绘的是资本主义社会的理想图景。按照沈晓阳先生的观点：“资产阶级革命之前和革命之初的正义观侧重于对自由、平等、博爱的呼吁；资产阶级革命中后期的正义观侧重于对秩序和权威的建构；而革命之后特别是工业革命以后的正义观则侧重于对功利和效率的追求。”[⑤]如康德认为正义意味着自由，自由是属于每个人的唯一原始和自然的权利。洛克和卢梭持自然状态说和社会契约论。他们认为人具有天赋的自由与平等的权利与权力，为了自我保存，人们之间相互制定契约，将自己的一部分权利让渡出去，成立国家，国家的正义性在于保障人们拥有自由、平等、权利的共和制

① [美]博登海默 E. 法理学：法律哲学与法律方法[M]. 邓正来，译. 北京：中国政法大学出版社，2004.

② 北京大学哲学系外国哲学史教研室. 古希腊罗马哲学[M]. 上海：生活·读书·新知三联书店，1957.

③ 周展. 试论早期希腊正义观的变迁——从荷马到梭伦[M]//杨适. 希腊原创智慧. 北京：社会科学文献出版社，2005.

④ [古希腊]亚里士多德. 雅典政制[M]. 日知，力野，译. 北京：商务印书馆，1959.

⑤ 沈晓阳. 西方正义观念的历史演变及其启示[J]. 杭州师范学院学报(社会科学版)，2003(3)：31.

社会。基于平等自由原则签订的契约具有正义性;同时,正义也在于人们对契约的遵守[①]。而在霍布斯与黑格尔那里,秩序与权威则作为正义的基本价值得到强调。他认为在国家状态下,臣民之间是平等的,但"主权者的荣位应当比任何一个或全体臣民高";"臣民的自由只有在主权者未对其行为加以规定的事物中才存在";受委托的人必须体现"分配正义",将各人的份额分配给每一个人[②]。在黑格尔的理论体系里,正义通过理性与自由建立了联系,又通过自由这个历史目标成了法律的职责,并通过对人权和权利的保护而体现出来。他认为权利的实现和保障就是正义的体现,通俗地说,就是"给人以所应得"。黑格尔将国家与法视为正义的理性代表,认为它们具有维护人的自由权利的正义功能,因此他强调国家的权威,主张个人服从国家[③]。至于功利主义者则认为,正义原则本身要求产生最大限度的快乐或幸福。约翰·穆勒不同意把正义根源归结为自然权利,也不同意把它归结为社会契约,他主张正义的根源在于最大多数人的最大幸福,也就是功利。同时他认为法律只能在有限的范围内实现公平[④]。有学者将这一理论称为"功利主义的正义论"。边沁则从实证的立场丰富了法律正义的内涵,他认为,所有的法律或应有的法律的一般目的都是在于增加人民的幸福。他主张正义的标准应建立在功利上,即看其对人的幸福或痛苦而定。他认为,最大多数人的最大幸福就是判断是非的标准。他明确提出了功利原则,是功利主义学说的主要代表[⑤]。在功利主义出现后,人们质疑它与传统的公正美德是对立的。在密尔看来,人们能否接受功利主义,主要就在于公正这个概念,所以密尔在他的著作《功利主义》这本书中对于公正与功利这两者之间的关系进行了较为细致的描述。他把有关于公正—不公正的行为分为法定的公正、道德的公正、报应的公正、诚信的公正、公道的公正,与之相对的就是法定的权利、道德的权利、应得的权利、约定的权利和天赋的权利。密尔的公正原则就是"最大多数人的最大幸福"原则,公正与权利相关,没有功利就没有公正[⑥]。

诞生于19世纪中叶的马克思主义在总结前人正义观的基础上,深化了正义的观念。一方面,它认为正义观念是社会存在的反映,特别是社会经济结构、阶级结构的反映,不同阶级有不同的正义观念;另一方面,它认为只有消灭私有制,消灭阶级,消灭剥削和压迫之后才能实现真正的正义。正义就是人类的解放,人性的全面发展,自由平等的充分实现[⑦]。

---

① [法]卢梭.社会契约论[M].何兆武,译.北京:商务印书馆,1980.
② [英]霍布斯.论公民[M].应星,冯克利,译.贵阳:贵州人民出版社,2003.
③ [德]黑格尔.法哲学原理[M].范扬,张企泰,译.北京:商务印书馆,1982.
④ [英]约翰·穆勒.功利主义[M].徐大建,译.北京:商务印书馆,2014.
⑤ [英]边沁.政府片论[M].沈叔平,等,译.北京:商务印书馆,1995.
⑥ [英]密尔.功利主义[M].唐钺,译.北京:商务印书馆,1957.
⑦ [德]马克思.资本论:第三卷[M].北京:人民出版社,1975.

在现当代的正义观中，正义本身所包含的自由与平等的内在张力逐渐显现，正义理论趋于多元化。其中，罗尔斯正义理论的影响最为巨大。他的正义理论是一种继承了西方契约论传统的、关于社会基本结构的、具有一定理想色彩的正义理论，其核心内容是平等地分配各种基本权利和义务，同时尽量平等地分配社会合作所产生的利益和负担。他认为"每个人都拥有一种基于正义的不可侵犯性，这种不可侵犯性即使以社会整体利益之名也不能逾越"。因此，正义否认了一些人分享更大利益而剥夺另一些人的自由是正当的这一观点，不承认许多人享受的较大利益能绰绰有余地补偿强加于少数人的牺牲。所以，在一个正义的社会里，平等的公民自由是确定不移的，由正义所保障的权利决不受制于政治的交易或社会利益的权衡。它包含两个正义原则，第一是平等自由原则，第二是机会平等和差别原则①。相比于传统的自由主义正义理论，罗尔斯的正义原则在承认自由权利的基础上，对平等给予了更多的关注，表达了现代西方新自由主义的一种价值原则。当然，现当代依然有人坚守传统的自由主义正义立场，美国哲学家诺齐克就是代表之一。诺齐克批评罗尔斯的正义观，认为分配正义不是真正的正义，一个社会正义与否，不在于它是否在财富的分配上有平等性，不在于最终的结果，而在于财富的获取或转让是否合乎正义。即使社会收入差距再大，只要财富的占有或来源是正义的，财富占有的总体情况也就是正义的②。除了罗尔斯与诺齐克的自由主义正义观外，还有对他们持批评态度的社群主义的正义观，比如麦金泰尔的德性正义观等③。

正义是一个涉及面非常广泛的具有开放性的概念。它在伦理上表现为个人美德；经济和政治上表现为一种和社会理想相符合，足以保证人们的利益与愿望的制度；法学上表现为人与人之间的理想关系——人们各得其所应得。虽然对何为正义学界众口异声，但却异口同声认为，正义是一个哲学和社会学中很宽泛的名词。它包括哲学、社会、政治、经济、文化、法律、伦理等诸多方面的品质和要求，包含着公平、公正、平等、自由、效率、安全、秩序、福利等各种价值和理念。这些价值和理念相互依存，不能完全等同或相互代替。

(3) 程序正义

程序正义也许不是什么新观念。有一种观点认为，早在两千多年前，人们就已经把正义分为不同的三个部分，即分配正义、矫正正义和程序正义。美国法学家戈尔丁在其《法律哲学》一书中也指出，"历史上最早的正义要求看起来就是一种程序上的正义，像《圣经》中告诫官'既听取隆著者，也听取卑微者'"(《旧约全书》)④。不过作为一

---

① [美]约翰·罗尔斯. 正义论[M]. 何怀宏，何保钢，廖申白，译. 北京：中国社会科学出版社，1988.

② [美]罗伯特·诺齐克. 无政府、国家与乌托邦[M]. 何怀宏，等，译. 北京：中国社会科学出版社，1991.

③ [美]罗纳德·德沃金. 至上的美德：平等的理论与实践[M]. 冯克利，译. 南京：江苏人民出版社，2003.

④ [美]马丁·P. 戈尔丁. 法律哲学[M]. 齐海滨，译. 上海：生活·读书·新知三联书店，1987.

种理论探讨，程序正义这个概念是在进入20世纪后才由罗尔斯提出来的。罗尔斯通过分析正义的三种类型，具体阐述了程序正义的内涵。

罗尔斯认为，正义可分为实质正义、形式正义和程序正义三种类型。在罗尔斯看来，实质正义是立法确定人们实体权利义务、分配社会资源时所要遵循的价值标准，如平等、公平。形式正义是指法律适用方面的正义，只要严格执行符合实质正义的法律、制度，就是遵循了形式正义。二者的差别在于实质正义对正义的要求是实质性的，而形式正义对正义的要求则是形式上的。程序正义则介于实质正义与形式正义之间，体现程序本身所具有的独立价值。程序正义要求法律规则在制定和适用中的程序具有正当性，是程序的设计、实施过程中所要实现的价值目标，它存在于一种正义的社会基本结构的背景之下，它意味着规则的制定和适用，权利、义务分配的程序必须具有正当性，可以说它是实现实质正义和形式正义必要而可靠的途径。由此可见，实质正义与形式正义体现一种"结果价值"，强调结果的重要，是评价程序结果的价值标准；而程序正义是一种"过程价值"，强调过程的重要，主要体现在程序的运行过程中，是评价程序本身是否公正的价值标准①。

谷口安平认为，程序正义是"在程序的层次上成为考察对象的正义"，即从程序本身的内涵来体现正义的意蕴②。

鲁千晓、吴新梅(2004)认为，程序正义是指程序的设置和运作都要以先进的正义价值观为指导，程序正义往往是一种深层次的法律精神或理念，贯穿于程序制度的各项原则之中，它是一种法律理想③。

陈瑞华(2010)认为，法律程序自身的公正性要得到实现，无须求诸程序以外的其他因素，而只需从提高程序自身的内在优秀品质着手，使形成法律决定的整个过程符合一些"看得见"的标准或尺度，对于这种标志着法律程序本身内在优秀品质的价值，人们通常称为"程序正义"或程序公正④。

从以上学者的定义可以发现，程序正义并不是一个内涵十分确定的概念，我们只能从关键点把握它的实质含义，即程序正义代表程序本身的内在价值，这种内在价值以正义为根本宗旨。

1.3.2 公众参与

(1)"公众"的概念

关于公众的定义，不同的领域有不同的解释。其中最主要的有公共关系学、社会学和法律学定义。

---

① [美]约翰·罗尔斯. 正义论[M]. 何怀宏，何保钢，廖申白，译. 北京：中国社会科学出版社，1988.

② [日]谷口安平. 程序的正义与诉讼[M]. 王亚新，刘荣军，译. 北京：中国政法大学出版社，2002.

③ 鲁千晓，吴新梅. 诉讼程序公正论[M]. 北京：人民法院出版社，2004.

④ 陈瑞华. 程序正义理论[M]. 北京：中国法制出版社，2010.

公众作为公共关系的基本构成要素，是公共关系学中一个相当重要的概念。它最初由英文 public 一词翻译而来，有泛指公众、民众的含义，也有特指某一方面公众、群众的含义。在公共关系学中，一般把公众理解为因面临共同的问题与特定的公共关系主体相互联系及相互作用的个人、群体或组织的总和①。

社会学定义中公众是指任何因面临某个共同问题而形成的，有着某种共同利益，并为某一特定组织的工作产生互动效应的社会群体②。

法律学定义中公众的基本含义有二：① 从广义上说，公众是除自己之外的所有人，具有排己性。② 从狭义上说，公众是除自己及与自己有相当关系或一定交往的人(或团体)外的人群，具有排他性③。

从这些定义可以明白，公众的本质有两点，即公众具有排他性，公众是面临共同问题的个人、群体和组织。它与“群众”“人民”“人民大众”“人民群众”等词有着本质的不同。人民是一个政治概念，量的方面泛指居民中的大多数，质的方面指一切推动社会历史前进的人，既包括劳动群众，也包括具有剥削性但又促进社会历史发展的其他阶级、阶层或集团。群众包含于人民之中，通常指从事物质资料和精神资料生产的劳动者。人群是社会学用语，量上指居民中的某一部分，质上是一个松散结构，不一定需要合群的整体意识，也不一定要因共同的问题而与特定组织发生联系，凡是人聚在一起均可称之为群。

(2)“参与”的概念

“参与”二字在中国古代典籍中都曾有过，比如“参加”“参预”“参豫”，又如“预闻而参议其事”等。《晋书·唐彬传》中就有这样的描述：“朝有疑议，每参预焉。”《三国志·吴志·朱桓传》载：“是时全琮为督，权又令偏将军胡综宣传诏命，参与军事。”《宋书·薛安都传》则说：“事之本末，备皆参豫。”可见，中国古代的“参与”基本上是君臣共谋政治决策之意，并不是现代意义上的公众参与。《现代汉语词典》把“参与”一词解释为：“参加(事务计划)的讨论、处理。”

在西方，“参与”一词有多种表述方法，如 participation，involvement，consultation，世界银行倾向于使用 consultation，欧盟用 involvement，美国则较多地使用 participation。

各国家在使用之间有细微差别，这些差别在于使用这些概念时所站的角度不同，但基本上都是指参与、加入、参加、咨询。由于参与是加入、参加、咨询，因而参与不是决策主体内部的行为，而是一种由外向内的渗入、介入。所以，就参与行为本身而言，它并不意味着“决定”，而是属于“涉入”性质的。就参与是一种“咨询”“涉入”或“介入”活动而不是决策行为而言，应当说一切参与都属于公众参与的范畴。

---

① 任正臣. 公共关系学[M]. 北京：北京大学出版社，2011.

② 孙立平，等. 社会学导论[M]. 北京：首都经济贸易大学出版社，2012.

③ 柯葛壮. 论非法吸收公众存款罪之构成要件——以实质的解释论为立场[D]. 上海：上海社会科学院，2012.

(3)“公众参与”的概念

公众参与在理论上至今仍未有精确的定义,但这不妨碍对这个概念的理解和研究。中西方学者给出的公众参与的定义至少有以下几种:

① 西方学者的定义

斯凯夫顿报告认为,公众参与是指公众和政府共同制定政策和议案的行为。参与涉及发表言论及实施行动,只有在公众能够积极参加制定规划的整个过程之时,才会有充分的参与[①]。

Arnstein 认为,公众参与是公众的一种权力。参与是权力的再分配,通过这种再分配,那些被排除在现有的政治和经济政策形成过程之外的无权民众,能够被认真地囊括进来[②]。

Glass 认为,公众参与是一个可供民众参与政府的决策规划过程的机会[③]。

Smith 认为,公众参与是指任何相关的民众(个人或团体)所采取以影响决策、计划或政策的行动。

Langton 认为,公众参与是指公民有目的地参与和政府管理相关的一系列活动[④]。

② 中国学者的定义

目前中国学者研究公众参与主要基于城市规划领域和行政法律领域,不同领域的专家对参与的概念也有不同的认识。其中规划界的专家的认识:

孙施文认为公众参与是市民的一项基本权利,在城市规划的过程中必须让广大的市民尤其是受到规划内容影响的市民参加规划的讨论和编制,规划部门必须听取各种意见并且要将这些意见尽可能地反映到规划决策之中[⑤]。

周江评认为公众参与是在一定的社会环境下民众通过各种形式自主发动受公共决策影响的各方参与到有关的决策过程中,对决策施加影响乃至改变决策方向的过程[⑥]。

郝娟认为公众参与是指具有共同利益的个体或非政府社会组织,通过合法的途径介入各类社会公共事务中涉及公共利益政策的制定及决策的过程。在这个过程中,任何一方公众可以通过提出各种要求和建议来表达自己切身利益需求并阻止或促成某

---

① Ministry of Housing and Government. People and Planning[Z]. London: Her Majesty's Office, 1969.

② Arnstein S R. A Ladder of Citizen Participation[J]. Journal of the American Institute of Planners,1969,35(4).

③ Glass J J. Citizen Participation in Planning:The Relationship Between Objectives and Techniques[J]. Journal of the American Institute of Planners,1979,45(2):180.

④ Smith L G. Public Participation in Policy Making:The State-of-the-Art in Canada[J]. Geoforum, 1984,15(2):253 - 259.

⑤ 孙施文. 现代城市规划理论[M]. 北京:中国建筑工业出版社,2007.

⑥ 周江评,孙明洁. 城市规划和发展决策中的公众参与——西方有关文献及启示[J]. 国际城市规划,2005,20(4):41 - 48.

项公共政策①。

行政法学领域的专家认识有：

江必新认为，公众参与指的是行政主体之外的个人和组织对行政过程产生影响的一系列行为的总合②。

方洁认为，参与行政是公民在行政过程中所实施的，影响行政主体形成行政行为的各种活动的总合③。

③ 公众参与的要素

以上研究者的定义虽然不同，但是可以归纳出学者对公众参与的几点共识，这也可以视为公众参与概念的要素：

(a) 公众是指不行使国家权力的个人或组织。虽然研究者们对于公众的范围是公民还是包括公民以外的个人和组织有不同的认识，但是都认为公众是不行使国家职权的主体。

(b) 参与是意在影响政府决策的活动。虽然研究者们对于公众对政府行为应当具有怎样的影响力有不同的认识，但都认为参与的目的在于对政府决策产生影响。

1.4 研究范畴的界定

按照《城乡规划法》《上海城乡规划条例》及上海《控制性详细规划管理规程》(2010)，上海控规运行过程包括控规编制(包括调整)和控规实施两大阶段，其中控规编制(包括调整)过程包含控规立项、控规评估/规划研究、方案编制及审批内容，控规实施包含规划许可和规划执法两大阶段。目前已经建立公众参与制度的仅有控规编制(包括调整)过程和控规实施中的行政许可阶段，因此研究确定以此两阶段的公众参与制度为研究范围，规划实施中的执法阶段暂不考虑。

由于制度同时包含“体制”和“机制”的含义，因此，本论文所指的公众参与制度，既包含公众参与体制，即公众参与组织机构的设立及其责权，关系到“谁来做”和能够“做什么”的权利；也包含公众参与机制，指公众参与运作过程所涉及做事的规则，如程序、标准、原则，使在公众参与决定“谁来做(机构、岗位)”“做什么”的基础上，进一步决定“如何做”。

对制度的研究存在设计内容和执行情况两个方向，因此，为了全面、真实地了解制度，本研究从制度实施概况和制度设计内容两个方面对上海控规运行过程中的公众参与制度进行研究。

---

① 郝娟. 解析我国推进公众参与城市规划的障碍及成因[J]. 城市发展研究，2007，14(5)：21－25.

② 江必新，李春燕. 公众参与趋势对行政法和行政法学的挑战[J]. 中国法学，2005(6)：50－56.

③ 方洁. 参与行政的意义——对行政程序内核的法理解析[J]. 行政法学研究，2001(1)：10－16.

1.5 研究内容与框架

1.5.1 研究章节内容

本研究的主要内容包含以下几个方面：① 建构城乡规划公众参与制度程序正义的评判标准；② 研究上海控规运行过程公众参与制度的内容与执行概况；③ 运用程序正义的评判标准对上海控规运行过程中公众参与制度进行程序正义考量；④ 针对程序正义的考量结果剖析上海控规运行过程中公众参与制度设计的缺陷；⑤ 提出基于程序正义视角的上海控规运行过程中公众参与制度优化策略，进行制度设计创新。

论文共分为 8 个章节。

第 1 章为绪论，提出研究问题，分析研究意义，对程序正义及公众参与进行概念界定，确定研究的内容、框架及方法。

第 2 章为文献综述与经验借鉴。对行政过程中的程序正义理论、城乡规划公众参与制度设计理论、制度与制度设计理论进行研究综述，得出对本研究有用的理论启示；然后对国内外几个典型国家和地区、城市的相关规划编制与实施中公众参与制度程序正义特征进行分析，得出对研究有用的实践经验。

第 3 章为基于程序正义视角的控规运行过程中公众参与制度设计研究的理论框架，以第 2 章的理论研究为基础，按照程序正义评价—公众参与制度缺陷分析—公众参与制度优化设计的研究思路建构了控规运行过程中公众参与制度设计研究框架。

第 4 章为基础研究，即作为进一步展开核心内容的前提性、背景性研究。包括我国城乡规划公众参与制度的缘起和发展，现状内容，以及《城乡规划法》确立公众参与制度后的执行情况及实施效果概况。

第 5 章至第 7 章是主体研究部分。

第 5 章、第 6 章对控规编制（包括调整）过程和实施（行政许可）过程的公众参与制度设计进行研究，在理论框架的指导下，沿如下层面展开：采用程序正义的评判标准对控规编制（包括调整）过程和实施（行政许可）过程中公众参与制度进行程序正义考量，通过对影响程序正义实现的公众参与制度要素进行分析，找出目前控规编制（包括调整）过程和实施（行政许可）过程中公众参与的制度缺陷。

第 7 章对控规运行过程中公众参与制度进行优化设计，综合运用新制度经济学、信息传播学及行政法学的手段与方法，在理论层面探讨基于程序正义视角的公众参与制度优化策略，并设计出具体的制度。

第 8 章为结论及展望，总结论文的主要观点，分析论文中的不足，以及对未来城乡规划公众参与的研究进行展望。

1.5.2　研究的框架

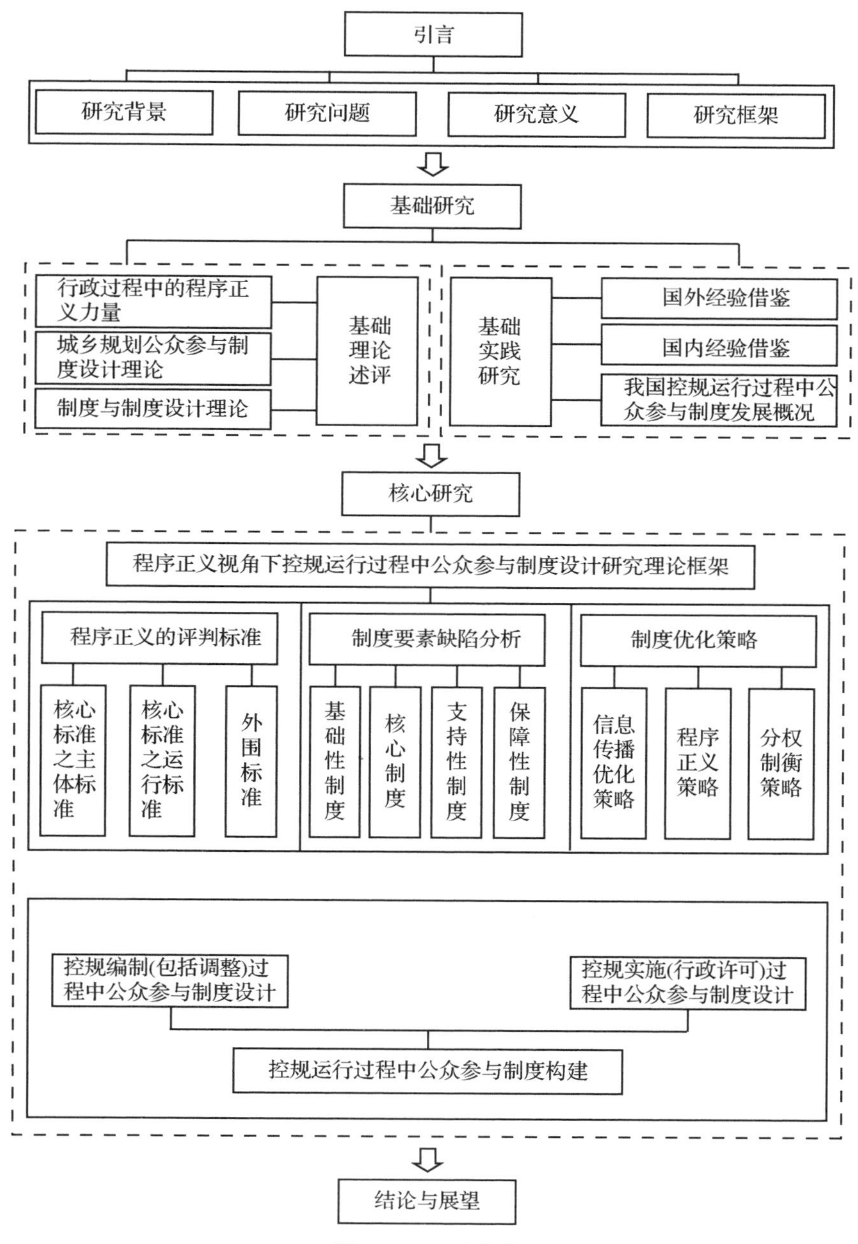

图 1-1　研究框架

1.6 研究方法

理论来源于现实，本研究的案例基础以上海控规编制过程案例及控规实施（行政许可）案例为主，主要运用社会学研究方法进行研究，具体有：

（1）文献查阅法

通过文献资料对上海城市规划公众参与制度发展历程及现状进行总结，并与国家层面相关制度设计进行对比研究。查阅2009—2013年的上海17个区县的控规编制案例文档772件，2013年上海宝山区控规实施（行政许可）部分案例文档102件。

（2）调查法

采用问卷调查的方式对研究的基础资料如公众的参与态度、参与客观情况、行为偏好及对规划的认可度进行调查；问卷的内容主要针对受规划影响的公众，先通过初步访谈确定一些具体问题，再将具体问题结构化通过面谈的方式完成。

由于调查对象的总体边界清晰，曾选择抽样方式进行调查，但是在调查中发现由于公众参与的话题和内容较为敏感，很多人并不愿意配合，以至于实际回收的样本数无法达到应有的要求，因此本研究改变了调查策略，以偶遇抽样为方法，在一定的时间内，以实际受影响的每一家户数为调查对象，逐一入户调查，当实际回收的问卷数达到已经确定的有效问卷数要求时，被视为有效，达不到再另选时间进行补充调查。

采用问卷方式调查各区县的控规实施（行政许可）情况。通过邮寄方式将问卷送至17个区县规划与国土资源管理局的建筑管理科，实际回收到6个区的调查结果，分别是宝山区、虹口区、静安区、闸北区、奉贤区及浦东新区。

采用访谈法了解典型案例中公众参与的详细经过、各规划主体的相关态度。主要访谈的对象有四类：一是规划管理部门的相关工作人员；二是规划设计师；三是受规划决策影响的公众和居委会；四是进行建设的开发商。以结构化访谈为主，非结构化访谈为辅的形式进行访谈。采访人数共97人。

（3）观察法

采用了非参与式观察方法，以旁观者的身份参加2个控规编制过程案例中及1个控规实施（行政许可）过程案例中的公众参与座谈会，以半参与者身份参与了某案例中的居民维权小组会，了解控规公众参与制度的执行情况和实质内容。

（4）统计分析法

对相关数据运用Excel、Word及Spss对问卷调查结果进行数据计算，以表格、数字等直观形式展示公众参与实践的内容。

第2章 理论研究综述与实践经验借鉴

2.1 理论研究综述

本文探讨的是法定规划运行过程中的公众参与制度，因此研究以行政法学的框架进行论述。结合研究本体，理论基础选择了行政过程中的程序正义理论、城乡规划公众参与制度设计理论及新制度经济学的制度和制度设计理论进行相关研究综述。

2.1.1 行政过程中的程序正义理论

什么是程序正义？为什么行政过程中需要程序正义？程序正义的主要内容和评判标准是什么？这是我们进行研究的基础，研究选择了行政过程中程序和实体的关系，程序与行政合法性的关系及程序正义理论内容进行相关研究综述，对上述问题进行解析。

2.1.1.1 行政过程中的程序和实体

行政过程中程序和实体的关系存在三种主张：一是以程序工具主义为视角，强调程序是实现实体正义的手段；第二，以程序本位主义为视角，强调程序本身具备的价值；第三，认为程序正义与实体正义之间的辩证统一关系。

(1) 程序工具主义视角下的程序与实体

工具主义又可称为“结果本位主义”，它在哲学上属于功利主义的一个分支。作为一种思想学说，程序工具主义理论认为，法律程序不是作为自主和独立的实体而存在的，它没有任何可以在其内在品质上找到合理性和正当性的因素，它本身不是目的，而是用以实现某种外在目的的工具或手段。这一理论的核心观点是，法律程序作为用以确保实体法实施的工具，只有在具备产生符合正义、秩序、安全和社会公共福利等标准的实体结果的能力时才富有意义。一项法律程序无论被设计得多么合理和精致，只要它不具备这种能力，就将失去其存在的意义。其理论主张的代表人物为边沁。在《司法程序原理》一书中，边沁认为，“实体法的唯一正当目的，是最大限度地增加最大多数社会成员的幸福”“程序法的唯一正当目的，则为最大限度地实现实体法”“程序法的最终有用性要取决于实体法的有用性……除非实体法能够实现社会的最大幸福，否则程序法就无法实现同一目的”[①]。这样，边沁就提出了绝对工具主义程序理论的基本原则：评价和构建一项审判程序的唯一标准就是最大限度地实现实体法的目的，相对于实体法来说，程序法只是工具法、手段法，程序除了作为实体的工具价值外，它本身是没有任何意义的。

边沁的程序价值思想是以他的功利主义法学理论为基础的，在他看来，所有的国家法律制度都是用以实现所谓“功利原则”——实现最大多数人的最大幸福——的工具。国家制定法律的目标在于对危害社会、破坏“最大多数人幸福”的人实施惩罚和威胁，因为这是进行社会控制的有效手段。因此，实体法是首先必须制定的，因为它直接体现了主权者的意志，并通过对社会成员行为的明确禁止、要求和惩罚来调整、控制社会关系。但是立法者不能亲自去实施实体法的规定，因为他缺乏这种权利。他唯一能做的就是在实体法之外颁行一种次级的或依附于前一种法律的法律。这种法律的唯一目的在于“提供一种达到真实的手段”，并且为执法官员们获得和实施实体法规定的权力创造条件。边沁将这种法律称为附属法。这样，边沁就将法律从总体上区分为两大基本部分，其中实体法因其在社会控制中的首要作用居于第一位，程序法因其只为实体法服务而居于第二位。

(2) 程序本位主义视角下的程序与实体

罗尔斯通过纯粹程序正义理念的阐释，揭示了程序具有不依赖于结果而存在的内在价值，程序工具主义的失误就在于无视这种价值的存在。因此，从程序自身角度出发，另一种观点认为：程序决定着结果。不公正的程序无论其结果如何都是不可接受的，反之，公正的程序可以使该程序的结果正当化，而不论该结果为何。因此，结果是无关紧要的，意义在于过程之中。这种将法律程序对于程序自身价值的体现和实现强调到一个极端的高度的观点，被称为程序本位主义。其代表人物为罗尔斯和达夫。罗尔斯认为只要遵守正当的程序，由它所产生的结果就应被视为是正确和正当的。也就是说程序的正当性能够直接证明结果的正当性；只要遵守公正的程序，某种活动的结果就被视为正当、合理的。这样，评价程序正当性与结果正当性的标准事实上就合二为一了[②]。英国学者达夫从“刑事审判是一种理性的活动”这一论点出发，论证了“裁判的公正性与产生这一裁判程序的公正性具有一种内在的关联性”[③]这样一种论断，坚持了程序本位主义观点。在他看来，一项刑事裁判的质量会因为产生它的程序本身

---

① Postema G J. The Principle of Utility and the Law of Procedure: Bentham's Theory of Adjudication[J]. Geogia Law Review, 1977(11): 1393.

② [美]约翰·罗尔斯. 正义论[M]. 何怀宏，何保钢，廖申白，译. 北京：中国社会科学出版社，1988.

③ Duff R A. Trial and Punishment[M]. Cambridge: Cambridge University Press, 1986.

不具有合理性而受到损害，因为法院通过刑事审判所作的裁判必须具备合理的根据并经过充分的论证；同时法院通过刑事审判还必须向被告人及其他社会公众宣示和证明其判决的公正性，尽力说服那些其行为接受审查的人接受判决结果的正确性和合理性。英国另一位学者卢卡斯则从消除人们普遍对一些不合理的审判过程所产生的"非正义感"的角度，对传统的"自然正义"原则进行了重新论证。他认为，只要遵守了自然正义原则，人们作出决定的程序过程就能达到最低的公正性：使那些受决定直接影响的人亲自参与决定的产生过程，向他们证明决定的根据和理由，从而使他们成为一种理性的主体。经过这种正当的程序过程，人们所作出的决定就具有了正当性和合理性[①]。程序本位主义相信，设计和评价法律程序的唯一标准应当是程序本身是否具备一定的"内在价值"或"德性"，而不是程序实现某种外在目的的"结果有效性"。

(3) 程序正义与实体正义的辩证统一

程序本位主义揭示了程序正义对于实体正义的重要性，对于实现法的公正性研究又前进了一步，但是程序本位主义强调"重程序轻实体"，也是不可取的。马克思曾经在著作中这样表述过，"审判程序是法律的表现形式，因而也是法律内部生命的表现"，"如果审判程序只归结为一种毫无内容的形式，那么这种空洞的形式就没有任何独立的价值了。"[②]这个观点首先否定了程序工具主义的主张，指出了程序也是法律的品质和生命力的必要组成，同时它将程序正义的价值从实体正义中分离出来，传递给我们这样一个信息即程序与实体同样重要。王学辉(2010)认为，程序正义与实体正义之间存在辩证统一的关系。他们既相互对立又相互统一，共同在法制过程中发挥着应有的作用。二者的对立性体现在以下几个方面：首先，二者所具有的内涵是不同的，实体正义主要是以立法的方式确立一个社会的从政治领域到民商事领域的制度、规则。程序正义是在实体正义逻辑上完成之后的制度运行阶段，是以程序的运转和通过程序上的权利义务的履行来实现实体上的权利义务，是以法的实现的方式全面地管理、控制一个社会。其次，二者是独立发展的，各自有不同的价值评价体系。二者的统一性体现在以下两个方面：实体正义的实现有赖于程序正义的保障，程序正义是实现实体正义的必要条件；二者在法律的实施过程中共同发挥着作用[③]。

2.1.1.2　程序正义与行政合法性

"合法性"可以在两种不同的语境中使用：在第一种情形下，指"合法律性"，意指行为模式或特定事物的存在符合实定法的规定，与"legality"一词同义；在第二种情形下，指"正当性"与"合理性"，表征行为模式或特定事物的存在符合某种价值准则，如正义、公平、理性、自由等，或者行为模式与特定事物在实践中表现出"有效性"，而为主体

---

① Lucas J R. On Justice[M]. Oxford:Oxford University Press,1980.

② 中共中央马克思恩格斯列宁斯大林著作编译局. 马克思恩格斯全集(第一卷)[M]. 北京:人民出版社,2005.

③ 王学辉. 论实体正义与程序正义的辩证统一[D]. 重庆:重庆大学,2010.

所认可与赞同，进而自愿接受或服从，与“legitimacy”同义①。任何权力的行使必须有正当性，行政权力也不例外。行政正当性的实现基于一定的来源，谷口安平教授认为“对权利行使的结果，人们作为正当的东西而加以接受时，这种权利的行使及其结果就可以称之为具有正当性或正统性。”他还说：“正当性有两层意思。一是结果的正当性，另一则是实现结果的过程本身所具有的正当性。”②这里谷口安平教授将结果正当性与程序正当性作为权力合法性的来源标准。曾祥华(2005)认为行政正当性包含三个内容，形式正当性、程序正当性与实质正当性，其中程序正当性是通过程序正义要素体现的③。张浪(2008)认为行政规定的合法性并非仅限于形式、程序或实质某一方面，它应当是三者的统一体。从形式方面看，它要由具有政治权威的主体制定并保证实施；从程序上看，它要反映出过程中的交涉性；从实质合法而言，则须与公民的道德良知相符合，符合一个社会占主导地位的价值、道德观念和政治社会理想，为人民所接受、认可。他还认为必须达到最低限度的程序正义要求，才有可能有效保障行政规定的合法性。他所探讨的程序合法性，主要是指行政规定作出的过程应当符合必要的正当程序要求④。

2.1.1.3 程序正义理论

任何一种理论从本质上来说都是对某个观念的逻辑论证，是对某个观念进行分析、阐释、说明和评价的知识体系。本书对程序正义理论的解读，采用其历史主义的分析方法，从程序正义观念历史渊源着手，再分析现代程序正义形成及发展时期的理论内容及评判标准，为建构城市规划运行过程程序正义评判标准打下基础。

(1) 程序正义的历史渊源

程序正义的观点自古有之，邓继好认为“自人类社会形成之时便已存在”⑤。本书依据多数学者的研究框架，从古希腊时期的程序正义观念开始论述。

古希腊时期，程序正义观念发生在司法审判实践和理论层面。从苏格拉底案例来看，当时审判程序已经有了程序正义的内容，如“对于一个人的惩罚只有通过审判的方式才能进行，必须给予当事人双方表达意见的机会，由身份相同的人担任审判人员，采取抽签选择要出庭的审判员等等”⑥。理论上，很多学者们展开了对正义概念的讨论，主要表现为柏拉图对正义的阐释、亚里士多德的自然正义学说和斯多葛学派的自然法思想。关于正义理论的探讨都是从实体角度进行的。虽然对程序正义偶有涉及，但都未能予以正面而直接的阐述。因此，从总体上来说，程序正义只是作为一种观念存在

---

① 张浪. 行政规定的合法性研究[D]. 苏州：苏州大学，2008.

② [日]谷口安平. 程序的正义与诉讼[M]. 王亚新，刘荣军，译. 北京：中国政法大学出版社，2002.

③ 曾祥华. 行政立法的正当性研究[D]. 苏州：苏州大学，2005.

④ 张浪. 行政规定的合法性研究[D]. 苏州：苏州大学，2008.

⑤ 邓继好. 程序正义理论在西方的历史演进[M]. 北京：法律出版社，2012.

⑥ [美]斯东. 苏格拉底的审判[M]. 董乐山，译. 上海：生活·读书·新知三联书店，1998.

于古希腊社会中，人们只是无意识地按照程序正义的要求在行事，但对其作理论上的探讨并未能展开。

古罗马继承了古希腊时期的程序正义观念，并在此基础上有所发展。西塞罗发展了自然法理念，提出了人类自然平等的法律观，改变了古希腊自然法中的等级论，具有划时代的意义。这种自然正义的观点也在法律实践中有所体现。罗马著名的法学家在对诉讼进行论述时，都谈到过程序公正的问题。其主要涉及以下几个方面："裁判者与案件应没有利害关系；裁判官应当中立、可信；裁判者独立审判；当事人诉讼地位平等；当事人享有辩论权；当事人有获得听审的权利；无罪推定；审判公开；及时审判。"①可见，对司法实践中一直遵循和贯彻的程序原则和规则，罗马的法学家们已经进行了梳理并予以书面记载，这其中就有后来被认为是自然正义最基本的两条原则：一个人不得做自己案件的法官和法官在制作裁判时应听取双方当事人的陈述。

随着罗马法的衰落，欧洲大陆陷入中世纪的教会法统治以后，自然正义的原则也随之衰落。后来，经由诺曼底公爵带入英国，逐步演变为英国几个世纪来应遵循的底线程序标准。在英国，程序正义被经典表述为"自然正义"原则，该原则被认为是不证自明、毋庸置疑的道德原则。程序正义的最早规范陈述见于1215年的英国《自由大宪章》，该文件第二十九条规定："任何人非经合法审判与非依国家法律，不得予以逮捕或监禁、没收财产、放逐、伤害，或不给予法律之保护。"1354年，英王爱德华三世颁布的《伦敦威斯敏斯特自由法》第一次使用了"正当法律程序"的概念，该法第三章第二十八条规定："任何人非经正当法律程序之审判，不问该人的阶层与社会地位如何，皆不得将其驱逐出国，或强迫其离开所居住之采邑，亦不得予以逮捕、拘禁，或取消其继承权，或剥夺其生命。"此后多个世纪里，英国宪法性文件中都秉承这一精神，对正当程序一再予以重申。再后，自然正义的两项要求被英国司法制度全面吸收，并用来作为法官解决争端时所要遵循的最低程序准则和公正标准。由此，自然正义也就成为正当程序原则在英国的独特表现形式，成为英国司法制度中的一项最基本的法则。该原则意味着平等地对待争议的双方当事人，不偏袒任何人，对所有的人平等和公正地适用法律，必须给予当事人以充分的辩护和申诉的权利。如果在审判过程中违反了这一原则，整个司法审判活动及其审判结果均无法律效力。因此，在英国，程序方面的公正对"纠纷的审理和解决的实现方式有决定性影响，也对第三者接受和使用劝导性纠纷的材料有决定性影响"。人们普遍相信，"正义先于真实"，体现出对自然正义原则的严格遵守②。

随着英国的北美殖民运动，程序正义在美国得到发展，它在美国被表述为"正当法律程序"。与英国的程序正义观念不同，美国的"正当法律程序"不仅包括程序性正当

---

① 邓继好．程序正义理论在西方的历史演进[M]．北京：法律出版社，2012.

② 邓继好．程序正义理论在西方的历史演进[M]．北京：法律出版社，2012.

法律程序,还包括实体性正当法律程序。实体性正当法律程序主要是指宪法对联邦和各州立法权限的限制;而程序性正当法律程序主要是指法律实施过程的方法问题。

早期程序正义观念的产生被认为是出于自然理性,程序规则的设置也被诉诸人们的直觉。但随着法律实践的发展,诉诸自然理性和直觉的解释再也不能令人满意。同时,中世纪教会法庭和世俗法庭中普遍存在的职权追诉、秘密审判和刑讯逼供等严重违背程序正义要求的现象,在给人们带来痛苦之时也拷问人的良知,人们开始关注对程序本身的研究。对程序最早的理论关注当属边沁,他从功利主义的立场出发,阐述了程序之于结果的意义,并将程序法与实体法作了明确划分。他指出:“对于法的实体部分来说,唯一值得捍卫的对象或目的是社会最大多数成员的最大幸福。而对于法的附属部分,唯一值得捍卫的对象或者说目的就是最大限度地把实体法付诸实施,程序的有效性最终取决于实体法的有效性。”[①]随后贝卡里亚提出了程序本位主义的价值观[②]。就此,对程序正义理论研究的大门被打开。

(2) 程序正义的主要理论

① 纯粹的程序正义[③]

罗尔斯改变了边沁功利主义路径,从新契约理论的角度出发,得出了与程序工具主义截然相反的程序本位主义价值论,程序正义理论正式形成。罗尔斯提出了程序正义的三种形态:“纯粹的程序正义、完善的程序正义和不完善的程序正义。”在他看来,如何设计一个社会的基本结构,从而对基本权利和义务作出合理的分配,对社会和经济的不平等以及以此为基础的合法期望进行合理的调解,这是正义的主要问题。要解决这些问题,可以按照纯粹的程序正义观念来设计社会系统,“以便它无论什么结果都是正义的”。罗尔斯对纯粹的程序正义的分析是与其他两种程序正义形态相比较而进行的。在他看来,完善的程序正义的特征是指能够存在一种程序,这种程序不仅能够保障实现公平的分配结果是可能的,而且实现公平分配的程序本身也是正义的。典型的例证是公平分配蛋糕的情形:为了保证公平,即人人平等地分配蛋糕,最好的程序设计是让一个人划分蛋糕并得到最后一份,其他的人都被允许在他之前得到,这样他就不得不平等地划分蛋糕,以便自己能够得到尽可能最大的一份。可见,保障实现结果正义的程序和独立的正义结果评判标准是作为判断这一程序正义的两个主要特征。不完善的程序正义的标志是虽然存在着判断结果正义与否的精确标准,但是难以确保存在一种正义的程序可以促使通过程序产生的是正义的结果,因此,与程序相独立的,评判结果正义与否的精确标准对于这一程序正义而言意义重大。典型例证是刑事审

---

① Postema G J. The Principle of Utility and the Law of Procedure:Bentham's Theory of Adjudication[J]. Geogia Law Review,1977(11):1393.

② [意]切萨雷·贝卡里亚. 论犯罪与刑罚[M]. 黄风,译. 北京:北京大学出版社,2008.

③ [美]约翰·罗尔斯. 正义论[M]. 何怀宏,何保钢,廖申白,译. 北京:中国社会科学出版社,1988.

判：这里结果正确的独立标准是"只要被告人犯有被控告的罪行，他就应当被宣判为有罪"，但是即使法律被正确地遵循，过程被公正恰当地引导，还是有可能达成错误的结果——一个无罪的人被宣判为有罪，而一个有罪的人却逍遥法外。因此，设计出一种总是能够达成正确结果的审判程序是不可能的。

与上述两种程序正义均不同，纯粹的程序正义的特征是：不存在任何有关结果正当性的独立标准，但是存在着有关形成结果的过程或者程序正当性和合理性的独立标准。因此只要这种正当的程序得到人们恰当的遵守和实际的执行，由它所产生的结果就应被视为是正确的和正当的，无论它们可能会是什么样的结果。纯粹的程序正义是将评价程序的正当性与结果正当性的标准合二为一了，也就是说，只要遵循公正的程序，某种活动的结果就可视为正当的、合理的了，结果正当性是程序的正当性的必然结果。纯粹的程序正义最典型的例证是赌博：在赌博活动中没有关于结果正当性的标准，只要遵循正当的赌博程序，任何一种分配参加赌博者现金的结果都被视为公正的。罗尔斯就是在对这种纯粹的程序正义进行分析的基础上，对他视为公正的政治结构和经济、社会制度安排之基础的公平机会原则进行了论证。在他看来，公平机会原则的作用就是从纯粹的程序正义的角度保障分配的正义得到实现，因为纯粹的程序正义具有巨大的实践优点：在满足正义的要求时，它不再需要追溯无数的特殊环境和个人不断变化着的相对地位，从而避免了由这类细节引起的复杂原则问题，并使分配的正确性完全取决于产生分配的合作体系的正义性以及对介于其中的个人要求的回答。

罗尔斯对纯粹程序正义的分析受到一些学者的质疑，认为其论证不能充分证明"公正的程序决定结果的正义性。"但是他所提出的程序或者过程本身的正当性问题日益引起人们的关注。他的理论的深刻意义在于，在对一种至少会使一部分人的权益受到有利或者不利影响的活动作出评价时，不能仅仅关注其结果的正当性，而是要看这种结果的形成过程或者结果据以形成的程序本身是否符合一些客观的正当性、合理性标准。某些程度也可以上说，即使某些结果获得了正当性标准，只要其形成过程或程序缺乏正当性标准，那么这个结果也是不正当的。

② 理性程序主义[①]

如前所述，很多学者对罗尔斯的纯粹程序正义的分析进行了质疑，认为其基于两个正义原则[②]基础上的程序过程并不一定会导致公正、理性的结果。阿罗的社会选择理论指出，在尊重每一个个体自由的、理性的选择前提下，不存在一个理想的规则，可

① Fabienne Peter 将哈贝马斯的程序正义理论称为理性程序主义。(Peter F. Democratic Legitimacy[M]. New York：Routledge，2009.)

② 第一个原则是每个人对与其他人所拥有的最广泛的平等基本自由体系相容的类似自由体系都应有一种平等的权利。第二个原则：社会和经济的不平等应这样安排，使它们被合理地期望适合于每一个人的利益，并且依系于地位和职务，向所有人开放。

以使得社会或任何集体的偏好能够从个人的序数偏好中得出，这就是所谓的“阿罗不可能性定理”①。这一概念说明，即使程序具有某种特征的正义价值，也可能导致非理性的结果。要想获得结果的理性和正义，必须使程序满足一些理性的公理。哈贝马斯秉承的理性程序主义主张即可满足这些要求，Peter(2009)将其称为完善的程序正义，即不仅能够保障实现公平的分配结果是可能的，而且实现公平分配的程序本身也是正义的②。

哈贝马斯认为，作为公正程序之结果的正义，是通过公民之间的商谈、对话、交流之后达成的共识所决定的。只要有一个合理的商谈程序保证公民之间的自由、平等的对话，便一定能够产出正义的结论。既然程序在哈贝马斯的正义观中占有相当重要的地位，或者说，程序的公正保证了结果的公正，那么接下来的问题就是，怎样确保公民商谈程序的公正性。哈贝马斯在普遍语用学中借助对“理想的言语环境”的描述来说明这点。所谓“理想的言语环境”，其实是一个具有严格准入原则的对话空间，其中每一个话语主体都享有平等、自由和公正的话语权利，防止话语霸权的出现。哈贝马斯将这些准入原则归结为四点：“第一，一种话语的所有潜在参与者均有同等参与话语论证的权利，任何人都可以随时发表任何意见或对任何意见表示反对，可以提出质疑或反驳质疑。第二，所有话语参与者都有同等权利作出解释、主张、建议和论证，并对话语的有效性规范提出疑问、提供理由或表示反对，任何犯过失的论证或批评都不应遭到压制。第三，话语活动的参与者必须有同等的权利实施表达式话语行为，即表达他们的好恶、情感和愿望。第四，每一个话语参与者作为行为人都必须有同等的权利实施调节性话语行为，即发出命令和拒绝命令，作出允许和禁止，作出承诺或拒绝承诺，自我辩护或要求别人作出自我辩护。”哈贝马斯认为，如果这四项条件可以得到合理的实施，程序的公正就将得到有效的保障，由此人们得出的结论，便一定具有正义特征③。

③ 心理学视角的程序主义

对社会决策程序进行系统心理学研究的是 Thibaut(1974)④，Lind 和 Tyler(1988)⑤，Folger(1977)⑥和 Cohen(1985)⑦。心理学视角的程序正义研究主要是通过参与者对参与式决策程序的心理感受，寻找程序正义的设计要素，这些内容为公众参

---

① Arrow K J. Social Choice and Individual Values[M]. New Haven：Yale University Press，1963.

② Peter F. Democratic Legitimacy[M]. New York：Routledge，2009.

③ [德]尤尔根·哈贝马斯. 交往行为理论：第一卷 行为合理性与社会合理性[M]. 曹卫东，译. 上海：上海人民出版社，2004.

④ Thibaut J. Procedural Justice as Fairness[J]. Stanford Law Review，1974，26(6)：1271.

⑤ Lind E A，Tyler T R. The Social Psychology of Procedural Justice[M]. New York：Plenum Press，1988.

⑥ Folger R. Distributive and Procedural Justice：Combined Impact of“Voice”and Improvement on Experienced Inequity[J]. Journal of Personality and Social Psychology，1977，35(2)：108－119.

⑦ Cohen R L. Procedual Justice and Participation[J]. Human Relations，1985，38(7)：643－663.

与制度的程序本位主义(程序正义)理论提供了支持。

Thibaut(蒂博特)等的研究基于一种假设,即决定程序参与者的满意度情况并非由结果决定,参与者认为程序是公正的,那么他们会减少不满意的程度。如果程序是不公正的,那么即使结果从实体角度判断是公正的,参与者也会不满意。这一假设在随后的实验中得到了验证。林德(Lind)和泰勒(Tyler)发现,很多情况下程序正义提高了人们的满意度,这种作用在结果不好的情况下尤其明显[①]。Roberson 等(1999)通过实验发现程序正义是参与和结果满意度的调节器,在程序正义的制度环境中,参与的公众可以获得更高的满意度。

Folger(1977)通过研究发现,败诉的一方即使参与很深入也要比那些参与不深入的人对结果更不满意,这一现象被称为"挫败效应"。Tyler 发现这一现象仅在程序正义有瑕疵的时候出现[②]。Cohen(1985)从另一个视角重申了这一研究结论。Cohen 发现"挫败效应"会发生在企业组织制度设置中,而不会在法律制度中出现,这是因为在法律制度中决策者是不偏不倚的,而企业组织的决策者与决策结果的利益息息相关,不中立[③]。

除了验证基本假设,很多研究者还专注于实现程序正义的要素。蒂博特认为这些因素包括:第一,参与者对过程的控制。蒂博特和沃克将程序参与者在纠纷解决中的影响作用分为对过程的控制和对裁决的控制。他们发现如果当事人在诉讼中对过程能有更多的控制,那么他们对程序的公正性判断相应较高。如果裁判者限制了当事人的过程控制权,那么他们对程序的公正性感受就会降低。对过程的控制有助于提升程序的公正性的根本原因在于,在可控制的程序中,当事人能体会到更多的自主与自治因而获得心理上的一种自尊感,而他们会很自然地将其归功于程序的公平性而不是结果的正确性。第二,发表意见的机会。在程序公正论中,参与是一项重要的标准,在这一点上包括戈尔丁、贝勒斯在内的理论学者都形成了一致的看法,而参与的核心是能够发表意见。实验结果表明,有机会对裁判所适用的法律规则进行讨论的组中,"当事人"对程序公正性的评价要大大高于没有机会讨论的那些组的。该项研究同时还表明,大多数认为程序不公正的当事人主要都是抱怨没有足够的机会来陈述意见。第三,对裁判者的看法。法学家们关于法官中立、无偏私等程序公正的要求,在心理学家看来,其主要的意义在于形成当事人对裁判者的信任感,从而促进程序正义。Folger(1977)还认为决策者将意见反馈给参与者也是程序正义的要素,在此基础上,林德等人又增加了决策程序的中立性、对第三方的信任等程序正义标准。

---

① Lind E A, Tyler T R. The Social Psychology of Procedural Justice[M]. New York: Plenum Press, 1988.

② Folger R. Distributive and Procedual Justice:Combined Impact of"Voice"and Improvement on Experienced Inequity[J]. Journal of Personality and Social Psychology, 1977, 35(2): 108－119.

③ Cohen R L. Procedual Justice and Participation[J]. Human Relations, 1985, 38(7): 643－663.

(3) 程序正义的评判标准

① 国外学者的研究

在罗尔斯之后，对程序正义的研究逐渐走向纵深，学者们开始关注为什么需要程序正义、程序正义的具体标准等等。美国耶鲁大学法学教授杰里·马修于1951年在《波士顿大学法律评论》发表了《行政性正当程序：对尊严理论的探求》，以美国联邦最高法院对行政案件中正当法律程序原则的解释为素材，提出了著名的"尊严理论"，对美国宪法上的"正当法律程序"原则赖以存在的基础作了崭新的分析和论证。"尊严理论"是针对实证主义、工具主义的程序理论，以人类普遍的人性为基础提出的，它认为评价法律程序正当性的主要标准，在于使人的尊严获得维护的程度，其价值要素包括"平等、可预测性、可透明性、理性、参与、隐私"等方面[①]。

Summers(1974)认为法律程序的价值评价除了有"好结果效能"的标准外，还存在一些独立的价值标准——"程序价值"。这种程序价值不是泛指评价法律程序的所有价值标准，而是专指通过程序本身而不是通过结果所体现出来的价值标准。Summers提出了程序价值的十项基本内容：程序的参与性管理、程序的正统性、程序的和平性、程序的人道性及尊重个人的尊严、程序对个人隐私的保护、程序的合意性(契约性)、程序的公平性、程序的合法性(程序法治)、程序的理性、程序的及时性和终结性[②]。

戈尔丁(1975)认为程序正义的标准首先是公平能促进争端解决，其次是确保诉讼各方对整个司法制度的信任。程序的公正与平等性、中立性、合理性、客观性和一致性等概念有关，据此，他提出了确保程序公正的三个方面的九项标准。具体而言，中立：第一，任何人不能作为自己案件的法官；第二，冲突的解决结果中不含有解决者个人的利益；第三，冲突的解决者不应有对当事人一方的好恶偏见。劝导冲突：第一，平等地告知每一方当事人有关程序的事项；第二，冲突的解决者应听取双方的辩论和证据；第三，冲突的解决者只应在另一方当事人在场的情况下听取对方意见；第四，每一当事人都应有公平的机会回答另一方提出的辩论和对其证据进行质证。裁判：第一，解决诸项内容需应以理性推演为依据；第二，分析推理应建立在当事人作出的辩论和提出的证据之上。戈尔丁认为程序公正的标准应当不限于上述所列的九项，但这九项是程序公正的一般标准，而且这些标准并不是孤立的，而是相互关联，相互促进的[③]。

在Summers等研究的基础上，贝勒斯(1996)提出了较为系统的程序正义理论，他认为程序正义的评价标准就是内在价值标准。所谓"内在价值"就是指法律程序本身所具有的、独立于它们对结果的准确性的影响的价值或利益，比如尊严、公正、参与等。

---

① 陈瑞华. 程序正义的理论基础——评马修的"尊严价值理论"[J]. 中国法学，2000(3)：144 - 152.

② Summers R S. Evaluating and Improving Legal Process：A Plea for "Process Values"[J]. Cornell Law Review，1974(60).

③ [美]马丁·P. 戈尔丁. 法律哲学[M]. 齐海滨，译. 上海：生活·读书·新知三联书店，1987.

在他看来，即使尊严、公正、参与等价值并未增进判决的准确性，法律程序也要维护这些价值。贝勒斯总结出了“内在价值”的七项基本原则。这些原则包括：第一，和平原则，程序应该是和平的；第二，自愿原则，人们应能够自愿地将他们的争执交由法院解决；第三，参与原则，当事人应能够富有影响地参与法院解决争执的活动；第四，公平原则，程序应当公平、平等地对待当事人；第五，可理解原则，程序应当能为当事人所理解；第六，及时原则，程序应能够提供及时的判决；第七，止争原则，法院应作出解决争执的最终决定。在对程序正义理论作了全面而详细的评析之后，贝勒斯也提出了自己关于程序公正标准的看法。在他看来，维护程序公正最基本的原则有：无偏私，得到听审的机会，裁判说理和形式正义①。

在国外学者的相关研究中，法社会学派对程序正义标准的研究也具有很重要的价值，主要有心理学研究学派和理性程序主义学派。前者主要代表为蒂博特、沃克、林德、泰勒，他们对程序正义的评判标准前面已有论述。后者主要指哈贝马斯的研究。哈贝马斯的哲学思想从提出之日起就遭到了许多激烈的批评，这些批评主要集中在他的交往行为理论和商谈伦理学的空想性上。批评者指出：他的理论缺乏现实基础，没有在现存社会政治制度领域实现的可能性。为了回应这一指责，哈贝马斯在晚年以《在事实与规范之间》为代表的一系列著作中以法律范式为主要突破口，系统论述了自己“把法律理论的思考和社会理法制与社会发展论的思考结合起来，形成一个程序主义法律范式的概念”，着力论证了他的交往行为理论和商谈伦理学的确有可能通过一种新的法律范式作用于现实的政治、法制领域，这一概念的内涵包含了他的程序正义评判标准。以理性的商谈程序为基础的程序主义法律范式有如下几个方面的内容：首先，所有主体在相关法律问题上具有平等的商谈权利。程序主义法律范式要求一切相关的利益主体都参与到法律的制定、执行过程中，而且他们的利益诉求都能得到合理兼顾。参与到这种法律产生之程序当中的主体之间的关系是平等的，每个人的合理愿望都应得到尊重。每个人都能平等地参与到关于法律的讨论过程之中还意味着人们应该设身处地地考虑到别人的合理的利益诉求。其次，双方在商谈过程中所提出的理由是否具有有效性取决于四个方面，即是否是可理解的，是否是真实的，是否是真诚的，是否是正确的。再次，良好商谈的结果应当被赋予法律的效力。最后，法律的强制实施要以其可接受性为基础，法律的可接受性要以强制实施为保障②。

② 国内学者的研究

我国学者对程序正义的研究主要集中在法学领域，其研究内容的特点可分为系统

---

① ［美］迈克尔·D. 贝勒斯. 法律的原则——一个规范的分析［M］. 张文显，等，译. 北京：中国大百科全书出版社，1996.

② ［德］尤尔根·哈贝马斯. 在事实与规范之间：关于法律和民主法治国的商谈理论［M］. 童世骏，译. 上海：生活·读书·新知三联出版社，2003.

的程序正义标准研究和最低限度程序正义标准研究。

一些学者认为，程序必须满足最低程序正义的最低要求，陈桂明(1996)认为程序规则的科学性、法官的中立性、当事人双方的平等性、诉讼程序的透明性、制约与监督性共同构成了程序公正的标准和要素。① 杨一平(1999)认为程序公正的标准至少应当包括五项原则，即合法性原则、平等对待(公平审判)原则、公开听证(审判)原则、中立性原则和上诉原则。② 陈瑞华(2010)从“最低限度程序正义”出发设计出六项要求：程序的参与性、裁判者的中立性、程序的对等性、程序的合理性、程序的自治性和程序的及时终结性③。王锡锌(2007)从规范角度探讨了行政程序的程序正义标准，他认为可归结为四个方面：第一，程序中立性要素，包含裁判者独立性，避免单方面接触两个内容；第二，程序公正要素，主要指听证权的实现；第三，程序理性，包含说明理由和形式理性两个方面；第四，程序经济要素④。我国学者谢金林提出了理性程序主义视角下公共政策程序正义的基本要求，具体内容为：第一，公民参与并决定决策。他认为就程序而言，决策是否合乎正义的要求，取决于公民是否拥有参与并决定决策的权利，他们的意见能否得到政府与其他公民的聆听，他们的合理要求是否得到正当的表达并被程序所吸收。第二，程序过程中公民地位平等。所谓程序过程中公民地位平等是指公民在决策制定过程中具有平等的地位、受到同等的尊重。如果说正义的要求首先是平等，那么给每一个公民平等参与并决定公共决策的权利，这是公共政策程序正义的基本要求。第三，决策过程的价值中立性。所谓价值中立原则，是指决策过程中政府必须在各种互相竞争的利益要求中保持中立的态势，平等对待各种价值要求，不得偏袒任何一种价值要求。第四，决策程序自治。所谓决策程序自治是指决策的结果不是产生于程序之前，也不是产生于程序的协商过程之中，其结果必须由程序协商结果而决定⑤。

还有些学者致力于搭建系统完善的程序正义标准。陈端洪(1997)认为程序正义构建了“尊严本位”的程序价值。他认为，所谓过程价值是相对结果价值而言的，也就是在独立的意义上评价法的过程。程序具有道德性，程序的道德性就是使法律程序与人性相一致而为人所尊重、接受的那些品质。这个界定包含了以下两个方面的内容：一是程序必须最大限度地理性化从而体现形式公正；二是程序必须人道。因此，从形式公正这个意义上说以下因素是必不可少的：程序法治，透明，中立，听取对方意见，合理性。从人的主体性与参与性这个根本命题出发，可以推演出尊严本位的程序价值：

---

① 陈桂明. 诉讼公正与程序保障[M]. 北京：中国法制出版社，1996.

② 杨一平. 司法正义论[M]. 北京：法律出版社，1999.

③ 陈瑞华. 程序正义理论[M]. 北京：中国法制出版社，2010.

④ 王锡锌. 行政程序法理念与制度研究[M]. 北京：中国民主法制出版社，2007.

⑤ 谢金林，肖子华. 论公共政策程序正义的伦理价值[J]. 求索，2006(10)：137－139.

参与，平等，人道，个人隐私，同意。他还认为，以上从形式公正与个人尊严两方面提出的十项价值有些交叉，也并非穷尽所有的程序价值①。肖建国(1999)认为程序正义存在着一些最根本的原则和要求。这些标准可以概括为两个方面，即程序的一般正义原则和个别正义原则。一般原则有参与原则、对等原则、公开原则，中立原则、维持原则。程序的个别正义原则是程序正义基本原则的重要组成部分，是将程序的一般正义原则运用于具体事件和具体情况的产物。程序的个别正义原则以程序的一般正义原则为前提②。罗海峰(2005)认为程序正义的特征表现在以下几个方面：第一，平等参与性和公开性。通过角色的平等分配公众可以参与听证、建议等方式的程序，而且程序的过程是向公众公开的。第二，正式与非正式性。比如在行政听证中的听证。第三，和平性与人道性。和平的法律程序更易于被人们所接受，并且程序正义尊重个人的尊严。第四，排除例外性。在程序中防止国家、他人利益受到侵害，排除公开涉及国家秘密、商业机密和个人隐私等事项。第五，自治性与协商性。除非有特殊情况，将程序中的选择权给予个人，这种自愿的、协议性的参与更具正当性、效率性。第六，中立性与公平性。就是在司法程序中裁决者必须中立，平等对待任何一方。第七，完善性和有用性。因为程序必须是完善的机制并为人们所理解的，能运用到实践中的，它所指引结果的方向是正义的。第八，有效率性与终结性。程序正义要求高效地进行程序活动，反对拖延和不合理的急促、草率；而程序一旦终结，便将产生相应的法律结果。第九，可救济性。对于一些需要纠正的法律程序，赋予公众救济手段是现代正当法律程序的重要标志③。孙笑侠(2005)先生立足于当事人角度提出了“程序正义的九大要义”。第一，参与，是指当事者能够富有影响地参与到程序之中并对参与决定结果的形成发挥其有效的作用；第二，正统，指法律程序在法律、政治和道德上的权威性；第三，和平，为当事人双方提供不用武力解决争端的方法；第四，合意，程序参与者充分交涉与沟通以后产生一致的意见；第五，中立，是指决定者的利益、态度甚至外观均保持超然和不偏袒任何一方；第六，自治，指程序的决定排除外部干扰，在决定结果的产生方面只承认程序内的所有信息，唯有程序具有决定性作用，排斥程序外的其他因素的考量；第七，理性，是指法律程序中证据分析与法律推论过程均须符合理性的要求，而不能凭直觉的、任意的和随机的；第八，及时，是草率与拖拉两个极端的折中；第九，止争，即程序中必须包含一个最终的决定程序以结束争执④。

将程序公正的理念理论化、标准化是构建程序公正的理论基础，也是建构公正程序的基础。总的说来，目前关于程序正义评判标准的研究，还存在一些问题。

---

① 陈端洪. 法律程序价值观[J]. 中外法学，1997，9(6)：47－51.

② 肖建国. 程序公正的理念及其实现[J]. 法学研究，1999(3)：5－23.

③ 罗海峰，李延. 法理学视野中的程序正义[J]. 长春工程学院学报(社会科学版)，2005，6(4)：12－14.

④ 孙笑侠. 两种程序法类型的纵向比较——兼论程序公正的要义[J]. 法学，1992(8)：7－11.

首先,针对程序正义一般评判标准的研究存在的缺陷有:一是这些标准没有界定适用范围,有的在刑事领域论述,有的在诉讼领域言说,有的是就包括立法、行政、司法在内的所有程序领域阐述,范围不明,界定不清。二是这些标准的提出没有对标准的内在结构和相互关系进行分析。三是由于缺乏对标准的内在逻辑分析,这些标准显得凌乱而无规律,有些标准相互包含,显示出标准划分的混乱。比如戈尔丁九要素中的第一、二、三、四、六这五个要素可概括为审判者中立,其一、二项可称为消极的中立,三、四、六项可称为积极的中立;再如公平原则,其他标准中也有体现。在 1988 年的一项研究中,Tyler 根据其实验研究的结果指出,程序正义的意义随公民与法律权威机构的交往关系属性的变化而变化,个人并没有一个可以应用于所有情形的单一的衡量标准,而毋宁随着环境的不同而关注不同的问题。因此针对城市规划运行过程中程序正义评判标准的设计不能照搬照抄,而是要根据其特点有针对性设计。

其次,虽然哈贝马斯的理性程序主义理论阐述的程序正义标准与程序正义的一般标准不同,但是本质上它们同属于对程序本身正义价值的解释,目前的问题是程序正义的一般标准没有理性程序主义中"协商标准"的内容,那么理性程序主义是否应该包括程序正义的一般标准内容。本研究认为,虽然理性程序主义学者没有具体阐述程序正义的一般标准内容,如"透明、时效、救济"等原则,但是其内在的也需要包含这些内容,因为理性程序主义主张的协商的"理想语境"需要程序过程的透明,也需要时效,可以说,程序正义的一般标准是基础,理性程序主义是在其基础上的发展(虽然他们根本主张不同)。

2.1.1.4　本节小结

通过对行政过程中程序正义理论的研究综述,可以得出以下几点启示:

(1) 程序正义是实现实质正义的必要条件,两者地位平等,共同构成了行政合法性的重要来源。基于此,实现控规编制(包括调整)与实施的合法性,必须以程序正义为基本条件。

(2) 程序正义理论告诉我们公众参与是程序正义的要素之一,行政过程中的公众参与是满足程序正义的重要条件,从实现行政合法性视角说,公众参与是以促进行政过程程序正义的实现来促进行政合法性的实现。而且,从程序正义研究的心理学视角的相关理论,我们可知,公众参与制度的公正性能促进参与者对决策结果的接受,实现实质正义,也就是说不是任何形式的公众参与制度都可能促进行政合法性的实现,只有那些自身也能满足程序正义标准的公众参与制度才能更好地促进行政过程程序正义的实现,更好地促进行政权合法性的实现。

2.1.2　城乡规划公众参与制度设计理论

公众参与理论的相关研究较多,既涉及不同领域,又包含不同方面,本书选取与城乡规划公众参与制度设计直接相关的五个方向对其进行理论综述，包括：公众参与的理论基础、公众参与制度设计的策略、公众参与制度设计的运行机制、公众参与制度设计的环境因素及公众参与制度设计的评估。

2.1.2.1 公众参与的理论基础

(1) 国外学者的研究

按照 Smith(1973)的观点，城市规划公众参与理论的产生是规划合法性自我不断证成的结果①。二战后，学者专注于空间形态规划，规划师也往往把他们的任务当作城市制定规划蓝图。然而不久，“重空间形态漠视社会性问题”的终极蓝图规划就遭到了社会各界的批判。这时规划理论界出现了两种不同的方向应对蓝图规划的危机。一是“系统规划理论”，它延续了物质空间规划理论的本质，通过强调城市的功能系统、动态发展规划来应对蓝图规划存在的问题；另一种是“理性规划理论”，这是一个有关规划过程，特别是有关将规划作为一个理性决策过程的理论。在这一理论出现之前，已有学者开始关注规划的过程和实体的区别，比如美国人梅尔文·韦伯。他说：“我知道，规划是达成决策的一个方法，而不是具体的实质性目标本身……规划是一个特别的方法，用于决定应追求哪些具体目标、应采取哪些具体措施……大体上这个方法独立于有待规划的对象。”②Geddes 的“调查—分析—规划”也是基于规划过程作用的思考。理性规划理论是对这一理论的完善和补充。它通过“界定问题/目标—确认比选方案—评估比选规划—方案实施—效果跟踪”一系列正在进行的、连续不断的理性决策过程赋予规划结果较强的说服力③。理性综合规划理论还强调规划应成为科学管理的一种形式，在科学理性的外衣下，规划完全是当权者和官僚的技术工具。这种以技术至上的规划技术在战后西方国家城市建设初期起到了很好的作用，但是随着社会经济的发展，暴露出越来越多的问题。很多学者对综合理性规划的合法性提出了异议，Smith(1973)认为理性规划的合法性根植于确定性和对未来的完美预测，然而理性是有限的，确定性无法保证，这破坏了理性的根基；另外，规划过程充满价值，这需要包含不同的价值观点但又能对此简单相加，理性应该是基于不同价值观点相互协调后的共识；理性规划是一个以目标为导向的过程，中间的过程目标会被忽视。这就导致规划只注重结果而忽视应对过程的变化。但是现实总是不确定的、易发生改变的，在这种环境下，长时间的规划是不适合的。因此，理性规划面临合法性危机，需要增加新的内容。

---

① Smith R W. A Theoretical Basis for Participatory Planning[J]. Policy Sciences, 1973, 4(3): 275 - 295.

② [英]尼格尔·泰勒. 1945 年后西方城市规划理论的流变[M]. 李白玉，陈贞，译. 北京：中国建筑工业出版社，2006.

③ Geddes P S. Cities in Evolution: An Introduction to the Town Planning Movement and the Study of Civics [M]. London: Ernest Benn, 1968.

这时规划学界产生了一种“合意规划”，以应对理性综合规划的危机。合意的目的是确认彼此的偏好作为决策的基础，以提高资源分配的公平性①。其合法性在于让代表更多利益和权力资源的人参与规划，通过更多的参与代表增加规划过程信息、认知的确定性；通过不同利益集团代表偏好之间的协调提高规划过程的价值理性。参与者包含了有影响力的精英、利益组织及政府，而且规划过程利益代表越多样化越具有合法性。“合意规划”还提出了一个问题，即是否存在一个纯粹的单独的公共利益，Bower(1968)认为在多元社会下不存在一个单一价值下的公共利益②，Davidoff(1965)认为不存在一个单一的公共利益，只存在多元的相互冲突的价值体系。因此只能选择让不同的利益集团参与规划过程，通过不同价值代表之间的讨价还价提高规划的合法性③。这再次重申了程序规划的主张：通过合理的规划程序实现规划结果的合法性。“合意规划”的目的就是通过参与实现程序的合理性从而提供规划结果的合法性。当然，这种“合意”是仅代表大的利益集团的合意。

“合意规划”的主要理论有倡导规划理论和渐进规划理论。在美国，Davidoff 和 Reiner(1962)认为规划是通过选择的序列来决定未来行动的过程，所有的选择都涉及判断，政府和规划师不能以自己认为是正确的或错误的这样的意识来决定社会选择，因为每个人的价值和偏好都是不同的，只能是公众之间进行协商判断、讨价还价，由政府作出判断④。Lindblom(1965)提出了渐进主义规划理论，核心是把“党派相互调适”作为公共规划决策的一种模式，一种在不同利益群体间商讨规划问题，寻求折中方法的模式。渐进主义规划理论认为科学的理性规划与现实中的规划有很大差距，经验有时更重要，也主张把多元主义带入到公共规划领域，且规划全过程必须有政治力量的参与。渐进主义规划理论不仅关注倡导式规划关心的如何将不同群体带入公共规划议程，而且关注在这些相互对立的利益间找到共识，并达成协议⑤。就综合理性规划和倡导规划而言，Lindblom 的渐进主义规划理论向真正的参与迈出了一大步，但因其政治观点上的先天不足，招致后来沟通规划理论家的激烈批判。Sager 指出“党派相互调适理论”在规划的政治沟通方面存在欠缺，虽然它鼓励不同利益间的议价和折中，但不能保证它们之间的公平竞争⑥。Lindblom 不关心决策的质量，他只关心如何能帮助在多元化社会中的公共管理组织达成“任何形式”的决定，决策只是不同利益群体

---

① Smith R W. A Theoretical Basis for Participatory Planning[J]. Policy Sciences，1973，4(3)：275－295.

② Bower J H. Descriptive Decision Theory from the Administrative Viewpoint[M]// Bauer R A，Gengen K J，et al. The Study of Policy Formation. New York：The Free Press，1968.

③ Davidoff P. Advocacy and Pluralism in Planning[J]. AIP Journal，1965(11)：331－337.

④ Davidoff P，Reiner T A. A Choice Theory of Planning[J]. A Reader in Planning Theory，1973，28(2)：11－39.

⑤ Lindblom C E. The Intelligence of Democracy[M]. New York：The Free Press，1965.

⑥ Sager T. Communicative Planning Theory[M]. Aldershot：Avebury，1994.

及价值间的一个竞争过程，一个达成协议的妥协过程，它不是为了创造解决问题和价值结合方案的途径，要达成共识，只期望于每个群体能放弃一些东西，Camille(1979)称其为“双输游戏”。Lindblom 的追随者们并不期望了解彼此的动机和原因，只寻求对有争议的事情能达成一致意见。这并不是真正的相互理解，而是价值互让中的小交易。

资源和机会的公平分配日益规范要求提高分配制度的共识，这导致了规划的使用者——公众真正参与规划。参与式规划的主要理论是合作规划，它主要以哈贝马斯的交往理论为工具，主张通过包容一切受规划影响的人参与规划，尤其是那些弱势群体的参与，经过公平的对话、协商程序获得理性共识，从而促进规划结果被接受者制造、支持和赞同，实现规划的合法性。哈贝马斯认为参与者之间公平的协商过程是一种真正的程序正义，因此我们也可以判断，参与式规划合法性实现的本质在于通过公众之间公平的协商过程，促进决策过程程序正义的实现，从而获得规划结果的正义，即通过公正的公众参与程序，促进决策过程的程序正义，实现决策结果的正义。

合作规划理论是将规划看作沟通和合作的过程，主要理论工具是哈贝马斯的交往理论。合作式规划模式的基本观点是，规划只能通过与那些对规划感兴趣的利益相关者面对面对话的方式来进行。为了保证有效地开展对话，需要具备以下几个条件：① 所有利益相关者都必须包括进来并有所反映；② 对话必须是互信的，人们必须能彼此真诚地交流，所讲的内容要准确，他们的讲话要能代表一方利益相关者的利益；③ 合作者间既要有不同，又要相互依赖；④ 所有的问题都要摆到桌面上讨论，不存在任何禁区；⑤ 讨论中的每个人都必须平等地被告知、平等地被倾听，并被赋权成为合作讨论中的成员；⑥ 只有在相当多的参与者达成共识后，以及让所有参与者都满意的认真努力进行之后，才进行协议的签署[①]。

合作式规划理论有两个分支。一是以达成共识为基础的沟通规划，Forester(1989)[②]、Innes(1995)[③]和 Healey(1992,1997)[④]论述的方法都把重点放在规划师协调各利益相关方的协商上。连同 Innes(1995)[⑤]以及 Susskind 和 Cruikshank(1987)[⑥]的

---

① Healey P. Collabration Planning: Shaping Places in Fragmented Societies[M]. Houndmills and London: Macmillan Press, 1997.

② Forester J. Planning in the Face of Power[M]. Berkeley, Los Angeles: University of California Press, 1989.

③ Innes J E. Planning Theory's Emerging Paradigm: Communicative Action and Interactive Practice[J]. Journal of Planning Education and Research, 1995, 14(3): 183 - 189.

④ Healey P. Planning Through Debate: The Communicative Turn in Planning Theory[J]. Town Planning Review, 1992, 63(2): 143 - 162.

⑤ Innes J E. Planning Theory's Emerging Paradigm: Communicative Action and Ineractive Practice[J]. Journal of Planning Education and Research, 1995, 14(3): 183 - 189.

⑥ Susskind L, Cruikshank J L. Breaking the Impasse: Consensual Approaches to Resolving Public Disputes[M]. New York: Basic Books, 1987.

工作重点都是通过不同利益相关者全体的相互作用,使他们之间能达成共识。这些方法的重要性在于强调符合具体情况过程的重要性,并把过程本身作为所有参与者分享各自价值、倾听其他参加者观点的机会,在这些过程中,“信任和知识得以产生和传播,以社会资本和智力资本为基础,从而建立起了各方的合作关系”。第二个分支是以冲突管理为基础的沟通规划。作为冲突管理的规划,规划理念本身就怀疑在不同意义体系间达成广泛共识的可能性,因此它的前提假设是:即使已找出了相互都适合的解决办法,但不同意义体系的基本目标将永远保持不同。Hillier(2000)认为共识是一种感觉,合得来而不一定是完全同意,规划中的对话过程不一定要形成持久、深入的共识,而是为了创造多重意义体系间平衡共存的条件①。这种条件需要一次次地从一个规划项目到下一个规划项目中创造出来,因为不可能通过一个简单的对话规划项目就把不同的意义体系结合在一起,而只能是一定条件下的部分解决(Mantysalo,2000)②。

(2) 国内学者的研究

关于城乡规划公众参与理论基础,国内学者的研究并不多,行政法学领域的相关研究颇有意义。

行政法学领域中王锡锌(2007)研究了公众参与对于行政法的意义,他提出,传统行政法模式试图通过代议机构制定明确规则、行政程序促使行政机关遵守立法规则,以及法院对行政决定的司法审查,来确保行政法的“传送带”功能的实现。但是,这种“传送带模式”要想对行政过程合法性做到有说服力的解释,需要一些基本的前提条件,其中最重要的是:第一,代议机构制定的规则能够提供行政活动明确无误的标准;第二,行政机关在执行这些标准时没有自由裁量空间;第三,司法审查是普遍可获得的。很明显,传统行政法模式合法化功能的实现所需要的基本条件,在现代行政过程中已经很难得到满足。立法机关对行政机关的“概括性授权”,使行政机关成为“我们时代的立法者”;自由裁量成为行政过程中最重要的一种权力行使特征,而随着行政的复杂化和专业化,以及自由裁量的泛滥,司法审查的可得性及有效性都受到越来越明显的削弱。面对这些现实因素,有理由相信,传统行政法模式面临着明显的合法化能力缺乏的问题,并随之引发了行政过程的“民主合法性危机”。作者认为应当通过吸纳各种利益主体对行政过程的有效参与,为行政过程及其结果提供合法性资源。即如果行政机关在政策或决定的形成过程中为所有可能受影响的利益主体提供了参与的机会和论坛,就可以通过这些参与者的协商而达成为所有人所接受的妥协,这就在“微观”意义上体现了利益代表和参与式的民主,也是对立法过程的一种“复制”。因此,允

---

① Hillier J. Going Round the Back? Complex Networks and Informal Action in Local Planning Process[J]. Environment and Planning A, 2000,32(1):33-54.

② Mäntysalo R. Land-use Planning as Inter-organizational Leaning[M]. Linnanmaa: OULU University press, 2000.

许利益代表的参与并在充分考虑各种受影响利益基础上而作出的决定和政策，就在微观意义上，和立法具有同样的原理，并进而获得了合法性。① 陈振宇(2009)的理论奠基于王锡锌的理论之上，他认为，一方面，“公众参与程序具有工具性价值，可以提升规划决策的质量，另一方面，它又具有程序性价值，可以增强规划的可接受性。”这里他将公众参与定位为行政过程程序正义的条件，但是他没进一步研究公众参与制度需要达到什么标准才能实现行政过程程序正义，我们知道，并不是所有形式的参与都能促进规划合法性的实现。

2.1.2.2 公众参与制度设计的策略

(1) 国外学者的研究

公众参与制度设计就是为政府与公众创造见面的空间(Cornwall 和 Coelho, 2006)②，Behagel 和 Arend(2010)认为公众参与制度设计有两大功能：一是从空间和时间上确定参与式会面的边界，二是建立边界内的正式规则、标准、作用，如一个中立的主席、一致同意的参与程序，利益相关人选择冲突解决的方法。Skelcher 和 Torfing (2010) 认为参与制度是参与的保证，公众参与制度设计(包含程序、机制、工具和舞台)的作用和影响是激励参与行为，塑造参与者的经验，创造相关和可行的结果③。Dino(2009)认为制度设计可以促进参与，他运用理性选择模型解释了目前的两种机制惩罚与奖赏对参与的作用，在小范围的参与活动中两种机制都会促进参与，但是在较多人参与的活动中，奖赏机制比惩罚机制更能有效解决搭便车行为，会增加决策的正确性④。

对于如何进行公众参与的制度设计，很多学者也进行了研究，按照研究的视角可以分为两类：一是基于产生“好结果”的设计；二是基于“好过程”的设计。首先，“好结果”是指通过公众参与制度设计实现提高决策质量、减少决策冲突等的目的，强调公众参与制度的工具价值。Rydin & Pennington(2000)提出要获得合法性的决策结果，公众参与程序设计必须满足三个条件：一是参与过程要开放，即如果每个人都感到他们有公平的机会参与，他们就会认为过程决策过程比较公正而不会抵制决策结果；二是参与过程要透明，即公众可以接近他们想要的信息从而对决策者产生信任；三是公众有权力影响决策过程和结果，这可以提高决策者和公众之间的互动，形成决策共识。Cornwall 和 Coelho(2006)认为参与制度同民主的三方面有关：一是实现公民权；二是

---

① 王锡锌. 行政程序法理念与制度研究[M]. 北京：中国民主法制出版社，2007.

② Cornwall A, Coelho V S P. Spaces for Change? the Politics of Participation in New Democratic Arenas[C]. IDS Working Paper, Institute of Development Studies, University of Sussex, Falmer, 2006.

③ Chris Skelcher, Jacob Torfing. Improving Democratic Governance Through Institutional Design: Civic Participation and Democratic Ownership In Europe[Z]. ESRC, RES-000-23-1295, 2010.

④ Gerardi D, Mcconnell M A, Romero J, et al. Get Out the (costly) Vote: Institutional Design for Greater Participation[J]. Economic Inquiry, 2016, 54(4): 1963 - 1979.

扩大民主的领域；三是民主的真实性[①]。因此，公众参与制度设计的条件在于：第一，扩大民主参与，要吸引人、鼓励人来参与，转变观念，参与是公民资格而不是顾客，要提高边缘人的技术和自信；第二，是参与的包容性问题，即代表的选择要注意不同的政治和文化背景；第三，简单地将参与的结构落实到位不足以创造切实可行的制度，要依靠参与者的动机；第四，参与制度设计要考虑冲突解决及包容于效率之间的关系；第五，要注意参与的负面影响，要将参与置于政治制度和社会文化历史视野中[②]。Bryson 等(2013) 基于实证数据及设计科学理论研究如何设计公众参与过程以获得更好的参与结果，他认为进行公众参与制度设计需要：一是考虑制度环境；二是依据参与目的设计参与内容；三是通过一定结构的规则设计满足参与的要求；四是参与程序要列出参与目标、目的、方法、承诺、手段、技术、步骤和资源；五是要注重参与过程中的分权，这可以帮助公众建立信心，增强其对政府的信任[③]。Nabatchi(2012)从价值理论视角分析，认为公众参与可以帮助政府更好地理解公共价值，因此通过设计参与过程最大化地确认和理解公共价值，减少政策冲突。为实现此目标，他提出了八个设计要素：合作的程度——以利益为基础的过程比以地位为基础的过程更能产生合作以帮助管理者确认和理解公共价值；交流模式——双向交流可以帮助政府认识和理解公共价值；决策权分享的程度——适中或高程度地分享决策权可以帮助管理者认识和理解公共价值；参与机制——结合过程采取小规模的圆桌会议形式可以帮助管理者认识和理解公共价值，而且参与机制中运用专业辅助设施也可以帮助管理者认识和理解公共价值；信息资源——参与过程中提供更多的信息资源可以帮助管理者认识和理解公共价值；参与者的选择——过程中选择更多普通公众比仅有利益相关者参与可以帮助管理者认识和理解公共价值；参与者的招募——参与者的招募有四种方法，即志愿、自由选择、目标和统计学方式、激励，用参与偏见最小化的招募措施可以帮助管理者认识和理解公共价值；再现和重复——当参与议题较为复杂，多次交流比一次交流更能帮助管理者认识和理解公共价值。Fung 和 Wright(2001)认为协商参与是实现民主决策的方法，通过五个案例总结出了协商参与的制度设计条件：一是分权；二是集中协调和监管；三是要形成正式管制制度。其背景是参与人之间权力平等，其参与制度设计标准是有效、公平、可持续[④]。Fung(2003)还论述了小的团体参与活动的八个制度设计选择：一

① Cornwall A. Making Spaces, Changing Places: Situating Participation in Development[C]. IDS Working Pape, 2002.

② Cornwall A, Coelho V S P. Spaces for Change? The Politics of Participation in New Democratic Arenas[Z]. IDS Working Paper, Institute of Development Studies, University of Sussex, Falmer, 2006.

③ Bryson J M, Quick K S, Slotterback C S, et al. Design Public Participation Processes[J]. Public Administration Review, 2013(73): 23 - 25.

④ Fung A, Wright E O. Deepening Democracy: Innovations in Empowered Participatory Governance[J]. Politics and Society, 2001, 29(1): 5 - 41.

是明确参与活动的类型及领域；二是参与者的选择和招募（注意弱势群体的参与，除了志愿参与还要进行招募，获得人口统计的代表性；对低收入者采取结构性刺激）；三是明确协商的主题和范围；四是确认协商的模式即组织和讨论模式（通过对话走向共识，教育和训练公众如何参与）；五是确定会面的次数，依据目的而设；六是设计者要考虑物质刺激，因为参与者参与是为了利益；七是需要对参与公众进行授权；八是需要对公众参与组织者进行监督[①]。其次，基于"好过程"是指从公众参与程序本身应有的价值来进行设计。Lawrence 等(1997)认为仅通过结果导向的公众参与设计是不足够的，应该通过程序正义要素对公众参与进行设计，通过过程公正提高公众对决策的可接受性，促进更多公众进行参与，提高公众对决策者的信任度。他认为不同专业领域的程序正义要素是不同的，要针对具体的情景因素设计，考虑到自然资源政策的制定特征，其程序正义要素是无偏见、一致性、道德、准确。在此基础上，Smith 和 McDonough (2010)进一步研究了公众参与制度的程序正义要素，通过问卷调查，他们得出自然资源决策过程中公众认同的公众参与程序正义要素包括：① 代表性，即所有利益相关者有公平的机会参与；② 决策权，即公众对决策结果有投票的权利；③ 深思熟虑，即公众意见被决策者尊重并认真考虑；④ 可接受的结果。

(2) 国内学者的研究

国内学者对公众参与制度设计策略的研究在《城乡规划法》实施前后略有不同。在实施前缺乏公众参与制度的时期，主要基于制度借鉴，如戚冬瑾、周剑云(2005)从制度借鉴的视角对我国城市规划公众参与制度设计提出建议，包括：① 严格规范行政行为的程序与变更行政行为的程序。② 确立公众参与的"决策"程序。如在规划编制方面，规范政府的规划信息发布、资料提供、公开展览、公众意见反馈、对公众意见的处理等程序。③ 确立公众参与的"抗辩"程序，即当公众对某一规划行政行为不满或不服时，允许其作为平等主体来说明理由。也就是，予以"申辩"的机会。甚至"质询"的权利。"抗辩"程序的设立使行政权力与公众权利取得实质意义上的平衡，尤其是当行政相对方所受的损害是因行政自由裁量不合理时。④ 完善上下位法的程序衔接。当公众不服行政复议结果或得不到行政机关的满意答复时。将透过司法程序向法院提起行政诉讼[②]。公众参与制度正式确立后，学者开始致力于对目前的公众参与制度进行反思，针对存在缺陷进行设计，但是目前制度设计的研究仅是从形式上和可操作性上进行考虑，除极少数研究外，大多数的研究既缺乏对公众参与工具主义的考虑，也缺乏本位主义的考虑，研究工具的匮乏导致制度研究浮于表面。如王巍云(2008)考察了目

---

① Fung A. Survey A. Article: Recipes for Public Spheres: Eight Institutional Design Choices and Their Consequences[J]. Journal of Political Philosophy, 2003, 11(3): 338 - 367.

② 戚冬瑾，周剑云．透视城市规划中的公众参与——从两个城市规划公众参与案例谈起[J]．城市规划，2005(7)：52 - 56.

前的城市规划公众参与制度，认为公众参与规划仍然是原则性的，缺乏可操作性。公众参与规划的对象、机构、内容、程序、深度、职责、权利、义务和监督保障等体制和机制均无明文规定，这就使得公众参与规划只能停留在形式主义的宣传上，公众参与城市规划的权利仍无法保证①。因此他主张通过详细的制度规定对公众参与进行约束，从而保障公众的参与权。孙施文(2010)认为目前参与制度存在的问题在于参与较晚，参与方式缺乏程序规定，缺乏独立的仲裁机构。为此他提出城市规划公众参与制度应该做到全过程参与，公众参与的方式和程序要明确说明，公众意见都必须有结果并及时反馈，需要相对独立的仲裁机构。这些内容已经体现了部分程序正义的价值②。罗鹏飞(2012)认为就目前的《城乡规划法》来说，缺乏总体性制度设计和操作细则是公众参与制度建设所面临的现实问题。这一问题的存在，致使组织编制机关对于参与的形式、手段、内容、应达到的参与程度，以及公众意见的收集、沟通、处理等工作任务的执行只能依据具体项目情况、结合项目工作特点来进行。这虽然为规划部门和参与组织方提供了自由裁量的空间，但却无法保证公众参与的最终实施效果③。因此，他主张运行托马斯决策模型进行公众参与方式的适应性应用。这是典型的工具主义视角，强调公众参与制度设计必须以产生结果有效为宗旨。

2.1.2.3 公众参与制度设计的运行机制

(1) 国外学者的研究

对于公众参与制度设计的运行机制，西方学者较多地关注从最基本的要素入手进行研究，包括参与主体的选择、参与类型及参与方法的研究。

① 参与主体的研究

要为参与提供足够的机会就必须先确定参与人，20 世纪 70 年代流行大众参与的形式，大批的公众受邀去审议规划。近年来研究者对此类方式持否定态度，他们采取了目标性更强的方式。Gunton 和 Vertinsky(1991)认为，那些受决策强烈影响的利益相关者需要更有效、直接地参与决策过程④。Stout 和 Knuth(1994)强调在确定参与人时要包含所有重要的利益相关者⑤。Abs(1991)建议参与过程应该建立所有利益相关者目录，该目录应包括全部的利益群体，如当地人、研究人员、商业、环境和公共利益群体、专业行会和劳工组织、社区群体以及感兴趣的公众⑥。Sanoff(2000)认为那些受

---

① 王巍云.《城乡规划法》中公众参与制度的探讨[J]. 法制与社会，2008(1)：204 - 205.

② 孙施文，朱婷文. 推进公众参与城市规划的制度建设[J]. 现代城市研究，2010(5)：17 - 20.

③ 罗鹏飞. 关于城市规划公众参与的反思及机制构建[J]. 城市问题，2012(6)：30 - 35.

④ Gunton T, Vertinsky I. Reforming the Decision Making Process for Forest Land Planning in British Columbia [C]// Forest Resources Commission Background Paper, 1. Forest Resources Commission, Victoria, 1991.

⑤ Stout R J, Knuth B A. Evaluation of a Citizen Task Force Approach to Resolve Suburban Deer Management Issues[J]. HDRU Publ., 1994：93 - 94.

⑥ Abs S. Improving Consultation：Stakeholder View of EPD Public Process[Z]. Victoria：Ministry of Environment Lands and Parks, 1991.

政策影响最深的公众应该在决策中拥有重要的话语权，即尽管一般的公众应该有参与的机会，然而那些利益相关者应该有较高程度的参与。Sanoff(2000)还认为拥有专业技术的专家也应该包括进参与的主体群中，他们可以帮助提供数据和一些关键信息①。

在特定条件下，重要利益相关者的确定并不容易，Creighton(1983)设定了一些原则来确定参与的利益相关者。第一，临近原则，居住在项目或规划范围附近的公众比距离较远的公众更易受项目与规划的影响。第二，经济原则，与项目之间存在经济利益得失关系的公众。第三，使用原则，如一个区域规划涉及高速公路，其建设会影响一些人使用资源和设置。第四，社会原则，一个项目可能会影响到传统习惯、文化，或者改变社区的人口结构。第五，价值原则，受项目价值影响的组织②。Enck 和 Brown (1996)建议了六个选择利益相关者的原则：第一要包括尽可能多不同意见的利益相关者；第二要包括能提供不同意见的利益相关者；第三要包括传统方法中没有得到充分机会的群体；第四要包括所持观点相去甚远的各群体；第五要包括“权力的代言者”和那些不是“权力的代言者”的人；第六要包括在决策执行中可能被忽视的那些人③。

② 参与类型的研究

在有关参与的研究中，引用最多的是理论之一是 Arnstein(1969)的“公众参与阶梯”理论。Arnstein 定义公众参与是“公众无条件拥有的权力”“权力的重新分配，能把当前排除在政治和经济过程之外的贫困公众，无条件地融入到未来的政治和经济过程之中”。她认为，虽然“每个人”都真正赞成“受统治方也要参与政府管理”的理念，但真把权力重新分配给这些弱势群体时，参与的热情会迅速降低。为了帮助区分“伪参与”和“真参与”，Arnstein 提出了一个八档“公民参与阶梯”。公众参与梯子有三段八级，归纳为三类。梯子最下端的两级分别为“操纵”和“治疗”，描述了一种“不是参与的参与”(nonparticipation)的状态。他们的真正目的是使当权者“教育”和“治疗”参与者。梯子的第三级“通知”和第四级“咨询”代表了参与权力的第二个阶段“象征性的参与”，允许公众倾听并表达自己的观点。当当权者仅采用这两种形式的参与方法时，公众可以倾听和被倾听，但是却没有权力使当权者真正留意到他们的想法。“安抚”是“象征性参与”的最高级别，原则允许普通公众提出建议，但是决策权还是属于当权者。梯子最上端是“有实权的参与”，公众以“伙伴”的关系进行参与，与当权者平分决策权力。在梯子的顶端，“授权”与“市民控制”的参与方式中，普通公众占据了决策的主要

---

① Sanoff H. Community Participation Methods in Design and Planning[M]. New York: J. Wiley Sons, 2000.

② Creighton J L. Identifying Publics/Staff Identification Techniques[C]. The Institute for Water Resource. U. S. Army Corps of Engineers, 1983.

③ Enck J W, Brown T L. Citizen Participation Approaches to Decision-making in a Beaver Management Context [J]. HDRU Publ., 1996: 92-96.

权力，甚至完全拥有这种权力。按 Arnstein 的定义，只有最高的三类档次上的参与才能被视为真正的公众参与，因为只有它们才真正是对“贫困群众”的权力再分配。Arnstein(1969)指出，操控公众参与过程已经被设计成真实参与的替代品，它们真正的目的不是使百姓参与到规划或执行项目中，而是使当权者“教育”或“控制”参与者①。这一观点也反映在 Kasperson 和 Breitbart(1974)的论述中，“在制度和过程的安排和问题已经确定，并限制了有限的产出条件下，当个人被引入这样的过程和制度中时，参与并不会真实发生。”当目的性很强，动机已很明确，没有创造性的余地时，参与也是“不真实”的②。Ingram 和 Ullery(1977)称这是一种程式化的“参与”，它诱导感兴趣的公众参与接受事前设定的观点，可能为自己创造出一幅真实效果的“幻象”；这种参与有别于“真实的”参与。他们进一步解释道，真实的参与是用公众实际影响政策的程度来衡量的③。Mitchell(1995)称“真实的”参与是一种群体合作方法，即各种利益(利益相关者)参与到管理过程中④。与 Arnstein 的理论相类似，1989 年 Platt 在 Norad 的研究基础上把参与描述成一系列从被动到负全责的不同“台阶”层次。这一分类进一步阐述了 Arnstein 的理论。在这种分类系统中，从被动和完成安排好的任务一直到对话和交流的过程，它把参与看作进行中的对话模式，这几个台阶把“真正的”参与看作对话和交流的参与，直到最后完全承担起责任来，Platt 的分类把完全负责任作为最适宜的参与⑤。Pretty(1995)在分析自 Arnstein(1969)以来对参与的分类研究后提出七种参与类型⑥。

以上学者的参与分类理论，都是阶档越高参与性就越高、越好。Dorcey 等(1994)改进了这一分析的框架，他们没有采取上述垂直的、分等级的“阶梯”。Dorcey 等人注意到，一系列的参与方法就如同一个水平的“带谱”，连续带谱中的每个水平可能都是合理的，这要视情况而定，当用到较高参与程度的形式时，每个较低的形式可能也需要同时实施，以便使所有利益相关者都参与进来并被告知⑦。

---

① Arnstein S R. A Ladder of Citizen Participation[J]. Journal of the American Institute of Planners, 1969, 35(4).

② Kasperson R E, Breitbart M. Participation, Decentralization and Advocacy Planning[Z]. Commission on College Geography. Resource Paper, 25. Association of American Geographers, Washington, DC, 1974.

③ Ingram H M, Ullery S J. Public Participation in Environmental Decision-making: Substance or Illusion? Public Participation in Planning[M]. London: Wiley, 1977.

④ Mitchell B. Resource and Environmental Management in Canada[M]. Toronto: Oxford University Press, 1995.

⑤ Platt. I Review of Participatory Monitoring and Evaluation[R]. Report Prepared for Concern Worldwide, 1996.

⑥ Pretty J N. Participatory Learning for Sustainable Agriculture[J]. World Development, 1995, 23(8): 1247-1263.

⑦ Dorcey A, Doney L, Rueggebery H. Public Involvement in Government Decision-making: Choosing the Right Model[Z]. Victoria: B. C. Round Table on the Environment and the Economy, 1994.

Weidemann & Femers(1993)也根据 Arnstein 的理论设计了相应的参与“阶梯”理论，不过他们的观点综合了上述两派的内容，更符合现实的需要。即他们也认为参与的程度越高越好，要实现“真实的”参与，不过实现真实的参与需要低等参与程度的参与方法作为基础①。

③ 参与方法的研究

关于参与方法的研究大概可以分为三类：一是针对某些参与方式的具体介绍，优缺点评析；二是对参与方式进行分类，以更好地了解每种参与方式的特征；三是对参与方式选择的影响因素进行研究，所有研究都是为了帮助决策者和公众参与过程设计者更好地选择公众参与方法。

早期最常见的公众参与方式分类是基于信息流动的方向进行的研究，Hampton (1974)将规划公众参与的方法分为三个类型。第一类方法关注于如何将信息传达给公众。例如运用详细报告、专家报告、宣传册、出版物、新闻和媒体发布履行这种功能。第二类方法是规划者收集公众的观点和看法时采用的，包括公众行为和态度调研、问卷、研究组。第三类方法应用于规划者和公众之间的互动交流，包括各种政治组织会议、社区工作会、合作会。这些方法代表了公众在规划决策中的直接参与，而不是信息收集与传达②。从 Rosener 开始，越来越多的学者开始关注环境特征要素。Rosener (1975)根据 14 个功能特征对参与方式进行分类，包括鼓励影响群体，解决冲突、分发信息等。1978 年又建议将参与方法与参与目标结合起来，这样才能实现参与的有效性③。在目标分类的基础上，Glass(1979)又增加了环境结构特征这一要素，并根据五个目标(信息交换、教育、支持建设、辅助决策、代表的投入)对参与方式进行分类。随后的研究又增加了参与程度、参与过程等分类依据④。Wilcox(1994)将参与方式与参与程度、参与过程结合起来考虑，五种不同的参与程度(通知、咨询、一起决策、一起行动、支持)对应不同的参与机制⑤。Rowe 和 Frewer(2005)按照信息流动的方向，将参与机制分为交流、咨询和参与三种层次。其中，交流是指信息由政府流向公众；咨询是指信息由公众流向政府；参与是指信息在双方之间互相传递⑥。

对于参与方式选择的影响要素的研究成果如下：Mijiga(2001)提出选择公众参与

---

① Weidemann P M, Femers S. Public Participation in Waste Management Decision Making: Analysis and Management of Conflicts[J]. Journal of Hazardous Materials, 1993, 33(3): 355 - 368.

② Hampton W. Community With Public: Proceedings of The Town and Country Planning[Z]. London, 1974.

③ Rosener J B. Matching Method to Purpose: the Challenges of Planning Citizen-Participation Activities[M]// Langton S. Citizen Participation in America. New York: Lexington Books, 1978.

④ Glass J J, Citizen Participation in planning: The Relationship between Objectives and Techniques[J]. Journal of the American Institute of Planners, 1979, 45(2): 180.

⑤ Wilcox D. The Guide to Effective Participation[M]. Brighton: Partnership, 1994.

⑥ Rowe G, Frewer L J. A Typology of Public Engagement Mechanisms[J]. Science, Technology & Human Values, 2005, 30(2): 251 - 290.

方式需要考虑的要素为有利和不利的方面,成功实施和采用的要求,经济与技术要求,公众的可接近性,可持续性,成本—收益分析及参与程度与质量的要求[①]。Robinson(2003)认为应该按照风险程度和信息复杂程度将参与机制与参与程度结合起来考虑[②]。Reed(2008)认为参与方法的选择要依据决策的内容、目标,参与者的类型,参与的程度,其中参与程度是主要的考虑因素[③]。

(2) 国内学者的研究

国内学者的研究很少像西方学者那样从公众参与运行机制的基础要素入手进行研究,而多热衷于对某种具体制度进行分析。

① 参与主体的研究

郝娟(2008)认为城市规划中的公众参与主体范畴的限定,是以参加城市建设并有权要求利益再分配的主要利益代表为划分标准的,不一定是广义的国家公民[④]。城市规划范畴内所涉及的公共利益问题以及对这类公共问题解决答案的主要关心者大致包括市民和利益集团(主要指投资者和开发商、规划师、政府官员)。他们构成城市规划中的主要利益单元,是城市规划中受影响最大的群体。赵璃(2008)对利益相关公众进行了进一步的细分,他认为就与规划的利益相关程度而言,公众至少可以区分为以下几个层面:首先是与规划关系最密切的一部分"公众"。他们主要是受土地开发影响显著的原居民、单位和相邻地区的居民、单位,他们的利益直接与土地开发的方式相关,因此他们是"公众"中最具有参与动机的主体。其次是城市空间的消费者,包括住房的购买者、零售商业、工业等诸多对建筑空间有需求的经济和社会组织。他们的利益往往与特定的土地开发的关系不大,但受到整体土地开发方式,尤其是宏观层面规划的影响[⑤]。张婷(2009)认为参与主体应该根据不同的程序要求来确定:在非正式程序参与中,由于参与的方式主要是公众评议,所以参与主体可以是公众和其他行政机关。在城市规划审批机关主持的正式参与程序中,因为公众的听证笔录最终会成为规划制定的依据,所以参与主体应该包括公众、制定机关、利害关系人和其他行政机关[⑥]。居阳等(2012)研究了规划利益相关者的空间确定方法和不同利益相关者的话语权机制,试图为有序、有效的公众参与奠定基础。从产权、环境影响、交通影响、服务范围、景观影响共计三大类五小类因子出发,划分出受规划项目影响的强、中、弱三种

① Foster Mijiga. Public Participation in the Legislation Process[R]. USAID,2001.

② Robinson. Two Tools for Choosing the Appropriate Depth of Public Participation. [EB/OL]. (2013-12-20)[2014-06-07]. http://www.enablingchange.com.au/TWO_decision_tools.pdf.

③ Reed M S. Stakeholder Participation for Environmental Management: A Literature Review[J]. Biological conservation, 2008, 141(10):2417 - 2431.

④ 郝娟. 提高公众参与能力 推进公众参与城市规划进程[J]. 城市发展研究,2008(1):50 - 55.

⑤ 赵璃. 试析上海城市规划编制中的公众参与[D]. 上海:同济大学,2008.

⑥ 张婷. 城市规划中公众参与问题研究[J]. 武汉职业技术学院学报,2009(3):56 - 59.

话语权空间。他认为对于强话语权的人群，宜赋予其一票否决权利；对于拥有中话语权和弱话语权的人群，中话语权人群采用“大部分通过”原则，即执行三分之二以上通过的原则；而弱话语权人群采用“少数服从多数”原则，即执行半数通过的原则。通过以上机制，使得不同人群的意愿可以被有机地整合起来，从而使公众参与得以有序进行①。

② 具体运行机制的制度细节

首先是对听证会的研究。虽然听证会并未完全地进入城市规划领域，但是学者研究的热情却很高。朱芒(2004)从“听取—参与”“技术—利益”和“法定—裁量”三个视角，通过对现行的城市规划听证会的内涵、参与者及其基础和适用范围的粗略分析，得出我国听证会的特征：没有实现真正的参与，还是一种听取公众意见的方式；同时这种听证会专家参与较多，参与的结果不是实现利益博弈，而是以决策结果的技术理性实现为主；最后，听证会的召开不属于法定内容，而是由决策者自由裁量，这大大降低了制度的效应。可以说目前这一制度设置还存在很多问题②。刘亭研究了我国城市规划公众参与听证制度与实践的现状，认为目前存在的问题主要是主持人制度不完善，参与人的产生和选择存在问题，听证程序形式不完善，听证透明度不够，听证笔录的效力不明确，听证结果缺乏监督，因此他建议从观念和规则两个视角转变听证制度。袁贝丽(2006)研究了城市规划管理的听证范围，她认为可能危及或损害市民合法权益的规划许可应包含在听证范围内，规划局变更规划许可内容或者因规划许可将改变经批准的涉及相关人权益的城市规划的行政许可应包含在听证范围内，涉及城市历史文化风景名胜资源和生态环境保护等公共利益的重大规划许可事项应包含在听证范围内③。黄睁(2008)设计了“听证组织机关合理划分利益群体、利害关系人推举或抽签决定出席代表”的选择制度。一是由听证组织机关综合考虑实践情况，根据所涉城市规划事项对利害关系人利益可能产生的影响程度，利害关系人的地域分布，利害关系人的年龄层次、职业特征等情况，将利害关系人合理划分为若干的利益群体。二是由听证组织机关合理确定听证会席位数量和利益群体的规模和数量。三是由各个利益群体抽签或自主进行民主推举如可以由居委会或者村委会等自治组织召集推选④。陈义(2008)提出在规划听证参与方中增加技术部门，为保证技术部门的公正性，同时有利于解释听证过程中的相关技术条文和法律法规，该部门可以是专业工程技术人员或职业律师等人员组成，最好是独立的非政府组织。对规划局、利益方以及开发商应

---

① 居阳，张翔，徐建刚. 基于话语权的历史街区更新公众参与研究——以福建长汀店头街为例[J]. 现代城市研究，2012(9)：49－57.

② 朱芒. 论我国目前公众参与的制度空间——以城市规划听证会为对象的粗略分析[J]. 中国法学，2004(3)：51－56.

③ 袁贝丽. 中国城市规划管理听证会制度研究[D]. 上海：上海交通大学，2006.

④ 黄睁. 温州市公共参与城市规划的研究[D]. 上海：上海交通大学，2008.

该是同等对待的，在发出规划行政许可听证通知书时一并告知相关听证对象，同样遵守回避原则①。

其次是对我国出现的社区规划师制度的研究。冯现学（2003）②和邓志云等（2009）③分别对深圳的“顾问规划师”和广州番禺的“助村规划师”制度进行了介绍，提供了一定实践经验。王婷婷、张京祥（2010）的研究基于国家—社会关系理论搭建了社会规划师的四种制度逻辑：社区规划师“隶属于政治子系统”，作为规划行政管理体制面向公众的延伸和对权力的监督机制；“介于政治子系统与社会子系统之间”，作为政府和社会的中间利益平衡机制，引导市民主动参与决策；“隶属于社会子系统”，发挥着重要地引导居民自我研究和自我治理的重任；“政治子系统与社会子系统的权力制衡与融合”，政府与社会之间形成主动的良性互动关系，而社区规划师则从旁辅助④。在此基础上，袁萍萍（2011）建立了第二种制度逻辑下的规划师制度构建⑤。赵蔚（2013）在比较了各国不同的规划师制度后，认为深圳的制度并非是社区运动发起的结果，而是政府职能部门针对规划工作中政府与社区间的脱节，对自身工作体系的反思和改革，是政府自上而下推行的一种制度，严格意义上并不能称之为“社区规划师”。她认为社区规划师的作用有三种：一是提供专业意见，并把专业的内容以通俗易懂的语言和方式使参与者（甚至所有人）了解、看懂并理解利益的分配；二是组织沟通，将社区的诉求结合并体现到规划中；三是协调利益各方对规划方案的意见，促进各方达成共识（或妥协）⑥。赵民（2013）从理论视角探讨了社区规划师的应有之意，他认为虽然各地对“社区规划师”的实践内容并不统一，但是，“交往理性”可谓是其最大“公约数”——以社区为指向、倾听公众意见、与公众互动，以及协助社区成员达成“合意”⑦。

再次是对公众参与城市规划的救济制度的研究。生青杰（2006）认为公众参与城市规划的司法保障是公众参与制度的重要环节，主要包括行政复议与诉讼。他建议城市规划法中应设立独立的复议委员会。复议委员会是官方的法定复议机构，归各级政府的法制办领导，可由政府选聘 7—9 名社会知名的规划专家组成并行使复议权。复议机构对控制性规划是否违反总体规划、是否违反强制性技术规定和规划制定程序进行审查⑧。陈振宇（2009）对公众参与权获得司法保障的可能性进行了分析，认为公众

---

① 陈义．城市规划听证制度实施与完善：公共治理的视角[D]．上海：上海交通大学，2008.

② 冯现学．对公众参与制度化的探索——深圳市龙岗区“顾问规划师制度”的构建[J]．城市规划，2003，28(2)：78－80.

③ 邓志云，李军，梁坤胜．新农村规划工作“助村规划师”制度探讨——以广州市番禺区为例[J]．规划师，2009，25(S1)：71－74.

④ 王婷婷，张京祥．略论基于国家—社会关系的中国社区规划师制度[J]．上海城市规划，2010(5)：4－9.

⑤ 袁萍萍．城市规划中的公众参与研究——以南京市为例[D]．南京：南京师范大学，2011.

⑥ 赵蔚．社区规划的制度基础及社区规划师角色探讨[J]．规划师，2013(9)：17－21.

⑦ 赵民．“社区营造”与城市规划的“社区指向”研究[J]．规划师，2013，29(9)：5－10.

⑧ 生青杰．公众参与原则与我国城市规划立法的完善[J]．城市发展研究，2006(4)：109－113.

参与权获得司法保障的前提是规划行为具有可诉性，唯有可诉规划行为中的参与权可以接受司法审查。可获司法保障的参与权仅有两种：第一，规划许可中的公众参与权；第二，基于特定事实且涉及特定主体权益的规划修改过程中的公众参与权。另外，只有与规划行为具有“法律上利害关系”的参与主体才具有原告资格，可以通过提起诉讼的方式保护自己的参与权。陈振宇还讨论了司法保障的实现程度，着重探讨了如何对公众参与程序中的裁量性程序进行审查①。

最后是对公众的利益代表组织的研究。任国岩(2004)认为有成效的参与是组织化的参与，他将城市规划公众参与的组织机构分为三类，即代表参与主体的公众组织、代表政府的决策组织、规划联络组织。其中，公众组织又分为临时、固定和松散组织；决策组织特指城市规划公众参与委员会；规划行政人员组成联络组织，负责向公众宣传与公众交流。后来的研究基本都延续了这一思路，仅在细节设计上有少许的不同②。纪峰(2005)将包括政府机构以外的专业人士、人民代表、政协委员等的城市规划委员会设定为公众参与的固定组织③。吴颖(2009)认为应该搭建规划行业协会以增强公众的力量，该团体可以直接受理居民的维权要求，负责代表居民这种特殊的消费者与开发商甚至政府交涉，进而可以为普通公众提供法律援助，覆盖范围面向整个城市，而分支机构就是各区的社区委员会和业主委员会，它们构成社区一级的公众参与组织④。一些学者注重对参与公众的组织化研究，如罗小龙、张京祥(2001)认为，根据不同层次的规划目标，设立不同形式的公众参与组织，是提高规划设计的公平性和规划实施的可操作性的必要前提。我国应构建非官方、具有体制保障的公众参与组织——城市规划公众参与委员会，委员会下设行业代表、有关利益集团、个体公众参与三个单元，每个单元代表特定的利益主体，采用不同的参与形式，以求最大限度地提高公众参与的范围和实现公共、私人利益的最大化⑤。陈洪金等(2007)认为城市社区组织是城市规划中公众参与的重要主体，是城市居民的有效组织者，在城市发展中起着至关重要的作用。必须逐步完善城市社区制度，强化社区组织作为公众参与主体的地位与权限⑥。

2.1.2.4 公众参与制度设计的环境因素

公众参与制度设计要考虑背景因素，Cornwall(2002)运用空间和权力的理论研究

① 陈振宇. 城市规划中的公众参与程序研究[D]. 上海：上海交通大学，2009.

② 任国岩. 公众参与城市规划编制的实践研究——以公众参与集美学村风貌建筑保护规划为例[D]. 上海：同济大学，2004.

③ 纪峰. 公众参与城市规划的探索——以泉州市为例[J]. 规划师，2005(11)：20-25.

④ 吴颖. 公众参与城市规划决策问题研究[D]. 济南：山东师范大学，2009.

⑤ 罗小龙，张京祥. 管治理念与中国城市规划的公众参与[J]. 城市规划学刊，2001(2)：59-80.

⑥ 陈洪金，赵书鑫，耿谦. 公众参与制度的完善——城市社区组织在城市规划中的主体作用[J]. 规划师，2007，23(S1)：56-58.

约束参与空间的力量及影响过程。他认为权力决定了参与的空间，一方面政府对公众的看法(利益者、顾客、使用者及公民)决定了参与的空间，另一方面市民社会运动对政府的影响也决定了参与的空间。作者通过城市开发中公众参与发展的四种不同的轨迹验证了这一理论分析，即 20 世纪 70 年代至 80 年代的社区参与逐渐塑造了成熟的市民社会运动，90 年代的参与新空间使得市民社会运动发展到成熟公民运动，90 年代后管治理念下形成政府和社会新的互动空间。另外作者研究了不同参与空间的动力。正式制度的动力在于国家体制、民主分权；临时制度的动力在于不同的目的；选择性参与空间的动力在于公众的意愿；特别制度的动力在于实现公民权的需要①。Cornwall 在 2004 年又进行了进一步研究后认为，尽管权力动力充满参与空间，但是参与的目的和社会行动者的活动可以塑造新的边界②。Vrablikova(2010)研究了公众参与制度的政治机会结构，结果发现政治分权程度越高的国家，其公众参与程度越高，这在一定程度上印证了权力空间对公众参与的影响③。Shankland(2006)从多因素角度考察公众参与制度设计的影响因素，认为立法、历史、文化背景、冲突的程度、政党的角色、社会运动和非政府组织(NGO)、人力和经济资源等因素均会对公众参与制度设计产生影响。但是这些因素在不同的国家其作用效果也是不同的④。Daley(2008)通过文献分析发现政府采用公众参与受两大类因素的影响，即外部动因和内部动因，通过数据回归分析发现其中某些因素如问题严重性、利益群体压力、发展改革与研究对象相关性不明显，而自由的公民环境、城市比例较大的国家较易促进公众参与正式制度的建立⑤。这说明公众参与制度设计的影响因素是非常复杂的，必须具体问题具体分析。

2.1.2.5 公众参与制度设计的评估

当公众参与制度已经确立，如何对其进行评价？Papadopoulos 和 Warin(2007)建立了一个评估框架对日益出现的协商程序进行评价，研究其是否实现了决策的民主和有效性，内容包含：① 开放和易接近性(输入合法性)；② 协商的质量(能力合法性)；③ 效率和效能(输出合法性)；④ 公开性和问责性⑥。Alexander(2008)经过分析发现所有规划公众参与只注重某个规划实践方法，缺乏一个综合和系统的分析对其进行评判，因此他建立了一个用于分析以色列城市规划公众参与制度实践与参与权力的理论

---

① Cornwall A. Making Spaces, Changing Places: Situating Participation in Development[J]. Institute of Development Studies, 2002, 45(1): 3-24.

② Cornwall A, Coelho V S P. New Democratic Spaces? [J]. IDS Bulletin, 2004, 35(2).

③ Vrablikova. Contextual Determinants of Political Participation in Democratic Countries[Z]. 2010.

④ Shankland A. Making Space for Citizens: Broadening the "New Democratic Spaces" for Citizen Participation [J]. Institute of Development Studies UK, 2006.

⑤ Daley D M. Public Participation and Environmental Policy: What Factors Shape State Agency's Public Participation Provisions? [J]. Review of Policy Research, 2008, 25(1): 21-35.

⑥ Papadopoulos Y, Warin P. Are Innovative, Participatory and Deliberative Procedures in Policy Making Democratic Effective? [J]. European Journal of Political Research, 2007, 46(4): 445-472.

框架，主要内容有参与结构、过程和行动。但是它仅能说明公众参与的权力不够，实践无效，却无法为进一步的制度设计提供更多、更有效的建议①。Goldfrank(2010)建立了一个分析参与制度设计的更为综合的理论框架，主要用于研究不同城市公众参与制度设计。它包含制度范围、制度结构和决策权力三个内容。制度范围是指进行参与的决策数量、参与者的数量和多样性；制度结构是指选择参与代表的方法、参与时间、会议的周期性和可达性。决策权力指政府赋予公众的角色和地位，包含两类：咨询(提供信息、接受信息、提供观点)、协商(提供建议、作出没有约束力的决策、作出有约束力的决策)。通过对巴西部分城市参与预算制度的分析，他认为好的制度设计对于提高参与有很大帮助：首先要避免等级现象，实现公平；其次，使参与过程易于接近公众；最后，将公众个人的参与同其收获联系起来②。Smith(2009)认为公众参与制度是民主改革的重要形式，为了评价不同的公众参与制度设计，他运用民主理论和制度原则架构了一个评价体系，其包含的指标有：① 包容性，即制度的公平性，通过公众的参与率和多样化程度体现；② 大众控制，由公众对决策过程的影响程度体现；③ 审慎的判断，由公众的参与能力和接受他人的能力体现；④ 透明性，由决策程序的开发度体现；⑤ 效率，即公众和公众参与组织者的成本；⑥ 可移植性，即制度是否可以在不同的政治背景下存在。通过这一框架，他分析了几种公众参与制度设计形式，找出优良制度设计的特征，为决策者进行公众参与制度设计提供借鉴③。Michels 与 Smith 的出发点相同，他也运用民主理论建立了一个分析框架来评价两种参与制度：一是参与式管治(注重参与的结果，设计要点是倾听公众的观点，公众参与决策制定)；二是协商论坛(注重参与的过程，设计要点在于建立理想的协商程序以形成观点、交换观点而不在于决策)。其评估框架内容包括：① 对决策的影响；② 包容性，即接近讨论会的机会和参与者的代表性；③ 协商性，即政府与公众、公众之间交流观点；④ 决策的合法性。通过案例分析发现，协商论坛参与制度下的公众意见对决策有实质的影响，他认为主要原因在于决策本身的特性，如果决策很复杂，那么通过协商交换意见更容易实现目标④。

2.1.2.6　小结

通过上述理论研究综述，可以得到以下结论：

---

① Alexander E. Public Participation in Planning—a Multidimensional Model: the Case of Israel[J]. Planning Theory & Practice, 2008,9(1):57 - 80.

② Goldfrank B. Sustaining Local Citizen Participation: Evidence from Montevideo and Porto Alegre[R]. 2010 Annual Meeting of the American Political Science Association,2010:1 - 34.

③ Smith G. Democratic Innovations: Designing Institutions for Citizen Participation[M]. Cambridge: Cambridge University Press,2009.

④ Michels A. Citizen Participation in Local Policy Making: Design and Democracy[J]. International Journal of Public Administration, 2012,35(4):285 - 292.

(1) 城乡规划公众参与理论的发展是规划合法化自我证成的需要，它的证成路径以两种形式呈现：一是通过公众参与实现程序的正当性来实现规划的合法性；二是通过公众参与制度的程序正义标准促进规划合法性实现。与上一节理论研究不谋而合，是“应然”理论在城乡规划领域的“实然”状态。

(2) 无论从公众参与制度设计的策略的研究，还是从公众参与制度设计的评估研究看，目前公众参与制度研究多专注于其工具主义的视角，对基于程序正义视角的分析研究内容较少、不够深入。程序正义对公众参与的意义和作用概念清晰，但是还缺乏其系统化、完整性的程序正义标准的论述，对于这些标准如何影响公众参与的制度设计的内容更是无人提及。本研究以上海控规运行中的公众参与制度设计为对象，力求填补上述研究空白。

2.1.3 制度与制度设计理论

制度作为一个分析单位，在不同领域被许多学者关注过，但较成功的研究主要集中在经济学、社会学、政治学和行政管理学中。本书的制度设计研究主要集中于这几个领域的制度设计理论。基于本研究的需要，以制度和制度设计的相关概念、制度设计的分析方法及制度设计方法为主进行论述。

2.1.3.1 制度及制度设计的基本概念

(1) 制度的概念

关于制度，不同的视角有不同的理解，美国制度先驱之一凡勃伦(Thorstein Bunde Veblen)首先将制度问题纳入科学研究，开创了对制度进行系统的逻辑实证研究之先河，他认为制度是大多数人所共有的一些固定的思维习惯，行为准则、权力和财富原则①。近代制度学派的代表人物康芒斯(John Rogers Commons)认为制度是集体行动控制个人的一系列行为准则和规则，是每个人都必须遵守的，制度的作用体现在对行为加以规范②。在此基础上，新制度经济学的代表人物诺斯(Douglass Ceil North)进一步指出，作为规范人的行为规则的制度，应该包括正式规则和实施机制两个方面。柯武刚和史漫飞指出，制度是人类相互交往的规则，它抑制着可能出现的机会主义和乖僻的个人行为，使人们的交往行为可预见并由此促进劳动分工和财富创造③。作为比较制度分析学派的代表人物，日本学者青木昌彦(Aoki Masahiko)归纳了博弈论视角下的制度观，他把制度定义为均衡导向的或者是内生的博弈规则，制度是重复博弈的内生产物，但同时制度又规制着该领域中参与人的战略互动④。尽管表

---

① [美]凡勃伦. 有闲阶级论——关于制度的经济研究[M]. 蔡受百，译. 北京：商务印书馆，1983.
② [美]约翰·康芒斯. 制度经济学[M]. 于树生，译. 北京：商务印书馆，2011.
③ [美]道格拉斯·C. 诺思. 制度、制度变迁与经济绩效[M]. 杭行，译. 上海：格致出版社，2014.
④ [日]青木昌彦. 比较制度分析[M]. 周黎安，译. 上海：上海远东出版社，2001.

述的角度不同，但无论是哪种表述，从人的行为和行为规则角度界定“制度”的内涵是统一的。

（2）制度的结构与层次

制度结构指的是某一特定对象中正式和非正式的制度安排的总和，需要说明的是，任何制度结构中的不同制度安排并非是等价的，其地位和作用并不完全相同，有些处于核心地位，有些处于辅助地位。制度结构不能看作是不同制度安排的数量构成。任何一项制度安排的运行效率都必定内在地联结着其他的制度安排，共同“镶嵌”在制度结构中，所以它的效率还取决于其他制度安排的完善程度。换句话说，一项制度安排的效率不是独立于其他制度安排的运行结果，而是取决于制度结构中制度安排间的耦合作用①。

威廉姆森（Oliver Eaton Williamson）划分了制度分析的层次，他将制度分为四个层次：第一层次是嵌入制度或者社会和文化基础，是制度层级的最高层次，是社会制度的基础，改变和适应过程至少需要 1 000 年时间；第二层次是基本的制度环境，包括人权制度、产权分配制度、金融制度、法律制度等等，威廉姆森称之为“正式博弈规则”，适应周期大致在 10—100 年之间；第三层次为治理机制，变化较快，时间跨度在 1—10 年；第四个层次是短期资源分配制度②。

（3）制度与制度环境

从本质上看，制度与人的动机和行为有着内在的联系，任何制度都反映了一定历史情境下人的利益及其选择的结构，制度提供了人们如何行动时的要点，协调着结构复杂的社会经济活动并使其更有效率，没有制度约束下的人的动机和行为可能导致的是社会经济生活的混乱或者低效。需要指出的是，从制度与具体人的行为的关联度而言，制度包括制度环境和制度安排两个层次。诺斯在他与戴维斯（Lance E. Davis）合著的《制度变迁与美国经济增长》一书中指出：“制度首先是指制度环境，即一系列用来确定生产、交换与分配基础的政治制度与法律规则，是一国的基本制度规定；其次是指制度安排，即支配经济单位之间可能合作与竞争的方式的一种安排。”前者相对稳定，但法律或政治上的某些变化就可能影响到制度环境，可作为制度创新模型的外生变量，制度创新则主要指制度安排的变化。这就是说，制度环境是前提依据，是进行制度安排所要遵守的，而制度安排是对合作与竞争方式的某种具体的安排处理，制度安排可以理解为是制度的具体化。一般来说，制度安排是在制度环境的框架中进行的。制度环境决定着制度安排的性质、范围、进程等，但是制度安排也会反作用于制度环境。

---

① 胡乐明，刘刚. 新制度经济学[M]. 北京：中国经济出版社，2009.

② [美]科斯，诺思，威廉姆森，等. 制度、契约与组织：从新制度经济学角度的透视[M]. 刘刚，冯健，杨其静，等，译. 北京：经济科学出版社，2003.

(4) 制度设计的概念

对于制度的形成有自发演进与人为设计这两条途径，新制度经济学家更强调后者。在他们看来，仅靠制度的自发演进难以满足社会对有效制度的需求，因此，制度的设计和变迁十分必要，对制度的形成具有重要作用：第一，人为的制度设计能够弥补仅靠制度演进难以满足社会对有效制度的需求的不足；第二，制度的人为设计能够加速制度的演进过程；第三，人为的制度设计有利于纠正制度自发演进中的路径依赖现象。沿着既定的路径，制度的变迁可能进入良性循环的轨道，但也可能顺着错误的路径往下滑，甚至被锁定在某种无效率的状态之下。这时，通过政府主导下的人为设计来解决制度演进过程中的路径依赖问题就变得极为重要①。

关于制度设计的定义，Alexander 的定义较为全面。他认为制度设计指的是："能够使动或者约束行为，并能让行动与所秉持的价值要求相一致且达到预定的目标或者完成所分派的任务的规则、流程和组织架构的实现与规划"②。20 世纪 90 年代以来，制度设计逐渐成为经济学研究的热点。90 年代中期相继有两本关于制度设计理论的论文集出版。对东欧和苏联各共和国转型时期以及第三世界国家现代化过程中的制度设计问题进行经验研究的论著也不断涌现。

2.1.3.2 制度设计的分析

本书的研究是在现有的制度环境和制度安排的基础上展开，需要对现有的公众参与制度进行深入剖析，因此一些着眼于增进对制度设计理解，为制度设计提供理论支持的制度分析理论对本研究也有意义。

(1) 博弈论视角

以肖特(Andrew Schotter)、宾默尔(Ken Binmore)、格雷夫(Avner Greif)和青木昌彦等为代表的博弈论制度分析学派，将理论框架建立在人们的行为是如何相互影响，人们是如何在相互作用之中作出自己的行为选择和行为决策上，认为制度是博弈的均衡解。制度设计者需要根据具体情况构建相应的博弈模型，并通过对博弈模型的分析寻找均衡点。这个过程完成之后，制度设计者就弄清了博弈的初始状态与博弈的均衡状态之间的关系。博弈的均衡状态对应于设计者所要设计的制度安排，而博弈的初始状态就是设计者设计的出发点。通过改变博弈的初始条件(参数)，如对局中人的筛选、引入影响局中人偏好的激励等，就可以达到相应的设计目的③。本研究采用了简化了的博弈分析手段，通过博弈各方博弈条件的公平性分析制度缺陷。

---

① 熊辉. 制度的自发演化与设计[D]. 武汉：华中科技大学，2008.

② Alexander E R. Institutional Transformation and Planning：From Institution Theory to Institution Design[J]. Planning Theory，2005，4(3)：209 - 223.

③ 根据[美]戴维·L. 韦默. 制度设计[M]. 费方域，朱宝钦，译. 上海：上海财经大学出版社，2004 中的第四章内容"制度的理性选择理论：对设计的意义"总结而来。

(2) 委托—代理视角[①]

西方经济学中的委托—代理关系是指委托人和代理人之间的交易关系，探讨二者的目标一致性和代理成本问题。由于委托人和代理人的关系问题出在二者的目标的不一致。委托人（企业所有人）的目标是获得最大的剩余价值，代理人的目标是使自己的利益最大化。而且，代理人的道德风险行为是在信息不完全和不对称的情况下才有可能出现的。所以，制度上的安排应该在（目标的一致性和信息的完全性）这两个方面有所作为。目前学者应用委托—代理理论进行制度分析基于两个方向：一是考察制度设计中的委托—代理关系，通过发现委托—代理关系存在的问题修正制度；二是通过信息不对称、契约关系、利益结构、监督机制及激励等要点分析制度存在问题。其中，信息不对称是指基于委托、代理双方因掌握信息量不一致而存在的道德风险与逆向选择等问题进行分析；契约关系是基于双方责、权、利界限划分来进行分析；利益结构是分析如何设置激励机制使得代理人行为合理化；监督机制是分析委托人对代理人行为的监督情况。

(3) 行为视角

制度的作用是影响行为，因此很多学者主张从行为视角研究和分析制度。科斯(Ronald H. Coase)断言，新制度经济学的研究应该从现实的人出发，只有从现实的人出发，我们才能揭示制度的起源及其演变规律。李月军(2007)认为可以根据行动者的行为来判定制度的绩效[②]。黄健(2008)设计了通过行为分析制度的理论框架来研究公共管理制度问题，该分析方法的优势在于通过描述或记载公共管理行为的现象，挖掘行为产生的根源和动因，再针对性构建制度体系以防止、消除违法和不当行为，最终解决公共行政运行中的行为失范问题。其分析的理论框架可简单地归纳为：行为描述—行为透析（制度评价）—行为重构（制度构建）—行为指导（制度指引）等过程[③]，其中行为动因的透析过程很大程度上就是针对行为规则——制度优劣作出的评价和分析，行为方法与制度方法结合正始于此。在行为重构阶段，其本身便是制度设计和完善的过程，而行为指导的环节则是以制度去约束、指引行为的具体体现。制度的缺陷通过行为方式表现出来，而行为的失范需要制度去纠偏，在循环往复的使用过程中，推动公共行政的良性发展。

2.1.3.3　制度设计的方法

制度设计有两个传统，即以激励为中心的传统和以选择为中心的传统[④]。以激励

① 根据[美]戴维·L. 韦默. 制度设计[M]. 费方域，朱宝钦，译. 上海：上海财经大学出版社，2004 中的第二章内容“制度设计：代理理论的角度”总结而来。

② 李月军. 以行动者为中心的制度主义——基于转型政治体系的思考[J]. 浙江社会科学，2007，4(4)：75－80.

③ 黄健. 论行为分析方法在公共行政学研究中的运用[J]. 社会科学论坛，2008(12)：72－75.

④ 鲁克俭. 西方制度创新理论中的制度设计理论[J]. 马克思主义与现实，2001(1)：67－70.

为中心的制度设计理念主要代表有班克斯(Jeffrey S. Banks),以选择为中心的制度设计理念主要代表有布伦南(Geofirey Brennan)。制度设计还涉及制度的借鉴、模仿和移植,制度设计的层次与构成要素,具体如下:

(1) 以激励为中心的制度设计

班克斯在《制度设计:一个代理理论的透视》一文中,就是运用信息经济学中的委托—代理理论来考察制度设计问题[①]。在班克斯看来,激励效率是制度设计的目标,而实现激励效率被认为是在委托人和代理人之间设计一个可以使代理费用最小化的"合约"。委托人希望代理人更"卖力"以获取更大收益,而代理人则倾向于"偷懒"以使自己的成本降低。在委托人和代理人之间存在信息不对称,也就是委托人无法直接观察到代理人的活动而只能观察到代理人的活动所带来的价值的情况下,设计能使双方受益的合约安排,就是制度设计者所面临的任务。在这样的人物前提下,存在几种任务安排:① 在委托人与代理人之间的交易所产生的利润是由代理人行为决定的情况下,给委托人以"固定份额"而将剩余的利润分配给代理人,是复核帕累托最优的制度设计。② 委托人与代理人之间的交易所产生的利润,通常是由代理人行为和"偶然因素"共同决定的。在这种情况下,如果仍给委托人以"固定份额"而将剩余的利润分配给代理人,那么"卖力"就不再是代理人的最优选择,采取最不"卖力"的行为就是代理人最优的选择。因此制度安排就要使代理人承担一定的风险,因而就不存在一个固定的利润分享原则。③ 以上两个制度安排的设计都是以委托人无法直接观察到代理人的行为为前提的。有时委托人虽然不能直接观察到代理人的行为,但却能观察到一些外部信号,比如通过观察其他代理人的行为而对代理人是否卖力作出判断,从而获得与"偶然因素"有关的额外信息。在这种情况下,最优的利润分享安排应该包括对代理人行为的监督。监督当然是有费用的,而委托人就有对代理人实施监督的激励,只要委托人可以通过相应的利润分享原则获得由于实施监督带来的利润而增加的收益。实际上,委托人同时作为监督者的制度安排,要优于由外来方作为监督者的制度安排,因为后一制度安排还要给外来方实施监督行为的激励,存在监督者还要被监督的问题,这就无限增加了监督费用。

(2) 以选择为中心的制度设计

一些学者并不赞同以"激励"为中心的制度设计理念,而是主张以"选择"为中心设计制度。布伦南在《选择与报酬通货》一文中就探讨了与"选择装置"有关的制度设计问题[②]。休谟(David Hume)有一句名言:"在抑制政府体制以及为宪法设限和设控时,每个人都应被假定为无赖,其所有行为除了个人私利之外,没有其他目的。"布伦南认为,即使所有的人程度不同地都是无赖,但仍然可以把"较少无赖"的人从"更无赖"

① [美]戴维·L. 韦默. 制度设计[M]. 费方域,朱宝钦,译. 上海:上海财经大学出版社,2004.

② Goodin R E. The Theory of Institutional Design[M]. Cambridge: Cambridge University Press, 2003.

的人中识别出来，从而将其放到若被“更无赖”的人占据就会造成最大破坏的位置上去。因此，设计一个能将德性较高的人从德性一般的人中筛选出来的装置，是制度设计的重要内容。而且布伦南也没有排斥激励机制，而是认为选择机制和激励机制可以相互补充。这是因为，尽管选择装置可以筛选出最具“德性”的人，但并不能选出完全德性的人，因此在选择之后还要发挥激励的作用。被选中的人如果吃大锅饭，也会影响组织的绩效。在制度设计的激励与选择问题上，佩蒂特(Philip Noel Pettit)在《制度设计与理性选择》一文中持有与布伦南相似的观点，认为在引入奖惩措施之前，应该首先实行筛选程序。佩蒂特还进一步提出了制度设计的三原则。第一个原则是在探讨奖惩措施之前首先考虑“筛选”的可能性。首先将明显的自我中心者筛选掉，就可以避免诉诸过度的奖惩措施而使人们遵守相应的行为方式。最常见的筛选装置是对“人”的筛选，第二种筛选装置是对“机会”的筛选。比如“权力平衡”装置规定任何法律都要经过两个或两个以上机构的批准，这些机构分别具有相反的利益，这样就可以筛选掉可能会损害到其中任何一个机构的立法机会。第二个原则是实施能够“支持”人们已有良好行为动机的奖惩措施。筛选机制并不能解决一切问题，必须有相应的奖惩措施作为补充。但奖惩措施不能过度，不应促使非自我中心的人转变成自我中心的人，而应该是对已有良好行为动机的支持和强化。第三个原则是构建奖惩措施以对付偶尔出现的“无赖”。构建奖惩措施尤其是惩罚措施时，应该遵循等级原则。在最低层次实施适用于所有人的“支持”性的惩罚措施，在较高层次实施针对某些人的较为严厉的惩罚措施，直至最后实行“大棒”政策。一些制度设计研究者所关注的并非操作层面上的制度“设计”，而是着眼于增进对制度设计的理解，为制度设计提供理论支持，并避免不必要的设计失误。

(3) 制度的借鉴、模仿和移植

制度设计时还会涉及制度的借鉴、模仿和移植问题。科拉姆(Mary Colum)的《次优理论及其对制度设计的含义》一文对此作了考察①。科拉姆通过对投票模型、讨价还价模型以及海盗博弈模型等的分析表明，在有些情况下，初始条件的微小变化，或者游戏规则的微小变化，会引起大相径庭的结果。因此，制度设计者在考虑制度借鉴和移植时必须慎重。如果有的制度安排对“初始条件”的变化很敏感，那么在一个地方有效率的制度如果被移植到另一个地方，就可能变成无效率的制度；如果有的制度安排对“规则”的变化很敏感，那么制度移植时要么不对规则作丝毫改动，要么就要对规则作大的改动，否则移植后的制度安排就达不到最优。反过来，如果制度安排对初始条件或规则的变化都不敏感，那么就可以大胆进行制度移植。

与其他制度设计研究者有所不同，奥菲(Offe Claus)在《东欧转型中的制度设计》

① Goodin R E. The Theory of Institutional Design[M]. Cambridge: Cambridge University Press, 2003.

一文中[①]，像哈耶克(Friedrich August von Hayek)批评自负的理性主义或"建构主义"那样，明确对制度设计的"超理性"持否定态度。奥菲不承认有所谓新制度的"发明"，认为任何制度设计都是"模仿"，是对历史上或别的地方已经存在的制度模式的借鉴。制度设计者在开始设计制度之前，通常会从自己社会过去的历史中寻求灵感以及合法性，或者"复制"国外的制度模式。奥菲还从制度演化的角度考察了制度移植是否可能的问题。在奥菲看来，制度在演化过程中产生了相应的文化基础设施。"复制"或移植制度时尽管缩短了制度演化的过程，但由于缺少与制度原型相应的文化基础设施，复制出来的制度常常会运作困难甚至产生事与愿违的结果。文化基础设施就像是制度的软件，不过它不像电脑的软件那样容易被替换。

(4) 制度设计的层次与构成要素

在制度设计的层次与构成要素方面，Alexander 进行了系统的研究。他认为制度设计往往在三个层次上进行：第一个层次关乎整个社会体系，它要面对的是宏观的社会进程和制度问题；第二个层次主要涉及的是规划和实施的建制与程序，包括建立和运作相关的组织网络，创立新的组织和转变现有的组织，以法律、规定和资源分配的名义设计和贯彻激励或者惩戒的制度以落实和发展相关的政策、项目、工程和规划；第三个层次的制度设计关涉的领域具体涉及建立和管理规划的流程以及政策和项目实施。上一级的制度决定了下一级制度的设计，而下一级制度能否科学设计与有效运行，又进一步影响着上一级制度的运行与制度目标的实现。因此，在设计上一级制度时，必须考虑下一级制度的合理设计，而在设计下一级制度时，更需兼顾上一级制度的目标。此外，Alexander 对操作性的、结构性的机构、流程等制度设计的构成要素也进行了详细的描述，指出在不同的制度设计中，这些制度设计的构成要素发挥的作用是不同的。认清在不同的制度设计中尤其是在不同层次的制度设计中各个要素参与其中的作用，对于制度设计本身有重要意义，而且是否正视这些要素的不同作用并在制度设计中将之充分考虑也决定了制度执行的绩效。代理人在不同层次的制度设计中扮演的角色也不同。通常，治理代理人及涉及所有的规定执行、协调和控制的部门和行为者在第一层次制度设计中扮演非常重要的角色；在中间层次制度设计中，组织内部的协调的重要性尤为突出，它会对制度设计出现的问题直接作出反应；当制度设计原则与代理人之间出现冲突时，制度设计的代理人则尤为重要，其对制度设计的反应会涉及旨在减少代理人成本的治理、激励和监督机制的转变，以求在"原则"和"代理人"之间寻找到最佳的利益平衡点[②]。

① Goodin R E. The Theory of Institutional Design[M]. Cambridge: Cambridge University Press, 2003.

② Alexander E R. Institutional Transformation and Planning: From Institution Theory to Institution Design[J]. Planning Theory, 2005, 4(3): 209 - 223.

2.2 实践经验借鉴

公众参与产生于西方发达国家，目前制度建设较为成熟、效果较好的是英国和美国，因此，本研究重点考察这两个国家相关规划的公众参与制度，分析经验进行借鉴。当然，这两个国家的国情与我国存在很大差异，因此本研究补充了我国香港法定图则公众参与制度和都江堰重建规划公众参与制度两个案例，通过找寻其共同的有效的特点，提供经验借鉴。

2.2.1 国外相关规划中公众参与制度的经验借鉴

2.2.1.1 英国地方规划公众参与制度经验

英国城乡规划公众参与作为一项法定的制度，始于1968年的《城乡规划法》，在1971年的《城乡规划法》，1982年的《城乡规划(结构规划和地方规划)条例》都有体现。20世纪70年代末至80年代英国实行自由市场，弱化了规划的作用，公众参与也止步不前，直到1990年代才又恢复了城乡规划法的地位，公众参与重新迈进。2004年、2008年的修订增加了公众参与的力度，特别强调增加社区参与的有效性及其质量。

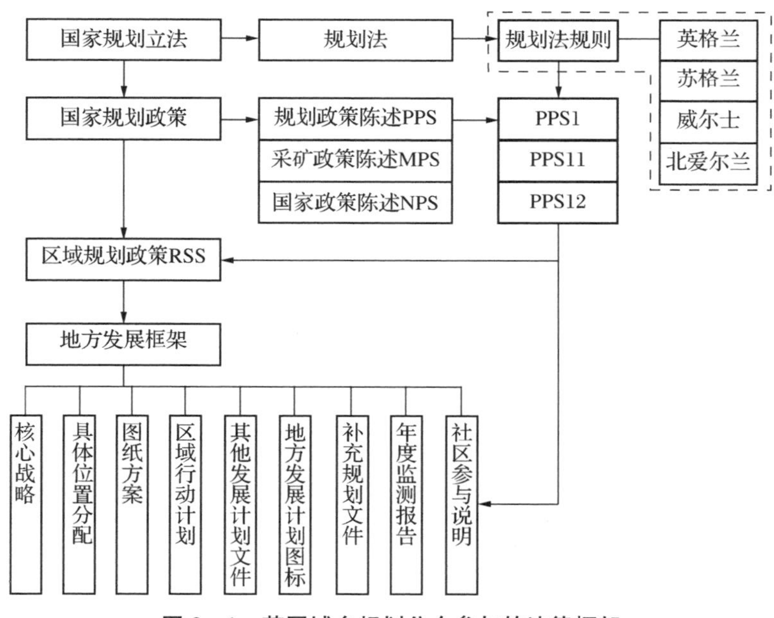

图2-1　英国城乡规划公众参与的法律框架

(1) 英国城乡规划公众参与制度的法律基础

目前支持英国城乡规划公众参与的法律主要有:《地方法2011》(明确了公众参与

的权利和相关规定)、《规划与强制购买法 2004》、《规划法 2008》、《城乡规划法(地方规划)规则 2012》(规定了补充规划中公众参与的最低要求)、《规划政策陈述 1》(PPS1:创造可持续的社区,概述了社区参与的基本原则,如社区参与要适合于规划的需求,参与的手段要与公众的经验相适合,清晰的持续的参与,程序应当透明易得,公众参与需要有规划)、《规划政策陈述 11》(PPS11:区域空间战略,规定了区域规划中公众参与的最低要求)、《规划政策陈述 12》(PPS12:地方发展框架,规定了地方规划中公众参与的最低要求)、《社区参与说明 2012》(明确规定地方规划公众参与程序内容)。

(2) 英国地方规划编制过程中公众参与的制度内容①

按照规划法的要求,地方社区参与说明是关于规划准备和规划实施过程中社区参与的政策性文件。这个文件也是必不可少的。社区参与说明规定了地方规划部门在规划制定、修订和规划实施过程中公众参与的政策。不同的地区,社区参与的内容不尽相同,但是基本的原则是不变的,如对相关利益群体部门的合作机制,普通公众的咨询机制,开发规划文件、辅助规划文件及邻里规划的参与程序。依据上位规划要求,社区参与说明主要包含的内容有明确参与主体,参与方式,开发规划文件、辅助规划文件、邻里规划的参与程序以及开发控制中的参与程序。

① 参与主体的选择

一般会将参与主体分为政府部门、其他机构、社会组织、利益相关群体。政府部门建立参与人数据库,谁想参与都可加入。一般采用三种方式建构参与人数据库:一是将参与过的人录入参与人数据库,保证参与人拥有足够的参与经验;二是公众自己申请录入参与人数据库;三是相关人推荐,适用于某些专家学者。

② 参与的方式

主要包括网站发布信息、信件或邮件,报纸,公共展示,公众会议,规划论坛,问卷。

③ 参与的原则

尽早参与,持续评估,参与方法因地制宜(不同文件不同阶段采取不同的方法)。

④ 开发规划文件的参与程序

A. 通知阶段:

政府需要:将规划信息在相关地方杂志、报纸和网站上刊登;采用信件和邮件通知规划咨询数据库中的公众;进行公众期望管理(清晰地告诉公众规划目标,能影响什么及怎么参与);向公众解释规划和合法过程;通知地方法定的被咨询者。

公众可以:申请加入规划咨询名单库。

B. 规划主题和文件条款内容咨询阶段:

政府需要:邀请教区议会、镇议会及相关利益群体采用交互式研讨会方式讨论规

① 本小节内容根据英国 3 个地区的社区参与说明文件改写。

划条款和开发方向；咨询关键利益相关者，包括邻里委员会、村议会、地方健康组织和学校，了解他们的观点和未来发展的需要；在社区中进行规划草案展示，使他们了解规划，提供想法；在公众方便时（周末晚上或周六）组织其参与社区活动；将规划文件刊登在网站上，放置在议会办公室和地方图书馆供公众了解；使规划复制件的费用在一个合理的数目上。

公众可以：交流想法、影响决策、为未来的开发提供建议。

C. 回馈阶段：

政府需要：公布参与阶段所有的意见、评论和选择；准备和出版关键想法和意见的总结；清晰地解释决策制定的原因；共享选择方案的利益信息。

D. 规划阶段：

政府需要：准备和公布最后的草案，向公众进行咨询的时间不少于 6 周；在地方刊物上公布规划草案；采用信件和邮件通知规划咨询数据库中的公众；通知地方法定的被咨询者；将规划文件刊登在网站上，放置在议会办公室和地方图书馆供公众了解；需要时，根据咨询结果修改规划方案；准备和出版附属文件（例如可持续评估、居住规则评估、公众影响评估）；撰写说明解释公众的要求如何被满足。

公众可以：评论最后的规划草案。

E. 检查阶段：

政府需要：将规划文件递交国务大臣，进行公众审查；在地方刊物和网站上公布递交和规划审查的细节；需要时修改规划方案；采纳规划，出版最后成果。

公众可以：除了在规划早期进行评论，公众可以在公众审查时再次参与，提出支持或反对意见。

F. 复查阶段：

政府需要：界定清晰的实现规划结果的目标，定期审查规划是否有效；定期复查规划，确保规划及时更新，反映社区的需要。

公众可以：查阅审查报告，了解规划对社区的影响。

⑤ 辅助规划文件公众参与程序

此规划公众参与程序只进行 1—4 阶段，公众咨询至少进行一次，不少于 4 周。

⑥ 邻里规划公众参与程序

依据《地方政府法 2011》《邻里规划规则 2012》，邻里规划通过社区讨论会进行递交前的公众咨询，递交到议会后，由议会组织再进行正式递交咨询，接下来进行独立审查和地方邻里投票表决。

递交规划前，要公开规划信息给居民、工作者和商人，内容包括：邻里开发规划的详细内容，邻里开发规划被检查时间和地点，表达意见的方式、途径，咨询时间自规划公布之日起不少于 6 周。组织者准备规划内容及咨询说明，咨询说明包括咨询的公众和组织的信息，说明他们如何被咨询，总结公众最关注的问题，解释这些意见如何影响规划。

⑦ 回馈制度

议会以报告形式回馈咨询结果，每个阶段内容如下：仔细考虑并深入讨论所有参与代表的意见，帮助议会改进规划文件；出版回应意见，将阶段性文件公布在网站上；制作咨询报告，详细记录每一个阶段公众的评论意见，解释政府如何处理这些意见以及这些意见如何影响规划决策，报告内容在网站上公布。

(3) 英国开发控制过程中公众参与的制度内容

① 申请前的咨询

鼓励开发者在递交申请前咨询邻里和福利组织，开发者可以将咨询说明同申请文件一起呈交，说明谁被咨询、如何咨询以及他们的意见如何影响项目。

② 公布规划申请

申请公布：政府将规划申请相关内容送至市议会、图书馆，并按要求通过邮件送至利益相关者手中，同时在地方报纸和网上公开(至少 21 天)。市议会按立法要求也将相关内容在地方媒体上公布。

咨询要求：对于受规划内容影响较深的邻里直接发送咨询信件。对于有可能引起较多兴趣的项目，如规模较大的项目，议会建议申请者在规划区内进行公开展示或召开公众会议进行信息宣传，不同的申请咨询的方式不同，具体有规则指导。政府咨询一些组织机构的建议，如遗产组织、环境组织等，并允许这些组织长时间提供建议。通知被公布在地方报纸或接近项目的地方。对于涉及遗产保护的申请项目，注意选择合适尺度的领域进行公众咨询。政府咨询本地或附近的邻里委员会，公众也可以向邻里委员会咨询规划概况。所有规划申请信息及咨询结果都在网站上公布。如果申请再次修改，会有 14 天的再次咨询期。

公众获取信息：公众可以在顾客服务中心、图书馆获取规划申请的电子信息，还可以支付一些费用获取复印文件。公众还可以通过邮件或通过电话联系规划局了解相关信息，还可以在邮件联系规划局后的 48 小时亲自到规划局了解。

③ 如何评论

任何人都可以对规划申请进行评论，政府只考虑涉及申请项目规划条件的评论，如交通影响、停车，建筑外观的建议，视线干扰，采光或隐私损失，环境影响或用途是否合适，而不会考虑财产损失、邻里之间的私人恩怨、合同纠纷、建设工作的影响以及公司之间的竞争。从星期一至星期五上午 9 点至下午 1 点，都会有一位规划师在顾客服务中心接受咨询。

公众的意见要尽可能快地呈送，可以通过信件、邮件等一切可能的方式。公众意见接受时间期限为规划申请被规划局接受后的三周内。

④ 意见考虑

如果申请项目由规划委员会审批，规划委员会将召开会议表决，会议日程在召开前5日公布，公众可以随意参加但不能发言。公众和项目申请者可以在事前同议员进行沟通。议员可以将公众观点呈送给委员会。

⑤ 通知结果

政府不可能对评论意见一对一回复，决定通知会显示申请被许可的条件，内容在网站上发布。只有当申请被复议时公众才再有机会进行评论。

(4) 英国城乡规划公众参与的辅助制度①

① 权力救济制度

英国除了通过中央行政主导和地方高度自治建立起规划制定的相互制衡体制之外，还通过规划上诉制度，有效监督和控制政府规划部门的自由裁量权，确保不出现规划的滥权现象。公众对最终结果仍然不满，还可以向高等法院起诉。

当公众参与行政决策成为一项法定权利时，受到损害的参与权就能够获得救济，救济的途径有二：一是行政救济，即由行政机关实施的救济，如行政复议；二是司法救济，由司法机关实施的救济，即诉诸法院。例如，《在环境问题上获得信息、公众参与决策和诉诸法律的公约》第四条规定了“公众获得信息的权利”，包括公众获得信息的内容、限制，政府对公民获得信息的义务等，该公约第九条“诉诸法律事宜”中规定，如果第四条所规定的公众权利受到侵犯，即公民要求获取信息的请求被忽视、部分或全部不当驳回、未得到充分答复或者未按照法律规定进行处理，国家立法应当保障：第一，公民能够通过司法途径进行审查；第二，除此之外，还应当建立快速的公正独立的其他机构进行审查。

参与权利救济的范围包括公众受到侵害的着眼于实现公众参与权的信息公开、法定的必需的参与程序等，在选择公众参与方案、参与代表的方法、公众参与的形式和方法等问题上，仍然属于行政机关的自由裁量权，而不得纳入到权利救济的范围中来。

② 资金保障制度

英国城乡规划公众参与资金保障来源方式有两种：一是社会公益资金，包含环境法律基金、邻里规划基金和发展信托；二是政府资金，在英格兰，提供3亿5千万英镑的规划补助金(Planning Delivery Grant)，用于支持地方规划部门增强公众参与的能力，增加社区公众参与的启动资金，以及规划援助机构(Planning Aid)的活动基金。

③ 规划援助制度

在英国主要存在两种方式对公众参与提供规划援助：第一是规划援助机构，由城乡规划协会建立，现由皇家城市规划学院(Royal Town Planning Institute, RTPI)具体运作。规划援助机构主要为那些没有能力支付规划咨询费用和在公众参与过程中

① 资料来源于中国城乡规划行业网：城乡规划百科。

被边缘化的社区和个人提供独立的专业咨询。有超过500名RTPI会员在英格兰、苏格兰和威尔士开展志愿服务。第二是市民学会，由志愿者构成，致力于提高城市规划、保护和更新的质量，被称为社区的"守望者"，帮助社区居民参与规划。

(5) 英国城乡规划公众参与制度述评

① 权力制衡

为了保障公众的意见被接受，限制政府权力，英国规划制定过程设置了很好的权力制衡机制。共存在三方制衡：一方是中央政府规划监察员，通过文件检查主持听证，对公众参与进行制约；一方是民众，通过提出异议，申请听证会和司法起诉的方式来制约；第三方是高等法院，通过行使司法的形式审查权来制约。这样，整体构成了一种复杂精致的多元制衡规划制定模式。

② 程序详细，权责明确

英国在早期公众参与制度中缺乏程序内容的规定，随着时间发展，越来越注重程序内容的详细规定来保障公众参与的实施。每一个阶段步骤都规定了政府和公众各自的权责、参与时间，这对于约束政府的行为，激励公众参与，保证公众参与过程的有效起到了很好的作用。

③ 信息透明

英国城乡规划过程较为注重信息透明，这对于公众有效参与起到了很好的作用。几乎每一个阶段规划信息、公众信息都能及时公开，并且渠道多样，方便公众获取。

④ 辅助制度完善

正如制度结构理论所说，公众参与制度存在一个结构，一个制度内容的有效性取决于其他制度的完善安排。英国在资金、技术和救济方面的规定和实践为公众参与制度提供了很好的辅助作用，促进了公众参与制度结构的完善。

2.2.1.2　美国区划公众参与制度的经验借鉴

美国城市规划中公众参与的行为，缘于联邦政府要求市民参与政府对地方项目投资经费开支的决策。为了保证公众参与的力度，联邦政府将公众参与的程度作为投资的重要依据，并制定了相应的法规。从1956年的联邦高速公路法案，到20世纪70年代的环境法规，再到90年代的新联邦交通法，对公众参与城市规划的程度、内容进行了不断深化[①]。

(1) 美国区划公众参与制度的法律基础

目前支持美国城市规划公众参与的法律主要有：在国家层面，《标准区划授权法》(Standard State Zoning Enabling Act，1926)确定了区划编制和修改程序中的听证内容，公众上诉的条件和权利，调解委员会的信息公开内容。《标准城市规划授权法》

① 陈振宇. 城市规划中的公众参与程序研究[D]. 上海：上海交通大学，2009.

(Standard City Planning Enabling Act,1928)规定了总体规划制定公开原则,规定规划在确定前或者修改时要组织至少一次公众听证会,在报纸上和由政府相关机构公开时间和地点,规划完成后要在公园、广场及其他公共场合进行公开。在州层面,《规划与区划法》(The Planning and Zoning Law)包含了城市、镇、村庄的总体规划、区划的编制程序(包含公众参与内容)、听证会的程序及上诉程序。在城市层面,《城市宪章》(City Charter)对于规划管理各个程序有关信息公开、规划与方案公示、决策和管理程序的参与、申诉权等内容,从程序的内容、时限、方式、途径等方面进行了详细的规定。

(2) 美国区划立法(编制与调整)公众参与程序

① 区划修订的发起

区划的更新(update)通常只能由各地方城市的规划委员会发起,区划的修订(amendment)则可以由纳税人、社区理事会、行政区理事会、行政区主席、市长、市议会土地利用协会或者其他机构向规划委员会提出申请,规划委员会决定是否修订区划,即在这一阶段公众拥有规划动议权。

② 区划审查

首先需要先了解当前区划的问题,这就要求有一个对这些问题的审查的过程,在美国各地方城市,审查这些问题的参与者类别很多,从地方官员到社区居民,各类人群都有义务和权利对现有区划提出意见。这样做的目的是保证修编出来的区划能被广泛地接受。

③ 区划修订过程

第一阶段的参与:在各利益团体和个人参与原区划审查并提出意见的基础上,城市规划委员会可以组织进行区划条例的修订和更新工作,一般城市规划委员会将聘请规划顾问独立编制或协助规划委员会职员编制区划条例。区划委员会在提交最终报告之前,要准备一个初步报告,并举行相应的公众听证会,邀请社区理事会、行政区长官及相关人士参与,听取他们的建议。在此基础上,规划委员会作出决议。举行听证会前,要对区划进行公告。对此感兴趣的个人或团体有机会参加。公众听证会的时间和地点必须以官方文件的形式进行 15 天以上的公示。

第二阶段的参与:规划委员会将决议和申请材料转交至议会,议会组织听证会,邀请社区理事会、行政区长官及相关人士参与,听取他们的建议。议会将结果进行公告。规划委员会的决议、行政区理事会的反对意见以及听证会的所有记录将一并递交给市议会,市议会据此可以更全面地进行权衡和决策。

议会将决议递交市长审查,并通过市议会复审,区划修订最终完成。

区划编制程序中,除了公告和听证会的程序,还必须征询相邻地区所有业主的意见。如果有 20%的业主表示反对该变更的情况,城市议会则需要重新投票并有四分之三的议员赞同方可再次通过。

不仅市政府相关文件、会议记录等文献资料和决策审议结果在原则上必须公开之外，法律规定市政府各级部门的办公会议也属于原则上必须公开的范畴，而且，会议时间和地点，必须在72小时之前予以公示。

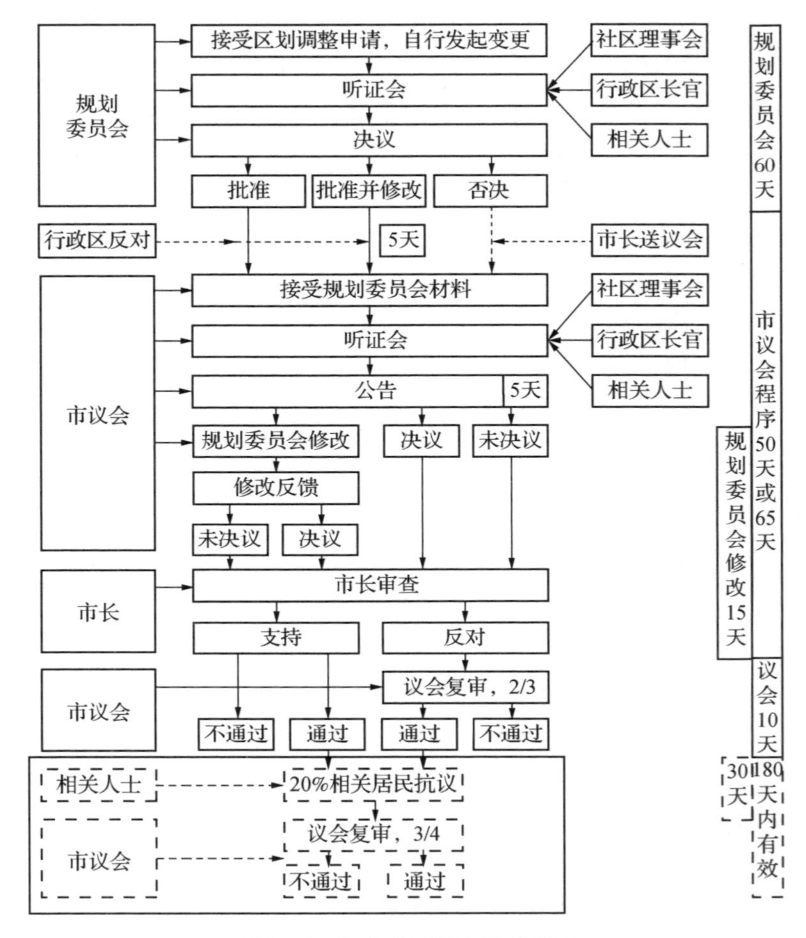

图2－2　纽约市区划立法程序图

（资料来源：徐旭.美国区划的制度设计[D].北京：清华大学，2009.）

(3) 美国区划行政（开发控制）公众参与程序

申请人递交相关材料。规划管理局在收到申请材料的5天内，将所有材料的复印件送交至相关的社区委员会、自治委员会和自治区主席。

规划管理局负责对申请人提交的所有材料进行验定，并将验定结果送交议会，以保证审查程序的顺利进行。

相关的社区委员会和自治委员会在收到验定材料后60日之内，需要按照规划委员会规定的方式进行公示，召开听证会，听取所有相关社区的意见，并向规划委员会及自治区主席提交听证会的书面报告。举行听证会前要对申请项目进行公告。自治区主席在收到社区委员会和自治区委员会提交书面报告的30日之内,须向规划委员会提交相关的报告、意见书或弃权书。

在收到自治区主席提交材料的30日之内,规划委员会须对该申请作出批准、修改后批准或不批准的决定。对所有批准的项目,规划委员会均应召开听证会。开发申请项目听证会的通知,需提前10日登载于指定媒体,其复印件须邮寄至所有相关社区委员会、自治区委员会和自治区主席。规划委员会否决或修改社区委员会、自治区委员会和自治区主席提交的意见时,均须对相关决定作出书面的解释。

规划委员会将决议批准与修改后批准的有关项目申请材料的副本,包括所有申请材料、社区委员会、自治委员会和自治区主席的意见,提交议会和相关的自治区主席,所有材料应在决议后6日内完成。在规划委员会提交材料50日之内,议会召开听证会。需提前15日发出会议通知,按许可方式指定在相关地点进行公示,并在上述50日之内作出最后决议。

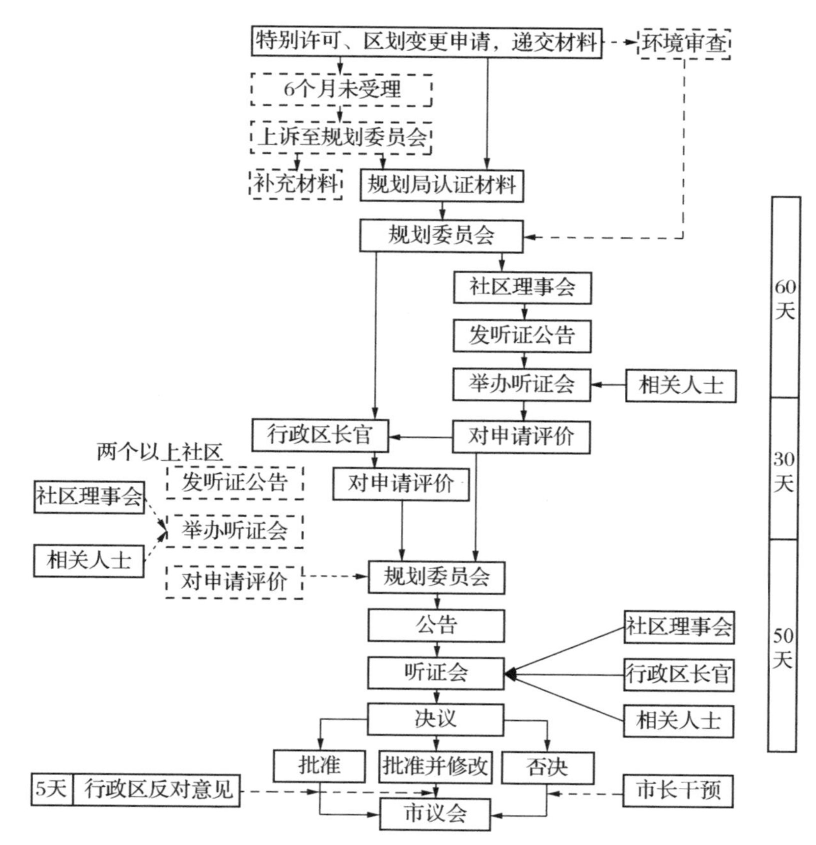

图2-3 纽约市区划行政(开发控制)程序流程图

(资料来源:徐旭.美国区划的制度设计[D].北京:清华大学,2009.)

(4) 美国区划公众参与方式的程序

① 公告要求

以波特兰市的规定为例,根据波特兰市区划条例第 33.730.070 条,波特兰市对公告的规定内容为:

地址和邮寄:产权所有者的邮寄地址将从最新版本的"县产权所有者纳税记录"中获得,除非波特兰市开发服务局长官收到一份希望获得公告的书面要求,否则那些不在"县产权所有者纳税记录"中的相关人将不会收到公告。相关组织的地址将从邻里办公室的最新列表上获得。

效力:只要公告寄出,无论产权所有者是否收到公告,土地利用审查的决议都将生效。

公告范围:公告范围按审查类型条款中的指定范围。

② 听证会程序规定

以波特兰市为例,该市规定土地利用听证会程序应符合各个审批机构的规定,同时应符合《俄勒冈州公共会议法》和《法定土地利用听证规章》的要求。

对听证主体的要求:举办公共会议或者听证会的机构包括公共机构,一般是政府中的议会、委员会、理事会、局或者听证办公室等;也包括私人机构,如社区组织、邻里机构等。

对听证会公告的要求:听证会公告一般要将详细的项目申请资料在听证会举办的一定时间以前发给听证会参与者,同时还需发给参与者听证会的相关程序,以保证其更好地参与到听证会中。

听证会会场和区位的要求:听证会会场需要有足够的容量,以满足参与者的需求。同时听证会会址应符合各听证主体的规定。

会议组织方的出席要求:一般来说,听证会主体的主席主持听证会议,委员出席率应达到一个标准,这个标准不同机构有不同的要求。与此同时,听证会上一般还有城市律师、城市职员办公室(city clerk)的监管人员和会议记录人员出席。有时,城市总规划师、总建筑师等也将出席听证会。这些人通常起着咨询人的作用。

公众出席的要求:除了那些特别规定中指明的封闭式会议(如涉及国家安全、隐私保护等),其他会议都应该向公众开放。

听证会上的程序要求:听证会一般由听证会主管机构的主席主持,主席先发言介绍项目情况,然后各委员针对该项目提问,项目申请人和相关人员随之答辩回应。回应后主席会征求听证会其他参与者是否需要提问或发言:如有提问,项目申请人和相关人员也将答辩回应;如有发言,则支持者需要表明支持理由,反对者亦需要解释反对原因。此时项目申请人和相关人员也可以就此作出回应。在各方利益申诉完毕后,主席会要求包括自己在内的所有委员投票表决(审批主体的详细决议将在会后作出,而与会的其他审批机构的决议需在当场作出)。投票结束后将进入下一个项目议程。

听证会的记录要求:听证会要求全程记录,一般由城市职员办公室记录人员负责。听证会记录将存档,并将在各机构网站上公布。

(5) 美国区划的组织机构设置

纽约市区划管理的部门权力划分得比较清晰:建筑局负责行政审批(建设许可),不使用自由裁量权;规划局协助市长进行城市规划工作,负责记录和公开规划委员会召开听证会;标准和上诉理事会负责准司法审批(上诉、变通、特别许可),使用自由裁量权;城市议会负责立法审批及区划变更和特别许可的复审;规划委员会负责区划法的制定和修订及城市级市政公用、基础、交通等设施的特别许可。其中负责区划编制和实施的机构规划委员会及标准和上诉理事会在人员安排上的非行政化,聘选上的公众听证,都保证了它们对公众利益负责。另外,公众参与意见听取、处理与组织记录的机构相分离,保证了公众参与过程的公正。

除了分权,机构设置还处处体现制衡,这保证了行政力量与公众力量之间的平衡。首先,标准和上诉理事会对建筑局进行制约:建筑局的权力是颁布建设许可,但建筑局的权力由标准和上诉理事会依法授予;标准和上诉理事会否定或修改的申请,建筑局也无权进行授权。其次,市议会对规划委员会的制约:规划委员会的权力受到市议会的限制,可以说规划委员会是市议会的立法代表。第一,区划条例的制定和修编在规划委员会处通过后还需要由市议会召开听证会及投票通过;第二,规划委员会批准的特别许可也需要由市议会召开听证会及投票通过;第三,规划委员会每年需要向市长、市议会、市议会公共议政员、各行政区长官以及社区理事会递交规划报告,接受检查。再次,市长与市议会间的制衡:市长和市议会之间的权力也是相互制衡的,任何法律通过前需要递交市长审议,如果市长对议会通过的法律提出否决,市议会在30天内可以考虑接受这个结果,但在这之后需要三分之二的议员赞同方可通该法律。另外需要指出的是,市长和市议会又都是由大选选出,这种代议制民主是市民监督政府管理人员的基础。最后,法院对市议会、标准和上诉理事会的制约:市议会的权力很大,是纽约市的立法机构,而标准和上诉理事会在区划管理和上诉上有很大的自由裁量权,但是这两个机构又受到法院和法律的约束。其任何不合法的行为都有可能招致法律诉讼,这给公众维权提供了重要通道。

(6) 美国区划公众参与制度评述

① 组织机构间的分权与制衡

美国区划组织机构的分权与制衡强有力地支持了美国区划公众参与。规划的编制、调整、审批和许可不再集中在政府手中,公众参与的组织、意见听取和意见处理也不再集中在政府手中,并且不集中在一个部门手中,这真正实现了裁判员、守门员、运动员的分离,使得公众参与制度体现真正的程序正义。

② 公众参与权力完善

公众参与权包含规划动议权、知情权、听证权与复决权，保证公众的权利与政府权力相平衡，最大化地满足和激励了公众的参与需求，也保证公众意见能对规划决策结果产生实质影响。

Steele(1986)通过研究认为，虽然美国区划公众参与过程导致了行政效率低下等问题，但是它带给公众的公平感、正义感和满足感是无可比拟的，如今的美国公众已经离不开公众参与，它保障规划决策按照公众的意愿进行，促进公众对规划的接受和认可[①]。

美国区划公众参与制度也存在问题，如在规划编制、调整过程中缺乏利益相关者之间的协商机制，仅以抗辩形式的听证会很难实现公众之间共识的达成，经常的状况是利益相关者之间展开激烈的争吵，在各方很难接受结果的情况下，只好多次举行听证会，影响了规划的效率。

2.2.2 我国城乡规划公众参与制度的经验借鉴

2.2.2.1 香港法定图则公众参与制度的经验借鉴

受英国城乡规划公众参与的影响，香港在 20 世纪 70 年代建立起城市规划公众参与制度，并随着经济和社会的发展，逐渐扩大公众的参与权力和参与程度。香港城市规划公众参与的目的是：在了解公众及社会需要的基础上，制定规划建议；主办机构要公布城市规划建议，并开展公众公开咨询；充分考虑及处理公众的不同意见，尤其要妥善地处理公众的反对意见，最终让公众理解政府，并解决公众的需求，作出决定；在政府与公众达成“共识”的前提下，实施建议。

(1) 香港法定图则公众参与制度的法律基础

《中华人民共和国香港特别行政区基本法》：确定规划行政权力的内容、权力的分配、权限等，也以法律的形式确定参与权力的主体，包括主体是谁，主体的范围，参与权力运行的哪一个阶段等。

《城市规划条例》：明确规定了公众参与的内容。

(2) 香港法定图则编制(包含调整)公众参与程序

① 草图的展示：任何在规划委员会指示下拟备的草图，而属规划委员会认为适宜公布者，须由规划委员会展示以供公众于合理时间查阅，为期 2 个月。在该段期间内，规划委员会须将图则可供查阅的地点及时间，每星期在一份本地报章刊登一次，和在每期宪报公布。规划委员会须向任何缴付规划委员会所厘定费用的人提供上述图则的复本。

---

① Steele E H. Participation and Rules—the Functions of Zoning[J]. Law & Social Inquiry, 1986, 11(4): 709-755.

② 公众评论:任何受如此展示的草图影响的人,可于上述 2 个月期间内,就其对草图内所出现的任何事物所提出的反对意见,向规划委员会送交陈述书。该陈述书须列明:所提反对意见的性质及理由,建议对该草图的任何修改(如所提反对意见会因对该草图的修改而消除的话)。

规划委员会收到公众的反对陈述书后,可在反对者不在场的情况下,对某项反对意见给予初步考虑,并可针对该项反对意见而建议任何对草图的修订。如规划委员会依据公众的建议进行对草图的修订,则须就所建议的修订以挂号邮递向反对者发给书面通知,并促请该反对者撤回他所提出的反对。反对者可在修订后的书面通知送达后的 14 天内,以书面通知规划委员会他撤回所提出的反对;但如没有收到该书面通知,则反对须继续有效。凡规划委员会没有根据公众建议修订,或反对者没通知规划委员会他撤回反对,或反对者已有条件地撤回申诉,而规划委员会并没有进行所建议的修订,则规划委员会须于会议上考虑该反对陈述书,而反对者须就该会议获发合理通知,反对者或其授权代表并可出席该会议,且如欲作出陈词,则须获聆听。

需要说明的是,如规划委员会觉得其针对某项反对意见而作出的修订影响任何根据政府批出的租契、租赁或许可证持有而年期超逾 5 年的土地(反对者的土地除外),则规划委员会须以送达、公告或其他方式向有关土地的拥有人发给规划委员会认为合宜及切实可行的通知。如通知接受者在收到通知后的 14 天内发出任何反对书,须由规划委员会在会议上考虑,而原反对者及反对修订者须就该会议获发合理通知,各反对者或其授权代表并可出席该会议,且如欲作出陈词,则须获聆听。

③ 城市规划委员会(以下简称城规会)须公布有关公众的申诉,为期 3 个星期,让公众提出意见,而所有申述均可供公众查阅;任何人均可在 3 个星期公布期内,就有关申述提出意见(可提出支持或反对意见)。

④ 城规会将会举行会议,以考虑有关申述和意见。申述者或提意见者均可出席城规会会议和在会议上陈词;如反对者没有出席会议,亦没有获他授权的代表出席该会议,规划委员会可进行会议并处理该项反对,或押后会议,但会议不可押后多于一次。

⑤ 城规会将会在聆讯后,决定是否顺应有关申述而建议对草图作出修订。如果城规会决定建议对草图作出修订,拟议修订便会再次公布,为期 3 个星期,以便公众作出进一步申述;除了原申述者或原提意见者外,任何人均可在 3 个星期公布期内,向城规会作出进一步申述(可提出支持或反对意见)。

⑥ 城规会如接获提出反对的进一步申述,便会举行另一次会议,以考虑所有进一步申述,而原申述者或原提意见者和进一步申述者均可出席城规会会议和在会议上陈词。

⑦ 城规会在举行进一步聆讯后,便会决定是否就草图作出修订。

城规会在完成审议申述程序后,须在图则展示期届满后 9 个月内(或在行政长官再延长的6个月之内),把收纳了有关修订的草图,连同有关的申述、意见和进一步申述,一并提交行政长官会同行政会议核准。

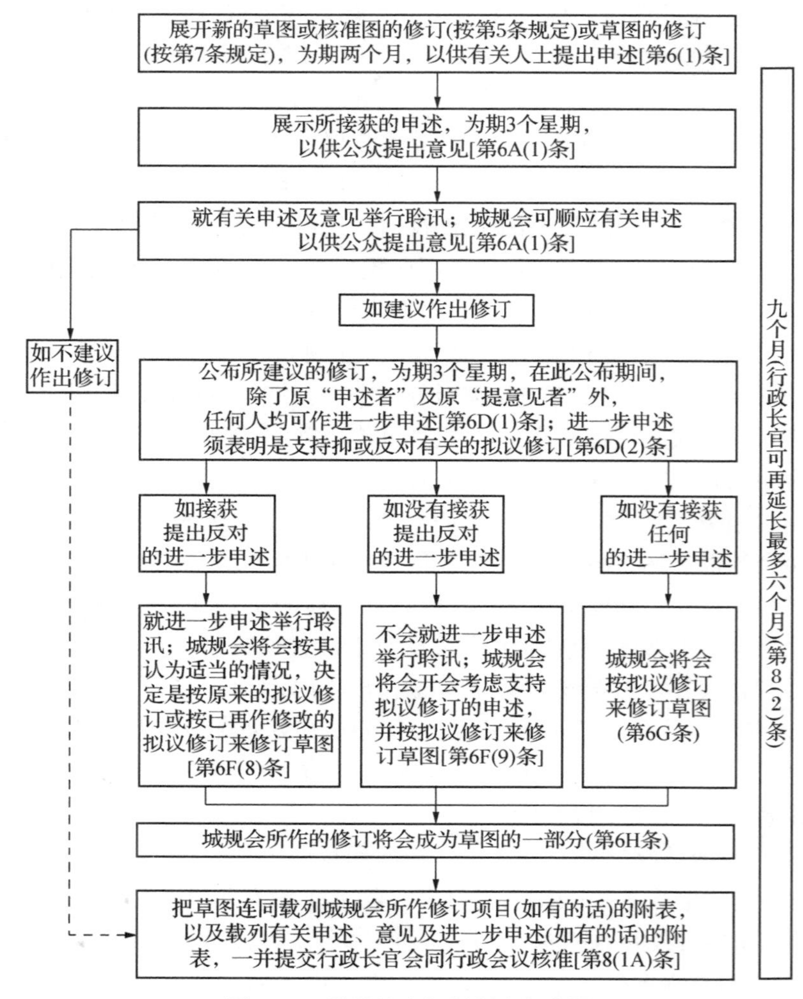

图2-4　香港法定规划制定程序图

(3) 香港开发控制公众参与程序

① 申请人在申请前需要:就该申请取得每名属现行土地拥有者的人(申请人本人除外)的书面同意或以书面将该申请通知该人;或为就该申请取得该人的同意或就该申请向该人发给通知而采取规划委员会所规定的合理步骤;及该同意或通知或该等步骤(视属何情况而定)的详情;成规会接受申请后,须在2个月内完成该申请的决定。

② 城规会在收到申请后,在合理的切实可行的范围内尽快将该申请供公众于合理时间查阅,并须持续如此行事,直至该申请在会议上被考虑为止。规划委员会提供

公众查阅的期间开始时，在该申请所关乎的土地上或附近的显明位置或在该土地上任何处所或构筑物上的显明位置贴出。规划委员会提供公众查阅的期间开始后的3个星期，每星期一次在2份每日出版的本地中文报章及1份每日出版的本地英文报章刊登。公众可在3个星期内提出意见。3个星期期间届满后向规划委员会提出的，则该意见须视为不曾提出。

③ 在3个星期后，规划委员会在合理的切实可行的范围内尽快将向其提出的所有意见供公众于合理时间查阅，并须持续如此行事，直至有关的申请已在会议上被考虑为止。

④ 规划委员会召开会议讨论该申请，并将结果通知申请人。申请人可就城规会的决定要求复核，申请须在接获城规会通知的21天内提出，申请人可提交进一步资料，城规会须公布有关申请，公众可在3个星期内提出意见。

⑤ 申请人可出席城规会的会议，陈述其个案。

⑥ 如果申请人不满意复核的结果，还可以上诉，上诉委员团共有71名成员，由主席或副主席及4名成员，组成一个上诉委员会。申请人在接获城规会通知的60天内，按第17B条提交上诉通知书。上诉人及城规会可出席上诉聆讯，双方须交换其提交的文件并均可作出陈述，上诉委员会所作的决定为最终决定。

(4) 香港法定图则的组织机构

香港法定图则的组织机构由规划委员会及其下属的两个分支机构规划署和聆讯申述小组委员会构成，也体现了一定的分权制衡原则。

香港的城市规划委员会是一个法定组织，其成员虽然是由行政长官任命的，但大部分是技术专家，即非政府人员。对于城市规划委员会的经费来源，香港《城市规划条例》给出了明确的条文，即经费的来源是立法会。也就是说，行政部门是无法用行政压力的手段给城市规划委员会带来影响，规划委员会编制规划的过程必然要求公平、公正，按照法律的规定进行，体现着立法的意志。

规划署的责任是负责执行几个层次规划的编制工作，而规划署是城市规划委员会的执行机构，城市规划委员会负责对规划署制定的图则、规划政策和与建设实体环境有关的计划进行审核，以及回应公众的申诉，最后将拟备的草图交送行政长官会议进行审批。规划署的权力也是明确的，权力范围包括根据行政长官的指令进行图则的拟备，以及根据专家和公众的意见判断图则内容的合理性，制定规划的草图，并且接受来自社会各方的对该规划的申诉，可以说规划署的权力范围是在规划草图的整个拟备过程当中，根据本身的知识水平和公众意见，作出自己的判断。

聆讯申述小组委员会负责对公众意见进行审理，其成员通常由城规会成员轮流出任。然而，拥有与申述个案有关的专门知识的成员亦可能会获委任。每个聆讯申述小组委员会的成员包括1位主席(目前为规划署署长)、1位副主席(非官方成员)、2名官方成员及 5 名非官方成员，同时再委托公关公司负责研究过程的公众参与。

这种权力的制衡关系更加能够防止长官意志对规划的影响。在这种权力制衡中，公众的意愿为规划成果的合理性增加了保障，成为规划委员会决策权行使的依据之一，也是规划审批的重要根据。

(5) 香港法定图则公众参与制度评述

香港法定图则公众参与制度特点在于其对公众反对意见的考虑比较周详，每一个步骤可能会出现的问题都给予了合理解决的途径。同时，公众意见的处理由专门的机构负责，意见处理会议公众可以旁听和发言，这为公众意见处理过程的公正、透明提供了保证，体现了程序正义原则。

2.2.2.2 都江堰灾后重建规划公众参与制度的经验借鉴①

"5.12"汶川大地震后，成都市政府和都江堰市政府先后出台了一系列有关城市灾后重建的政策文件。首份安置补偿办法《成都市人民政府关于做好都江堰市城镇居民住房灾毁救助安置工作的意见》颁布后，由于不能满足灾民的需求得不到灾民的认同在实施中遭受阻碍。政府考虑采取公众参与的办法实现灾民对重建规划的认同和支持，提高规划的合法性。根据《城乡规划法》和《汶川地震灾后恢复重建条例》(国务院令第 526 号)，2009 年 5 月发布的《四川省人民政府办公厅关于进一步加强地震灾后重建城镇规划公众参与工作的通知》(川办函〔2009〕126 号)明确了公众参与灾后重建规划的机制："一是重建城镇规划报送审批前，组织编制机关应当依法将规划草案在当地主要媒体和公众场所予以公告，并采取论证会或其他适当方式广泛征求专家和公众的意见。二是重建城镇规划经依法批准后，组织编制机关应当及时向社会公布，特别是部分前期公众参与重建总体规划不够的地方更要加强此项工作。三是修改城镇重建总体规划要采取论证会或其他方式广泛征求公众意见；修改控制性详细规划和修建性详细规划要依法征求或听取规划范围内利害关系人的意见。"在此基础上，都江堰市在住房重建工作过程中建立了一套相对完整的公众参与制度，其核心在于，重建项目从一开始就以居民的意愿和自主选择为基础，将居民的利益诉求以及经多方协商的结果作为重建决策的依据，充分发挥居民在住房重建过程中的主体作用，以使每一个居民满意为目标。具体内容如下：

(1) 公众参与的环节与层级

在都江堰街区重建规划中，重建业主主要参与的环节包括重建意愿确认、重建点位选址确认和户型初选、方案初审、总平面方案确认、户型方案确认、施工单位选择和施工验收等阶段。不同阶段重建业主所起到的作用不同，一般来说，重建业主在施工单位选择中拥有大部分或完全的决策权力，在重建意愿确认、重建点位选址确认和户

① 本小节内容资料来源于笔者亲自调查、孙施文的调查报告及陆晓蔚的硕士论文《都江堰灾后重建规划中的公众参与研究》(2010)。

型初选、方案初审、总平面方案确认、户型方案确认阶段则拥有部分的决策权，在其他阶段起到辅助作用。

相比国内目前城市规划参与环节普遍是在规划制定甚至审批结束后，深度仅达到“告知”的层级而言，都江堰街区重建中的公众参与已经达到了较高的水准。以往由技术专家和政府机关的垄断权利得到下放，公众参与的环节向上延伸，层级也得以加深。

表2-1　都江堰灾后街区重建公众参与环节的实践模式

规划阶段	参与环节	参与层级
规划准备阶段	灾损评估	咨询
	动员宣传	告知
	信息搜集	咨询
	初步信息锁定	合作
规划设计条件制定阶段	重建点位选择	合作
	户型初步选择	合作
	目标及总平面规划设计条件制定	无参与/协商
规划编制阶段	初步方案设计	告知
	方案初审	协商
	方案修订	告知
规划审批阶段	总平面方案确认	合作
	户型方案确认	合作
	方案联合审签	无参与
规划实施阶段	施工单位选择	控制
	施工建设	无参与
监督检查阶段	施工验收	合作
规划反馈阶段	规划反馈	咨询

（资料来源：陆晓蔚. 都江堰灾后重建规划中的公众参与研究[D]. 上海：同济大学，2010.）

（2）公众参与的主体与相关组织

都江堰街区重建中，将参与的公众主体明确界定为利益直接相关人，即重建业主。以直接相关人为参与主体具有如下优点：① 重建业主的利益是直接与本人、本家庭相关，具有参与重建的正当理由，也能充分地调动业主参与的积极性；② 重建业主的利益一致，即花尽可能少的钱、尽可能短的时间完成重建；③ 业主之间有良好的邻里基础，对本社区情况比较熟悉。直接利益相关人为参与主体的缺点是会在一定程度上忽略对周边地块和城市的公共利益，形成的决议较为片面。

另外，为了保证参与的顺利进行，还设立了两类专门的组织：一是民对官的组织——重建业主委员会。都江堰重建业主委员会是重建居民直接选举产生的基层组织，主要作用是作为自下而上的官民沟通机制，业主通常通过业主委员会向重建街区工作组表达自己的意见。业委会的人员构成一般都是居民中公认的有地位、有见识的人物。有时也包括原来的社区委员。在任何情况下，任何人(即使是单位代表)都不能替代业委会成员代表业主行使权力。同样，政府不参与业委会的人员选举，以保证业委会能够有代表重建业主的独立性。业主委员会的具体工作主要包括：在规划设计条件的制定阶段，为规划局制定规划设计条件提供信息；在规划方案审批阶段，组织居民对规划总平面和户型方案进行确认；在规划和建筑报建阶段以组织的名义出现办理各类规划和建筑报建手续；在施工设计和招投标阶段，组织居民选择施工图设计单位和施工单位。二是官对民的组织——街区工作组。在都江堰，与业委会对接的工作就由街区工作组完成。街区工作组由各职能部门和社区行政单位两大部分组成，各自有相应的工作内容。一部分是条状管理的政府各职能部门的代表，包括房管局、重建办、国土局和规划局等四大部门，规划局的代表即规划协调员。这部分代表主要帮助业主委员会在报建和审批过程中熟悉流程，以加快重建速度，同时从各自的专业角度对于业主在重建过程中提出的疑问提供指导意见。另一部分为原块状管理的社区乡镇代表，这部分代表掌握重建业主的信息比较充分，和重建业主相对熟识，主要负责前期的宣传，搜集及登记业主信息以及后期的与业主沟通的工作。

(3) 公众参与的方法

① 动员宣传阶段的参与方法——媒体宣传、公示和社区办公室

街区工作组通过街头公示板、展览厅、报纸公示、电视台、都江堰市广播电台和各社区办公室等媒介对受灾社区居民宣传重建相关政策。

② 信息搜集阶段的参与方法——“社区办公室”与“社区会议”

“社区办公室”和“社区会议”的主要目的是为规划部门制定规划方案提供基础资料和信息，同时向业主提供关于重建相关事宜的技术咨询。其主要工作包括：收集重建居民的包括产权证、土地证、原有的户型和建筑面积、商铺建筑面积在内的基本信息；帮助居民选择置换安居房、原址重建、异地重建等内容。

③ 目标确定阶段和规划设计条件制定阶段——“利益相关群体磋商”

“利益相关群体磋商”是以重建业主代表和政府相关职能部门为参与主体的协商会议。会议往往由重建业主代表推动召开，主要目的是就重建地块的规划设计条件和目标与政府部门达成一致。其特点是参会规模相对较小，参与人员的知识水平相对较高，适用于讨论一些技术性较强，且与业主私人相关性不大的问题。

④ 方案初审阶段的参与方法——“板房协调会”

“板房协调会”是以规划部门、重建业主代表和设计单位为参与主体的协商会议，

会议由规划部门召开，目的是就规划方案和业主代表达成一致。

⑤ 施工单位选择阶段的参与方法——“重建业主代表会议”

“重建业主代表会议”是重建业主代表内部的协商会议，会议的目的是就社区内部的公共事务达成一致。业主代表在会议中具有部分的决策权。

⑥ 方案制定阶段的参与技术——“重建业主大会”

都江堰“重建业主大会”是重建地块所有业主参与的大会。会议的目的是推动所有业主就规划方案问题达成一致。业主拥有部分的决策权甚至完全的决策权，往往以投票的形式出现。

表2-2　都江堰灾后街区重建公众参与方式

参与方法	参与主体	参与层级
公示	街区工作组	告知
媒体宣传	街区工作组	告知
社区会议/社区办公室	街区工作组、重建业主	告知、咨询
利益相关群体磋商	业主代表(发起者)、规划局	协商
板房协调会	规划局(发起者)、业主代表、设计单位	合作
重建业主代表会议	重建业主代表	合作
重建业主大会	重建业主全体	合作
展览展示、留言簿	重建业主	咨询

（资料来源：陆晓蔚. 都江堰灾后重建规划中的公众参与研究[D]. 上海：同济大学，2010.）

(4) 小结

在具体的制度设计上，都江堰公众参与制度具有的几个特点对于程序正义的实现具有重要意义。第一，全过程的公众参与。规划的每一阶段都对公众开放，这标明公众和政府拥有平等的参与机会。第二，尽早参与原则。从规划准备阶段公众就积极地参与进来，尽早地表达自己的利益需求。而居民的利益诉求越早提出，就越容易在规划构思和设计的过程中得到反映和解决，即使出现多种利益关系之间的问题和矛盾，也容易进行讨论、协调和平衡。第三，公众拥有和政府一样的决策权。居民自主决定重建方式、选择重建地点，在规划方案编制过程中，如果业主代表对方案没有异议，则进入业主大会进行正式审定。如果业主代表对初步方案提出异议或是方案在之后的业主投票阶段被否决，则方案需要重新修订。最后的方案评审阶段，只有2/3以上业主签字同意及业委会盖章后，总平面和户型方案方能成为报建的有效材料。第四，公众参与结果融入规划审批过程，保证参与的实效。在方案审批时，业委会代表需要携带“两书、两表”——都江堰市重建房屋申请核准书、由全体业主签字的委托书及受委托人身份证复印件、重建业主基础信息确认表、灾后城镇住房重建规划设计方案申请表——以及经过社区领导、所有业主签字确认的设计方案(含地块总平面和建筑单体方案),向规划部门申请批准。街区工作组负责人、片区规划部门负责人和房管部门负责人在方案平面上进行联合审签。若联合审签通过,则规划方案得到正式批准。第五,社区规划师制度。社区规划师辅助居民进行规划设计,提供知识帮助,使居民和政府拥有平等的信息基础,促进两者之间的交流。灾后重建一开始。都江堰规划局根据主城区地震后灾损评估的结果将主城区划分为多个片区。在每个片区选派 1 名由规划局或规划设计院专业技术人员担任的社区规划师。社区规划师为片区内的居民讲解灾后重建的相关政策,了解居民的重建愿望和利益诉求,将居民的要求和对规划方案的修改要求反馈给设计单位、为居民讲解规划设计方案,是政府与居民沟通的桥梁,有效地保证公众参与的顺利展开。

公众参与制度极大地促进了都江堰灾后重建的进度,面对"全市十万居民住板房、十万家庭建住房、十万大军在建设、千栋危房需拆除、千个项目在施工"等复杂形势和艰巨任务,都江堰市在短短两年时间内全面完成了总投资 399 亿元的 1 031 个灾后重建项目,6.1 万户农村住房和 3.88 万户城镇住房全面建成,实现了家家有住房。建成成灌快铁等骨架道路为支撑的"五横五纵一轨"的路网体系,完成 65 所学校重建,建成以体育场、新闻中心、青少年活动中心、工人文化活动中心、文化馆、图书馆、档案馆、规划展览馆为支撑的市级公共设施,创造了两年跨越二十年的奇迹。

2.2.3 实践经验总结

通过对英国地方规划、美国区划以及中国香港法定规划和都江堰的重建规划公众参与制度的考察和分析,我们可以发现制度设计的一些"正当"特征。

(1) 组织机构和职能安排上的"分权制衡"。英国、美国及中国香港特区的制度体系都展现了这一点,即他们都反对行政权力独大,要将公众参与组织职能分离安置到不同组织部门,形成相互制衡的形式。

(2) 赋予参与公众真实的参与权。美国的区划公众参与制度中,公众被赋予了动议权、听证权、知情权、复决权;都江堰重建规划赋予公众决策权,这些都保证了公众的意见对决策结果产生实质影响。

(3) 参与过程信息透明。信息透明是参与的基础。上述四个地区的公众参与制度设计了完善的信息公开程序,尤其是英国和美国,不论是规划资料还是公众意见,只要是能公开的,任何参与过程中产生的信息都被公开。

(4) 详细的、层析分明的、可操作性强的程序设计。只有严格的程序规定才能保证行为的有效开展,因此,崇尚程序正义的英国、美国规定了翔实的公众参与程序,有力地约束了参与各方的行为,保证了公众参与制度的有效开展。

2.3 本章小结

本章主要从理论和实践两方面对基于程序正义视角的城市规划公众参与制度设计进行相关研究。

本研究对行政过程中的程序正义理论、城乡规划公众参与理论及制度与制度设计理论进行了综述，其中程序正义理论为城市规划公众参与制度研究的程序正义视角提供了理论基础，通过罗尔斯、哈贝马斯及泰勒等人的研究，可以得出行政决策公众参与的法理基础，即公众参与是行政过程实现程序正义的内在要求，同时公众参与制度本身也必须实现程序正义的标准，只有这样，才能提高公众对规划结果的可接受性，促进行政决策实质正义的实现。城乡规划公众参与理论是本研究的核心基础，是本研究的逻辑起点所在。从城乡规划公众参与理论的发展过程可以看出，城乡规划公众参与理论的法理基础是规划合法化自我证成的需要。它的证成路径以两种形式呈现：一是通过公众参与实现程序的正当性来实现规划的合法性；二是通过公众参与制度的程序正义标准促进规划合法性实现。这与前面的理论基础研究不谋而合。然而，目前的研究只专注公众参与的工具价值，忽视了程序正义价值的要求。这一缺陷奠定了本研究以程序正义为视角的基础，是本研究产生的缘由。制度研究离不开制度理论的支持，制度与制度设计理论为本研究提供了制度研究的分析工具和设计策略。

从国内外城乡规划运行过程中公众参与制度设计的内容来看，尽管各个国家和地方的制度环境不尽相同，但是其制度设计中的某些共同的“正当性特质”促进了规划的可接受性，如组织机构和职能安排上的“分权制衡”，参与过程信息透明，公众拥有影响决策结果的实质性权利，等等。这都为本研究进行的制度创新提供了很好的借鉴。都江堰灾后重建规划公众参与制度的研究为本研究奠定了路径基础，虽然它是特殊情况下的产物，但是其制度设计并无任何违和感，且能被公众很好地接受和执行，促进了城市的开发和建设，这说明只要进行恰当的设计，实现程序正义，公众参与制度也会在我国的制度环境下得到很好的执行和发展。

第3章　基于程序正义视角的控规运行过程中公众参与制度的解析框架

本研究的主要目的是以程序正义价值为视角，探讨控规运行过程中公众参与制度设计模式，为控规运行公众参与制度创新提供理论支持。基于此，研究首先要分析目前控规运行过程中的公众参与制度是否实现了程序正义价值，即首先对其进行程序正义考量，其次针对程序正义的问题分析目前公众参与制度存在的缺陷，最后针对缺陷结合程序正义标准，提出相应的制度设计策略，进行制度设计创新。

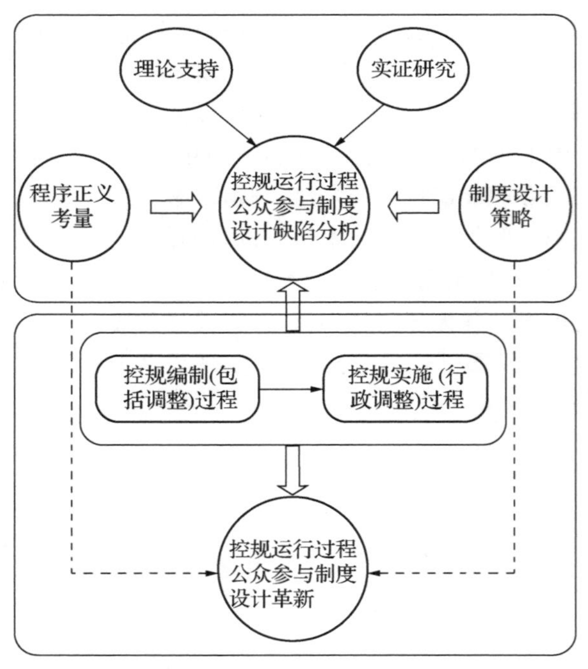

图3-1　主体研究框架

3.1　确定控规运行过程中公众参与制度程序正义的评价标准

城乡规划是以空间资源及其隐喻利益的一次再分配过程，“空间资源配置的本质是权利的分割、分配与交易”[①]，既然关系到利益分配和权利的分割，城乡规划就应该秉持社会所期盼的结果公正[②]。如果将空间资源及其隐喻利益分配的结果公正视为城乡规划的价值本源，是城乡规划要实现的“目的”，那么，在利益多元化和利益博弈常态化的现实社会中，在“规划编制—规划实施—规划评估—规划终止”全过程中，构建一个规范、正义的程序则是实现这一目的的“手段”。“谋求利益平衡的规则或程序应当成为城乡规划的核心”，城乡规划中公共利益是规划利益相关者冲突调和的产物，是基于程序正义的利益相关者博弈的结果。从这个意义上讲，城乡规划不是决策者“选择”出来的，更不是精英“制定”出来的，而是基于程序正义，规划利益相关者达成的“主体间共识”，是“契约”行为的结果。

基于上述分析，控规规划运行过程中公众参与制度程序正义标准的设定应基于理性程序主义理念，并具备程序正义一般标准的相关概念。结合城乡规划运行过程的特点，本文将控规规划运行过程程序正义标准分为两大类：核心标准和外围标准，其中核心标准又分为主体标准和运行标准。主体标准指对城乡规划运行程序中的参与者的要求；运行标准包含透明原则、开放原则、协商原则、共同决策原则、中立原则、及时原则、理性原则；外围标准指救济原则和监督原则。

表3-1　控规运行过程公众参与制度程序正义的评价标准

<table>
<tr><td rowspan="10">程序正义标准</td><td rowspan="8">核心标准</td><td>主体标准</td><td>包容原则</td></tr>
<tr><td rowspan="7">运行标准</td><td>开放原则</td></tr>
<tr><td>透明原则</td></tr>
<tr><td>协商原则</td></tr>
<tr><td>共同决策原则</td></tr>
<tr><td>中立原则</td></tr>
<tr><td>及时原则</td></tr>
<tr><td>理性原则</td></tr>
<tr><td rowspan="2">外围标准</td><td colspan="2">救济原则</td></tr>
<tr><td colspan="2">监督原则</td></tr>
</table>

① 孙施文，奚东帆. 土地使用权制度与城市规划发展的思考[J]. 城市规划，2003(9)：12-16.

② 张庭伟. 城市发展决策和规划实施问题[J]. 城市规划汇刊，2000(3)：10-13.

需要说明的是，本质上程序正义离不开实质正义，无论是罗尔斯还是哈贝马斯，他们对于程序正义的评判最终都依据实质正义的内容。因此，本研究在进行城乡规划公众参与过程程序正义考量时，在基本的程序正义标准的基础上，增加了实质正义的考量。本研究无意于倒退回程序工具主义的立场，而是希望通过实质正义的实情调查，进一步论证和说明程序正义的问题。公众参与城乡规划运行过程的实质正义包含很多内容，即有城乡规划实现公共福利的内容，也有公众对规划可以接受的内容，等等。本研究从易于评价的角度出发选择其中两个内容：一是规划内容可以实现公共福利；二是公众对规划结果的可接受性。

3.1.1 程序正义核心标准

3.1.1.1 主体标准——包容原则

主体的概念相对于客体而言。广义的主体和客体，指的是事物发展过程中普遍存在的相互作用，从一种积极的建设性的后现代的世界观来看，广义的主体、客体观念更有意义，在这种观念下，万事万物都既是主体，又是客体，人类也不例外。狭义的主体和客体是以人的活动的指向为尺度来区分的。主体就是指在一定社会关系中运用一定的中介手段从事实践和认识活动的人，客体就是指在活动中处于被动和服从地位的对象[①]。我们理解城市规划中的主客体关系，不能简单地从狭义的概念理解，因为在城市规划这项实践中，作为主体的人对城市空间的作用巨大，同时空间实践对城市中的人的影响也是巨大的。从公正的角度讲，任何受规划实践影响的人都有权利影响规划的内容。因此，对城市规划的主体的认识要从广义的概念理解，既包含作用客体的一方也包含受客体影响的一方，即城市规划的主体包含政府、专家、受利益直接影响的公众、受利益间接影响的公众、社会组织、开发商等一切的利益相关人。

哈贝马斯的理性程序正义理论认为公正程序之结果的正义，是通过所有利益相关者之间的商谈、对话、交流之后达成的共识所决定的，这个结果需要被所有利益相关者认同。因此程序正义主体标准需要利益相关者尽可能地包容在程序过程中。只有所有利益相关人参与了，才可能获得真实和完整的主体偏好，才可能作出符合大众需要的决策，才能实现实质正义。也即是说，控规运行过程程序正义的主体包容原则指控规运行过程中要容纳所有的利益相关人。而要真正实现包容需要：第一，利益相关人参与规划的机会必须均等。第二，要注重规划主体中的弱势群体的参与。弱势群体往往由于资源有限，不能充分表达自己的观点，往往影响规划的公平、公正，因此规划主体必须包含弱势群体才能真正实现程序正义。第三，利益相关者的参与必须是自主、自愿的，而非受强制、被迫的行为。正义包含了自由的概念，因此在规划运行过程中，

---

① 李阎魁. 城市规划与人的主体性[D]. 上海：同济大学，2005.

利益相关者应该有自由的权利决定是否参与,应当尊重利益相关者的意志和人格,不能把利益相关者当作实现某种目的的工具,比如某些社区街道将参与以任务的形式强迫社区工作人员参与或不参与。

3.1.1.2 运行标准——开放原则

开放既表示一种状态,也表示状态的程度,基于"状态"概念,开放指规划过程完全允许公众了解或参与。它包含"公众参与程序过程"和"程序过程向公众公开"两个内容。基于前者,程序正义的实现要求规划运行过程的每一个环节都有公众参与的内容。广义的城市规划过程概念包括立项(提出问题)、制订规划方案(寻求方法)、决策(合法化)、实施监督(解决问题)四个阶段的过程①。规划过程是一个理性决策的过程,每一个阶段环环相扣,前一阶段的结论是后一个判断的基础。同时,规划过程又是一个政治过程,每一个阶段都存在利益协调和价值判断。每一个阶段对公众开放才能实现机会均等,才能实现利益协调的公正。基于后者,程序正义的实现要求规划运行过程的每一个阶段的程序内容都向公众公开,一是让公众了解程序运行的过程,二是程序运行都应该尽可能地以当事人和社会公众看得见的方式进行。程序公开原则长期以来被视为程序公正的基本标准和要求。英国有句古老的法律格言:"正义不但要伸张,而且必须眼见着被伸张。"这并不是说,眼不见则不能接受,而是说,"没有公开则无所谓正义"②。程序公开原则的主旨就在于让民众亲眼见到正义的实现过程。这一过程对当事人和社会公众具有提示、感染和教育作用,同时程序公开提供了对诉讼过程实施社会监督的可能,"如果公正的规则没有得到公正地适用,那么公众的压力常能够纠正这种非正义"。

3.1.1.3 运行标准——透明原则

Curtin (2006)认为透明就是要求公共管理部门将决策及决策行为过程中产生的所有信息都尽可能地公开,即程序运行过程中的所有信息,包括原始信息、过程信息及结果信息都尽可能地被决策过程中的利益相关者知晓③。透明原则是程序正义的重要标准,它的作用在于帮助公众更好地了解程序运行过程,清晰地了解信息,减少由于误会产生的误差,帮助公众之间、公众与政府之间了解彼此的意愿,为创造共识打下基础,促进更好地参与、协商及决策,还在于防止行政决策者专断与擅断,发现和弥补决策不公。另外信息透明化可以促使政府获得公众的信任,获得其对决策结果的接受,实现实质正义。

---

① 张聪林. 基于公共政策的城市规划过程研究[D]. 武汉:华中科技大学,2005.

② [美]伯尔曼. 法律与宗教[M]. 梁治平,译. 北京:生活·读书·新知三联书店,1991.

③ Curtin D, Meijer A J. Does Transparency Strengthen Legitimacy? A Critical Analysis of European Union Policy Document[J]. Information Polity, 2006,11(3):895-910.

透明不仅意味着所有公众有权利、有机会接近信息，更意味着以方便、容易的形式获取信息。总体看，实现信息透明有三个重要标准：一是规划主体之间拥有平等的知情权。二是规划主体之间信息对称。信息对称不等于信息对等，由于某些信息本身的受控性，传播过程的过滤和接受者的个体差异等因素，只能要求政府给予公民尽可能多的信息，从而在信息的交互运动中追求一种和谐平衡的状态。于是我们说只要供给方提供的信息使需求方得到满足，就可以把这种状态视为信息对称的平衡状态。简单地说，信息对称与否取决于信息需求者对信息的满意程度。从质的层面看，它反映的是对信息真实性、可靠性、时效性的满意度；从量的层面上看，它反映的是对信息充分性、全面性、适度性的满意度。三是在满足信息可获取性的基础上使公众获取信息所花费的成本要尽量低。因为对每个人而言，他们愿意基于公共利益的目的而投入的时间和精力是有限的，保密增加了信息成本，这使得许多公民在自身没有特殊利益的情况下，不再积极参与民主过程。并且信息的高成本会增加弱势群体的负担，导致这些群体无力参与。

3.1.1.4　运行标准——协商原则

“协商”的本义为利益相关人共同商量以便取得一致意见。哈贝马斯认为，作为公正程序之结果的正义，是通过公民之间的商谈、对话、交流之后达成的共识所决定的。只要有一个合理的商谈程序保证公民之间的自由、平等的对话，便一定能够产出正义的结论，即哈贝马斯的程序正义的核心内容是公民之间自由、平等的协商。哈贝马斯认为，程序正义的合理性在于它通过协商的方式，消除理性中的暴力成分和纠正理性被扭曲的部分，达成道德主体间的正义共识；并且，它还可以使主体意向表达的真诚性、规范的恰当性和论证内容的真实性得到事实上真正的维护，以此保障主体间达成的正义规范顺畅建构。

获得理想的协商需要一些条件，结合哈贝马斯的交往理论，这些条件包括：第一，使某一共同体中的每一个成员都能够自由地表达自己的真实意见。第二，使某一共同体中的每一个成员都能够充足地表达自己的真实意见。如果当事人受到种种限制，就难以完整、全面、深入地阐述自己的见解，更不能维护自己的实体权益。充足的表达和交流才能使交流者之间更清晰地了解彼此的偏好和需求，从而为理性共识的形成打下基础。第三，交流各方要相互尊重、信任、诚实。哈贝马斯认为，不仅仅是各方主体所表达的语言的字面意思在起作用，而且各方使用语言的态度也在传达一种信息，甚至往往是这种使用语言的态度在使各方互相信任、达成共识的过程中起到更为重要的作用。所以，不仅仅是语言的字面意思能够清晰表达，如词语、句子、语法等现象都具有普遍的规律，体现了人类思维过程中的一种普遍的理性，而且人们在如何使用语言的态度问题上也应当遵循理性的要求。哈贝马斯认为，这种态度就是交流者之间要彼此尊重,相互信任,态度诚实。第四,采取双向交流模式,各方能认真倾听并及时回应。交往性的语言行为是双向式的,是以达成一致与理解为目的的,通过双向交流,面对面交流可以最大化地获得信息的真实性和及时性,获得交往的有效性。第五,杜绝某一种意见凌驾于其他意见之上的可能性。在商谈过程中,每个阶段性结论和共识的达成都只受更好的理由的约束,而不应该受到各主体不同身份、政治地位、经济成分、种族、性别的影响而赋予一部分主体更多的话语权,或对另一部分主体表达自己合理意愿的权利和手段加以限制,不应受到与正在进行的关于法律制定和落实问题不相关因素的影响而获得比别人更多或更少的话语权,或因为此种不相关因素,特别是某种政治上或经济上的特权,就使其意见在决定法律将如何制定时具有比别人的意见分量更重的影响。哈贝马斯特别强调,要尽量包容所有主体的意愿,多数人也不能完全忽视少数人的意见,用强迫的手段剥夺这部分人的话语权利。第六,使各种不同的意见最终能够汇总为一种为整个共同体所接受的"一致性"意见。

3.1.1.5　运行标准——共同决策原则

哈贝马斯在建构程序主义法律范式时,强调利益相关者商谈的结果应当被赋予法律的效力,共识结果应该被有效地遵守。从行政决策角度考虑,也可将其理解为共识的结果应该就是决策的结果,即各利益相关者拥有实际的决策权。谢金林在其程序正义标准的理解中进一步将"利益相关者达成共识的有效性"定义为了"公众拥有决策的权利"。他认为,"决策是否合乎正义的要求,取决于公民是否拥有参与并决定决策的权利,他们的意见能否得到政府与其他公民的聆听,他们的合理要求是否得到正当的表达并被程序所吸收。"①这说明了共同决策的内涵不仅指所有利益相关者形成的共识是最终决策结果的主体,而且公众的意见也必须对决策结果能产生实质影响。

两个标准体现这一要求。一是所有规划主体都拥有决策权。从公平的角度考虑,每一个利益相关者都应该拥有平等的决策权。但是在行政决策过程中,政府拥有法定的最终决策权,这是其进行行政管理所必须拥有的权力,不容改变,那么其他利益相关者的决策权该如何实现?本研究认为,可以通过一定的程序设置达到此目的,也就是说,不是所有的利益相关者和政府平分最终决策权,而是通过其他方式赋予其他利益相关者可以在一定程度上与政府最终决策权相抗衡的权利,实现权利平衡。二是决策的结果要能显示公众的偏好。这里公众的偏好是指公众的最根本意愿。

3.1.1.6　运行标准——中立原则

中立的本义是比喻不站在任何一方立场的一种立场。程序中立作为程序正义对

---

①　谢金林,肖子华. 论公共政策程序正义的伦理价值[J]. 求索,2006(10):137-139.

法律程序的一项基本要求几乎是显而易见的。如果程序不是中立的,例如程序制度对一方当事人有利而对另一方当事人不利,或决定制作者偏袒一方当事人,都会使人们产生一种感受,即程序没有给予所有的人以平等的对待。程序中立的核心价值就在于,承认所有的程序参与者是具有同样价值和值得尊重的平等的道德主体,由此必须给予他们同样的对待,否则就意味着存在"偏私"。而且,那些不能受到法律程序平等对待的人,会产生一种挫败感甚至"被抛弃感"。

从程序制度安排层面而言,程序中立的核心要素是不偏不倚的决定制作者。作为程序正义的一项基本要求,这一点在现代法治社会中几乎是被普遍认同的。结合戈尔丁、王锡锌等学者的研究,城乡规划运行程序的程序正义中立原则的评判标准包含三个要素:第一,它要求裁判者与所需裁判的事实、利益没有相关性。这是程序中立性的基本要求,"一个人不能在自己的案件中当法官,因为他不能既做法官又做当事人"。裁判者由于其自身情感和利益需求等因素的限制,如果让其或与之有利害关系的人成为当事人,则裁判者在裁判过程中的双重角色就将难以保证裁判过程及其结果的公正性,从而导致程序的不正义。第二,裁判者必须平等地对待双方当事人,不得因个人的价值取向、情感等因素而产生所谓的"偏异倾向",歧视或偏爱任何一方当事人。"正义根植于信赖",裁判者在决策过程中所存在的偏听、偏信和先入为主问题,可能对其裁判结果产生影响,也可能不产生任何实质性影响,但裁判者一旦存有偏私或者偏向任一方,其裁判结果就很难取得公众的信任和尊重。第三,裁判者具有独立性,即裁判者不受程序活动中的一方当事人和任何利益集团的控制。强调裁判者的独立性,目的在于使裁判者免于受到可能影响其作出公正判断,或者法律适用,乃至政策影响等因素的控制。但是在行政程序中,在很多情况下,制作行政决定的官员隶属于行政系统,从而很难避免来自行政机关首长或行政机关系统中较高层级的控制。也就是说,裁判者的独立性问题存在一个"程度"的问题,完全独立的情况在行政程序活动中几乎不可能。

3.1.1.7 运行标准——及时原则

所谓"及时"是指行政决策活动应保持"在过于急速和过于迟缓这两个极端之间的一种中间状态"①,避免因过于急速或者过于迟缓而使各方受到不公正的对待。如果决策时间过长,利益相关者需要投入的资源就越多,如果利益相关者在参与过程中投入大于其所能期望的收益,则参与从效益角度讲就失去了意义。而且,决策时间过于延长,会使参与者产生受忽视的感觉,从而对程序正义产生怀疑;从工具主义的角度讲,时间越长,对过去的事实认定的准确性也会随之降低,因此,英美有句俗语叫"迟来

① 陈瑞华.程序正义理论[M].北京:中国法制出版社,2010.

的正义乃非正义”。反之,“过于急速来的正义也非正义”。利益相关者参与需要花费大量的时间准备,充足的时间可以使人们更为仔细地分析有关的事实和证据,进行缜密的思考和推理,从而也可使决定更为准确。决策过快,利益相关者不能充分表达自己,会产生其利益和尊严无法得到尊重的感觉,从而对程序过程的公正产生怀疑。

公众参与城乡规划运行过程程序正义的及时原则主要指:第一,决策者能及时向公众反映决策的结果;第二,决策者能及时回应参与者的问题和要求。

3.1.1.8　运行标准——理性原则

程序正义的这一要求又可称为“程序合理性原则”,它的基本内容是:裁判者据以制作裁判的程序必须符合理性的要求,使其判断和结论以确定、可靠和明确的认识为基础,而不是通过任意或者随机的方式作出。其最主要的机制可归结为两个方面:① 给出作出决定的理由;② 程序在结构上遵循形式理性的要求[①]。

从法律程序的运行过程看,理性的人们在作出决定之前必然将考虑一系列的事实和法律因素,这些因素构成决定的理由,如果裁判者在作出决定的程序中没有说明这些理由,人们就可能认为已作出的决定没有理由,缺乏客观和理性的考量,甚至只是权力恣意行使的结果——不论该决定在实体上是否合理。可以想象,假如一个法律程序不要求决定者说明所作决定的理由,人们将不可避免地对该程序的合理性以及公开性丧失信心。对于程序正义的实现来说,说明理由的核心意义在于:① 可以增强人们对决定合理性的信心,因为至少在形式上它表明决定是理性思考的结果,而不是恣意。② 对于那些对决定不满意而准备提起申诉的当事人来说,说明理由可以使他们认真考虑是否要申诉,以何种理由申诉。③ 让将要受到决定影响的当事人了解作出决定的理由,体现了程序公开的价值,也意味着对当事人在程序中的人格与尊严的尊重。④ 对于裁判者来说,为自己作出的决定说明理由,意味着他在行使权力、作出决定的过程中,必须排斥恣意、专断、偏私等因素,因为只有客观、公正的理由才能够经得起公开的推敲,才能够有说服力和合法性。因此,说明理由是对自由裁量权进行控制的一个有效机制。⑤ 对于一个决定来说,说明理由不仅使人们知其然,而且可以使人们知其所以然。

对于形式理性而言,应考虑以下三方面的要求:第一,任何一种行为都有详细的程序进行规范,尽量避免自由裁量的情况发生。第二,程序的步骤在运行过程上符合合理的顺序,即一个理性的决定的产生必须经过一定的步骤,这些步骤在时间上应当有一个合理的先后顺序。第三,程序应当能够保证在给定同样的条件时产生相同的结果。在给定的条件或前提相同的情况下,通过法律程序产生的结果应当是相同的,否

① 王锡锌. 行政程序法理念与制度研究[M]. 北京:中国民主法制出版社,2007.

则就很容易使人们感觉到程序是任意的、反复无常的。第四,程序的操作应当遵循职业主义原则,主持或操作法律程序的主体应当是合格的。

3.1.2 程序正义外围标准

3.1.2.1 救济原则

《行政程序法》明确:“救济原则,就是公民、法人或者其他组织对行政机关实施行政许可,享有陈述权、申辩权;有权依法申请行政复议或者提起行政诉讼;其合法权益因行政机关违法实施行政认可受到损害的,有权依法要求赔偿”“无救济则无权利”,程序正义的理念是保障每一个人都拥有平等的权利和自由,但是公正权利的最终实现是靠救济程序来完成。城乡规划运行过程中并不是每一个利益相关者的利益都可依法得到维护,程序正义的内涵是要为某些少数群体提供可以继续维护权利的机会和通道,这是人权得到切实保障的根本,也是公平的根本。公民可以就司法和行政乃至宪法中的程序性权利请求法院保护,以使其受侵害的权利能及时得到救济。规定了救济性的程序正义才会从神坛落入凡间,并产生其作用场。

公众参与城乡规划运行过程中程序正义之救济原则存在的标准是:第一,存在公众参与权利的司法救济程序,即公众的参与权如果被侵犯,可以通过司法救济程序给予弥补;第二,公众在参与过程中任何权利都有获得救济的通道,即在某些情况下公众认为利益没有被维护,都有相关的救济通道继续维权。

值得注意的是,除了司法救济,还存在其他的救济形式,对于城乡规划公众参与这个特殊的领域,为普通公众提供知识救济,提供资金救济。这些其他的救济形式以及信息技术平台的支持都是必不可少的。

3.1.2.2 监督原则

《行政许可法》规定:“监督原则,是指行政机关应当依法加强对行政机关实施行政许可和从事行政许可事项活动的监督。”监督原则是基于对权力制约,对权利保障的考虑,戈尔丁认为,行使权力的行为“不应当是反复无常或专横武断的”[①]。言意之下,权力失控将导致不公正,所以需要监督。这对于克服决策者偏私和失误行为具有重大作用,监督也是程序正义不可或缺的元素。

控规运行过程中公众参与制度程度正义的监督原则包含两种形式:第一,监督公众参与权力。首先是对公众参与程序组织运行权力进行监督,保证组织者严格按照程序内容执行公众参与制度;其次是对公众参与意见回复权力的监督,保证公众意见回复可以按照程序规定,同时合乎理性的原则。监督检查是一种重要的激励手段,可以

① [美]马丁·P.戈尔丁.法律哲学[M].齐海滨,译.上海:生活·读书·新知三联书店,1987.

对权力部门形成有效的制约，是提高实现程序正义的重要条件。第二，存在对决策者不良行为的行政问责机制要实现对权力的有效制约，还需要决策者对公众意见的回应及对决策过程与结果能承担一定的责任，即决策者的非正义行为应该有相应的问责程序给予惩罚。对于规划行政人员来说，不履行或不正当履行法律赋予的职权，主观上有过错，客观上给国家利益、公共利益和公民的个人利益造成较大损失或者影响恶劣时，依照相关法律规定及程序追究其责任。

3.1.3　实质正义标准

3.1.3.1　公共福利原则

城市规划工作实际上就是围绕着利益问题进行的，城市利益的获得主要取决于对土地所有权和使用权的占有。城市规划要捍卫公共利益，就是要界定土地利用价值转移过程中的利益关系，既要保护各种组织和个人应该获取的利益，更应保障共同的利益。具体的城市规划中的公共利益的表现形式有以下几个方面需要维护：第一，城市发展和建设秩序。第二，提供公共物品。第三，公平配置城市资源，以罗尔斯的平等主义为原则，使境况最差者的福利最大化，城市规划应当优先关注、关心社会弱势群体。如住区选址建设、公共服务设施布局、优质环境资源分配等方面要关注城乡中低收入阶层和弱势群体。第四，促进和谐发展，协调城乡空间布局，改善人居环境，促进城乡经济、社会全面协调可持续发展。

城市规划的正当性来自于它的目的是要维护社会公共利益，但是如果这种公共利益不是建立在充分考虑私人利益的基础上，损害了私人利益，那么它就是不公正的。因此，对公众参与城乡规划运行过程后的实质正义应该是公益优先，尊重私意。

3.1.3.2　可接受性原则

城乡规划不仅要合乎法律性，更要被大多数人所接受，这是城乡规划实质正义的重要内容。不被公众认可的规划是非正义的。如果城乡规划不是出自民意，而是出自强权者的意志，则有可能导致规划决策偏离公共利益，行政意志异化为特殊利益集团的意志；如果一项规划得不到公众的认可和支持，即使以强力作为后盾，规划实施必将是低效的，甚至是无效的。如果公众对规划内容认可，确认不疑，对政府的信任感增大，不仅会以积极正面的态度推动规划实施，而且还会降低规划实施的成本。如果规划不合民意，还有可能导致公众认为政府不重视民意，不从民情出发，从而产生抵触情绪，引起社会动荡。

表 3－2　程序正义评价的标准细分

<table>
<tr><th colspan="4">分类</th><th>标准细分</th></tr>
<tr><td rowspan="26">程序正义标准</td><td rowspan="22">核心标准</td><td rowspan="3">主体标准</td><td rowspan="3">包容原则</td><td>参与人机会均等</td></tr>
<tr><td>弱势群体参与</td></tr>
<tr><td>参与意愿自由</td></tr>
<tr><td rowspan="19">运行标准</td><td>开放原则</td><td>公众有机会参与每一个阶段和过程</td></tr>
<tr><td rowspan="3">透明原则</td><td>规划主体之间拥有均等的知情权</td></tr>
<tr><td>规划主体之间信息对等</td></tr>
<tr><td>获取信息的成本足够低</td></tr>
<tr><td rowspan="6">协商原则</td><td>每一个成员可以自由地表达自己的意见</td></tr>
<tr><td>每一个成员可以充足地表达自己的意见</td></tr>
<tr><td>交流各方相互尊重、信任、诚实</td></tr>
<tr><td>交流各方认真倾听并回应</td></tr>
<tr><td>杜绝任何一种意见凌驾于其他意见之上</td></tr>
<tr><td>能够形成“一致性”意见</td></tr>
<tr><td rowspan="2">共同决策原则</td><td>所有规划主体都拥有决策的机会</td></tr>
<tr><td>决策结果要能显示公众的偏好</td></tr>
<tr><td rowspan="3">中立原则</td><td>裁判者与所需裁判的事实、利益没有相关性</td></tr>
<tr><td>裁判者不偏私</td></tr>
<tr><td>裁判者具有独立性</td></tr>
<tr><td rowspan="2">及时原则</td><td>决策者能及时向公众反映决策的结果</td></tr>
<tr><td>决策者能及时回应参与者的问题和要求</td></tr>
<tr><td rowspan="2">理性原则</td><td>给出作出决定的理由</td></tr>
<tr><td>程序在结构上遵循形式理性的要求</td></tr>
<tr><td rowspan="4">外围标准</td><td colspan="2" rowspan="2">救济原则</td><td>存在公众参与权利的司法救济程序</td></tr>
<tr><td>公众在参与过程中任何权利都有获得救济的通道</td></tr>
<tr><td colspan="2" rowspan="2">监督原则</td><td>公众有权对整个决策过程监督</td></tr>
<tr><td>决策者对参与过程和结果承担责任</td></tr>
<tr><td rowspan="2">实质正义标准</td><td rowspan="2">—</td><td colspan="2">公共福利原则</td><td>规划结果满足公共福利要求</td></tr>
<tr><td colspan="2">可接受性原则</td><td>规划被集体决策中的成员接受</td></tr>
</table>

3.2 寻找影响程序正义实现的公众参与制度缺陷

在阐明了程序正义的评价标准后，接下来面对的问题就是：决定和影响程序正义的公众参与制度要素有哪些？它们之间的内在逻辑联系是什么？参考王锡锌公众参与制度框架①，本论文建构影响程序正义的公众参与制度要素体系，也即公众参与制度结构，把这些要素纳入到程序正义的评价准则中，找出制度缺陷与根源，为针对性的新制度设计打好基础。

第一，公众参与的"基础性制度"。公众参与的基础性制度，是公众参与得以进行的基础，如果没有这样的"基础条件"，公众参与在实践中是不可能的或者是无效的。这样的基础条件主要是指信息开放制度。参与以信息为前提。虽然信息并不等于知识，但如果没有必要的信息，参与者知识的运用就会变得极其困难。这将极大约束参与者的行动能力。在行政过程中，存在着非常严重的"信息不对称"：行政机关与受管治的利益以及公众之间存在信息不对称；不同的利益主体之间也存在信息不对称。而在这两类情形中，一般公众在信息资源的拥有方面，处于明显的弱势。针对这一现实，制度层面上需要通过信息开放和"透明度"建设来改变信息配置的非均衡状态。

第二，公众参与的核心制度——程序性制度。公众参与需要在一个基本的程序框架中，根据不同的主题、事项、参与者、目的等因素，逐步完善旨在保障参与有效性、同时抑制"过度参与"的各种程序制度。公众参与程序的主要要素包括：① 参与各方的权责安排，如谁是组织者、参与者、决策者，分别承担什么内容等；② 参与代表的选择；③ 公众参与阶段的确定；④ 公众参与方式，包括信息发布方式、信息收集方式、信息处理方式和信息反馈方式；⑤ 公众参与程度；⑥ 公众参与的监督与问责。

第三，公众参与的支持性制度——组织机构。组织机构是组织活动的存在形式，要正常开展城市规划公众参与活动，必须设置具有一定结构和功能的组织。按照组织机构设计的相关理论，城市规划公众参与组织结构要素可分为：① 职能结构，指实现组织目标所需的各项业务工作以及比例和关系。② 层次结构，是指管理层次的构成及管理者所管理的人数（纵向结构）。③ 部门结构是指各管理部门的构成（横向结构）。其考量维度主要是一些关键部门是否缺失或优化。④ 职权结构，是指各层次、各部门在权力和责任方面的分工及相互关系。其主要考量部门、岗位之间权责关系是否对等。

组织机构不单指政府组织运行公众参与的组织，还指参与公众的利益代表组织。

① 王锡锌在《公众参与和行政过程：一个理念和制度分析的框架》中将公众参与制度的框架定义为"基础性制度框架（包含利益组织和信息开放）""程序性制度"和"支持性制度"（包含公益代表、信息技术、专家知识及司法审查）。

公众参与包括了"公民参与"的个体化参与形式,但是在行政过程中,更主要的同时也是更有效的参与形式,乃是"组织化利益"的参与。分散的、未经组织化的利益参与行政过程。不仅使参与过程的成本大大增加,而且在参与过程中往往处在被忽视的境地。公众的利益如果表现为"分散的大多数",参与的过程就将不可避免地变异为利益团体瓜分公众利益的交易平台。公众利益的组织化需求,有赖于对公民结社权的充分保障。

第四,公众参与的保障性制度。① 技术知识保障制度,为弱势社会群体的有效参与提供知识和资源支持的制度,比如鼓励公益组织、专家团体为弱势群体提供咨询、提升其参与能力。② 资金保障制度,为公众参与组织运行提供一定的资金来源,保障其有效运行。③ 公众参与技术平台,特别是完善互联网作为参与平台的有效性和可利用性,以及通过技术的支持更有效地处理公众评论和相关信息等方面,技术的改进对大规模的公众参与具有相当重要的意义。④ 司法审查。公众参与行政过程的能力受到很多限制,有些情况下,公众很难促进决策满足他们的期待,但如果公众被赋予广泛的申请司法审查的权利,那么公众就可以通过启动司法审查来有效地"阻止"那种不利于他们的决定或政策。在逻辑上,这种广泛的申请司法审查的权利,反过来可以提升公众在参与过程中的话语权和协商能力。

公众参与制度程序正义标准的实现,依赖于基础性制度、核心制度、支持制度及保障制度。公众参与的现实问题和挑战,相应地也主要集中在这四个层面的制度上。公众参与的制度建设及完善,同样需要从这些层面上展开。

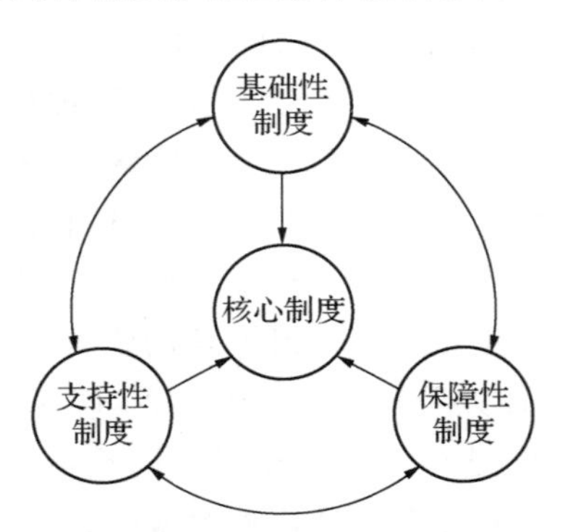

图 3-2　公众参与制度的制度结构

3.3　设计体现程序正义的公众参与新制度

在界定了程序正义的评价标准,找到影响程序正义的公众参与制度缺陷后,接下来要解决的问题就是如何基于程序正义标准设计新的制度。本研究主要采取经验借鉴与理论应用(包括新制度经济学的制度设计理论、公共行政和行政法学的权力分配与制衡理论,信息传播理论等相关研究成果)两种方式,作为解决制度设计问题的“手术刀”,希望借此提出解决深层次症结的方案。

具体来讲,公众参与制度设计创新的路径选择涵盖控规编制和实施(行政许可)两个过程,这两个过程虽然各有侧重,即控规编制过程相当于立法程序——制定契约的过程,控规实施过程相当于行政程序——履行契约的过程,但是其公众参与的本质和内涵基本是相同的,因此本研究主要基于公众参与不同制度内容进行理想化的制度设计。

(1) 信息公开制度设计策略

对公众参与基础制度——信息公开制度而言,本研究拟借鉴西方发达国家的相关经验,运用信息传播技术理论进行建构,主要根据目前信息公开制度的内容、方式、制作及时限出现的问题进行了针对性设计。其中,对于信息公开的内容以最大化为原则进行设计;对于信息发布方式从经济性和适用性角度出发,以信息可达性和必达性为标准进行设计;对于信息制作以严格的、详细的规范为目的进行设计;对于信息发布时限以尽早原则和及时原则进行设计。

(2) 公众参与运行程序设计策略

对公众参与核心制度——程序而言,针对其缺陷采用相应对策。目前公众参与制度的主体程序以及下一层级制度的程序中存在的主要问题是决策者不中立,参与者之间权利与机会不均等,不透明导致公众无法监督、及时性差等问题,因此可采取的应对策略为第三方决策、均衡化参与权利与机会、公众直接监督、规范决策时限等,这些策略本质上是对程序正义问题的程序正义应对,因此我们也可将其称之为程序正义策略。

第三方是指有利益纠纷的几个主体之外相对独立的,有一定公正性的第三主体,一般引入第三方的目的是为了确保交易的公平、公正,避免纠纷和欺诈。由第三方决策可以避免决策者和决策结果有利益关系,产生偏私,是实现程序正义决策者中立条件的主要方法之一。

哈贝马斯认为,作为公正程序之结果的正义,是通过公民之间的商谈、对话、交流之后达成的共识所决定的。只要有一个合理的商谈程序保证公民之间的自由、平等的对话,便一定能够产出正义的结论。而公民商谈程序公正性的实现需要基于“理想的言语环境”,即每一个话语主体都享有平等、自由和公正的话语权利,防止话语霸权的出现。这需要在规划决策过程中每个利益相关主体获得均等的参与权利,主要表现为机会的均等和权利的均等。机会均等是指公众有权参与规划编制(包括调整)和实施(行政许可)的每一个环节,权利均等是指在决策过程的每一个阶段都赋予利益相关者之间可以对抗和平衡的权利,形成以“权利制约权力”的格局。

透明问题中除了信息主动公开，将在必要的决策过程中，使公众目睹整个过程，由公众直接监督也是一种重要的方法。我国宪法规定，一切权力属于人民，决策者行使的决策权是公众委托其代理管理国家的一种职能，为了解决委托—代理中的信息不对称问题，需要通过监督来解决，第三方监督依然存在监督第三方的问题，因此有时采取委托人自己监督是一种很有效的解决方式。

除此之外，程序正义策略还包括规范决策时限，满足及时原则；规范意见回复，满足理性原则，等等。

(3) 公众参与组织机构设计策略

对于公众参与支持制度——组织机构而言，主要是权力过于集中，拟采取分权制衡的策略，将公众参与相关功能进行分解组合，形成“权力制约权力”的格局。

分权制衡理论是关于国家不同机关之间以及国家及其部门之间权力分配与制衡的理论，是资本主义国家“三权分立”制度的理论基础。分权制衡理论是分权学说和制衡学说的融合体。分权思想最早源自古希腊哲学家柏拉图及其学生亚里士多德的混合政体理论，亚里士多德提出了“政体三要素说”，即议事机能、行政机能和审判机能[①]。制衡思想最早可追溯到古罗马历史学家波利比阿的权力制衡思想。他首次提出了国家三机关之间相互制约的思想。他指出，当权力机关的某一部分企图取得优越地位，并暴露出过分揽权的倾向时，就应该受到抗拒和抵制，不能允许任何权力凌驾于其他权力之上[②]。当然，真正对资本主义制度起到奠基作用的当属资产阶级思想启蒙者英国哲学家洛克和法国思想家孟德斯鸠的分权制衡理论。不管是分权制衡理论启蒙者洛克，还是真正集大成者孟德斯鸠，都把权力分立和相互制约与制衡奉为遏制公权被滥用的典范。孟德斯鸠认为，“当立法权和行政权集中在同一个人或同一机关之手，自由便不复存在了”“如果司法权不同立法权和行政权分立，自由也就不存在了”“一切有权力的人都容易滥用权力”，因此“要防止滥用权力，就必须以权力约束权力”[③]。孟德斯鸠的理想王国就是一个实行立宪、分权和法治的王国。

分权制衡理论被习惯地冠以阶级特性而为我国很多学者所排斥。实际上，分权制衡理论主张的权力应相互牵制和相互约束的原则与马克思主义辩证法关于事物互相依存和互相制约的基本原理是一致的[④]。因此，剔除掉其阶级色彩，分权制衡理论是具有其合理的思想内核的。分权制衡旨在正确处理国家权力与公民个人的权利时将规则性的制度安排引入到政府机构的正常运作之中，型构出政府各权力机关互相配合、互相牵制的平衡宪政体制运行模式，明晰各权力主体的职责与权限，对权力行使界

---

① [古希腊]亚里士多德. 政治学[M]. 吴寿彭，译. 北京：商务印书馆，2009.

② 余莉霞. 西方分权制衡理论的发展历程探索[D]. 大连：辽宁师范大学，2008.

③ [法]孟德斯鸠. 论法的精神(上册)[M]. 张雁深，译. 北京：商务印书馆，1982.

④ 王银海，楚雪娇，张亚琼. 分权制衡机制与政府预算约束[J]. 宏观经济研究，2013(7)：11－17.

限进行准确定位，以防止国家权力的过于集中而被滥用，以此保障公民的私域。其实质只是在各国家机关之间有效地进行权力分配，是权力得到有效规制的国家权力的实现形式，而与国家的政体和国家的性质无关。

分权制衡理论一经提出，便获得了极大的发展和广泛的应用。随着时代的变迁，该理论的内容也得到了极大的丰富。不同的国家结合自身的情况，纷纷将分权制衡应用于自身的体制架构中。当代中国也吸取了分权制衡理论的合理内核，并结合国情赋予其新的内容。党的十七大报告指出：建立健全决策权、执行权、监督权既相互制约又相互协调的权力结构和运行机制。2009年，党的十七届四中全会通过的《中共中央关于加强和改进新形势下党的建设若干重大问题的决定》重申了这个重要问题。目前，城市规划公众参与运行的权力结构完全归属于行政部门，这是影响公众意见对决策结果产生实质影响的重要原因，因此城市规划公众参与运行必须实现一定的分权制衡。当然城市规划公众参与制度的组织和运行的分权制衡必须在国家整体政治体系框架内进行。在上层体系中，维护行政执行权和全国人大监督权的权力结构体系，对下层体系中公众参与制度运行进行分权制衡，将公众参与运行中的职能分离为执行权（组织权）、决策权（处理公众意见）及监督权（审查权）三部分，其中执行权依旧归属于全国行政部门。决策权及监督权归属于全国人大。监督权对决策和执行进行有效的制约，决策权、审查权对执行权进行有效的制约，从而使公众参与形成实质意义上的分权制衡，保障公众可以在一个相对公平的环境中进行参与。

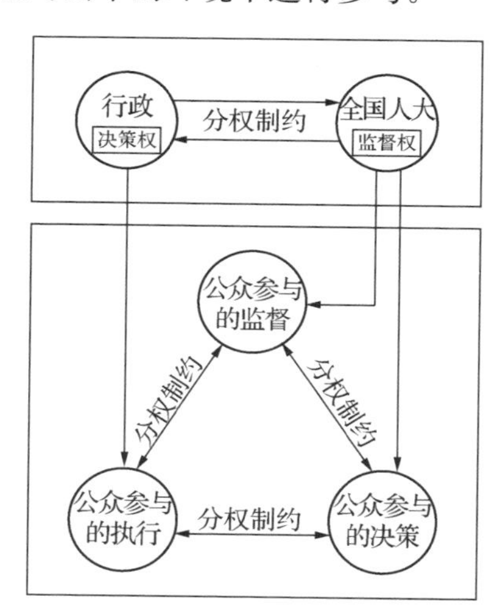

图3-3 适合中国环境特征的公众参与组织体系的分权制衡

(4) 公众参与保障制度设计策略

对公众参与保障制度——司法救济、资金、知识及技术而言，按照补缺的原则进行相应的补充，按照适应国情原则进行相应的设计，如补充程序救济制度，建立以国家行政拨款为主的资金保障制度,开发和建设新型信息技术平台。

3.4 本章小结

本章在程序正义理论和制度设计理论的相关研究基础上,搭建本研究的理论框架。首先,确定城乡规划公众参与制度程序正义的评价标准。通过法学界关于程序正义理论及标准的相关研究结合城乡规划运行过程的特征,确立了由程序正义的主体标准(核心标准)、程序正义的运行标准(核心标准)及程序正义的外围标准构成的程序正义评价标准指标体系。其次,确立公众参与制度分析的制度要素体系。根据公众参与制度结构的相关研究,本研究确立了由"基础性制度""核心性制度""支持性制度"和"保障性制度"构成的公众参与制度要素体系。最后,确立实现程序正义的公众参与制度优化设计的策略。研究拟对目前制度设计存在的缺陷,采取针对性设计策略,这些策略包含了信息传播技术、程序正义策略和分权制衡策略。

第4章　上海控规运行过程中公众参与制度的发展概况

在我国，地方层面的立法要受中央层面的立法的影响和制约，上海市城市规划公众参与制度也不可避免地受国家层面城市规划公众参与制度的影响。为了更好地理解上海控规运行过程中公众参与的制度规定，本部分运用比较和历史分析的方法，对国家和上海层面的城市规划中公众参与制度的演变和内容进行梳理，并对近期上海控规运行过程中公众参与制度的执行情况做总结分析，以期更好地对我国城市规划公众参与制度发展情况进行解读，为下一步公众参与制度分析奠定基础。

4.1　上海控规运行过程中公众参与制度的演变过程

4.1.1　国家层面城市规划公众参与制度的演进

城市规划公众参与理论自 20 世纪 80 年代由香港大学的郭彦宏教授传入我国，经过近三十年的理论探索和实践经验的发展，终于在 2008 年建立起了正式的制度①。具体发展过程如下：

4.1.1.1　第一阶段：(1978—1990)公众参与城市规划制度化的空白期

改革开放前，我国是以计划经济为主的社会主义国家，政府主导一切社会建设，土地按计划无偿使用，新中国成立初期还比较重视城市规划的作用，但是在“文化大革命”期间却被取缔。1978 年后我国进行改革开放，从计划经济向市场经济转变，土地逐步实行有偿制，住房也开始商品化，城市规划的编制审批工作在全国普遍展开。这一时期也可称为计划经济向市场经济的过渡期，城市建设仍然以行政指令为主，城市规划立法还未确立，规划编制仍然只是政府和规划师的任务，不过一些地区开始尝试与公众进行规划设计互动。

1988 年 8 月 28 日海口总体规划在《海南日报》刊登，这是中国城市规划公开化的先例。海南人民政府为该规划的总说明书提要题写了“增加透明度，促进城市总体规划决策民主化、科学化”的前言，可惜复杂专业的图纸内容让公众很难理解。广西柳州

① 郭彦弘. 从花园城市到社区发展——现代城市规划的趋势[J]. 城市规划，1981(2)：93 - 101.

市鱼峰路、屏山路立交桥，五一路、龙城路地下通道和柳江桥轻便桥三个工程的初步设计刊登在《柳州日报》后，不到一个月收到 60 个市民的 100 多项建议。四川《自贡市总体规划(1988—2020)》采用抽样问卷调查法，调查了 1 190 名市民，通过处理分析得出市民对未来城市建设的基本看法①。上海在南市区蓬莱路 303 弄的改建中积极开展居民参与活动，深入到每户家庭，开展面对面的征询，召开多种形式的座谈会，征求居民意见，并结合居民意愿，进行综合分析研究，确定改建规模和改造方法，从确定方案到住房分配的各个环节都注意听取居民的意见。积极鼓励居民参与到技术改造的整个过程中来②。太原"五一"广场改造规划，在前期调研阶段对市民进行书面答卷式调查，口头访问，并召开不同形式的座谈会，共获得 166 份问卷及 44 份认知图。规划师依据公众的意见和要求进行方案设计取得好评③。

这些实践的开展的初衷是基于芒福德的理念，但是构成了我国城市规划公众参与的基础。

4.1.1.2　第二阶段：(1990—2005)公众参与城市规划制度化的摸索期

1990 年，我国颁布了第一部《城市规划法》，它不仅解决了市场经济中的建设问题，而且第一次涉及公众在城市规划中起到的作用。其中，第二十八条规定："城市规划经批准后，城市人民政府应当公布。" 第十条规定："任何单位和个人都有遵守城市规划的义务，并有权对违反城市规划的行为进行检举和控告。"此时正值市场经济及案例的初期，城市建设如火如荼，规划管理的问题是如何约束市场外部性行为，政府希望公众能起到监督的作用。正如建设部在宣传《城市规划法》的通知中所述："城市规划经批准后，城市人民政府应采取适当的方式，将城市规划的有关内容予以公布。城市规划的公布，有利于一切单位和个人履行遵守城市规划的义务，监督城市规划的实施。"④

在这个理念的指导下，很长一段时期，城市规划公众参与实践鲜有进展。虽然 1991 年吴缚龙的一篇文章首次提出城市规划要调动公众参与，解决利益表达和协商问题，但是并未受到重视⑤。从 1990—1997 年，城市规划公众参与的实践依旧限于规划展示、问卷调查和专家参与。

1998 年前后掀起了一场对规划法修改的讨论，其中谈到资源的分配要合理公正，需要公众参与和民主监督⑥。参与与监督的概念正式分开，即公众在城市规划中的作

---

① 刘奇志. 城市规划公众参与[D]. 上海：同济大学，1990.

② 斯范. 改造旧住宅的一个探索——介绍上海市蓬莱路 303 弄旧里改造试点工程[J]. 住宅科技，1983(6)：12-15.

③ 周广荣，肖跃林，董炽义，等. 太原市"五一"广场规划[J]. 城市规划，1987(4)：15-16.

④ 俞正声. 认真贯彻实施《城市规划法》全面推进城市规划的法制化建设[J]. 城乡建设，2000(5)：4-5.

⑤ 吴缚龙. 利益过程：城市规划的社会过程[J]. 城市规划，1991(3)：59-61.

⑥ 参考文章有：王富海.《城市规划法》的修改应以市场经济下城市与规划发展的特征和趋势为基础[J]. 城市规划，1998(3)：21；宏文. 应体现资源配置的公正、公平和公开原则[J]. 城市规划，1998(5)：35；刘卫明. 协调城市建设中的各方利益维护城市的公共和长远利益[J]. 城市规划，1998(5)：35；峦峰. 关于我国《城市规划法》修改的几点建议[J]. 城市规划，1999(9)：25-29.

用不仅只有监督。对公众参与认识的转变也促进了制度建设。随着我国市场经济体制的逐步建立、市场化改革的深入以及普通民众维权意识的不断加强，计划经济体制下政府对城市建设的全额投资和控制不复存在，代之以多元化的投资主体局面，各种利益主体也越来越要求在决策中有更大的“话语权”。针对城市规划决策普遍面临的编制、审议、决策、实施方面实际存在的“四合一”现象，绝大多数学者认为这四大功能应该形成一个网络关系，而不是线性关系，并将决策制度网络化的形成寄希望于城市规划委员会制度的建立。1998年，深圳市在学习香港的基础上通过立法的手段，创新性地在国内首创城市规划委员会制度。1998年《深圳市城市规划条例》确立了以法定图则为核心的规划编制体系，并通过地方立法正式确立了深圳城市规划委员会的法定地位。该条例规定：法定图则的制定权和修改权属于规划委员会，该委员会由政府官员和民间人士共同组成，民间人士占有法定多数。法定图则制定过程中，必须公开征询和回复社会公众意见，社会公众有权获取批准后的法定图则，有权对法定图则的实施进行监督。深圳的城市规划委员会具有审议、审批和监督规划的权力，是目前我国公众参与城市规划的最主要的组织形式①。深圳市城市规划委员会的相关制度在全国起到了很好的带头和示范作用，此后国内其他地方，比如上海、厦门、北海等地，也相继成立了城市规划委员会。通过城市规划委员会，公众可以充分发挥自己的“权利参与”，不过这些城市规划委员会仍存在很多问题，如公众比例较少或缺乏，权利较小，还没有实现社会公众对规划的真正参与。

1999年、2000年重庆与青岛先后出台了公众参与城市规划管理试行办法，规定：规划方案，如城市总体规划、分区规划、专业规划及重点地段的城市设计和详细规划都必须征询公众意见，重要建设项目的设计方案，如大型或重要公共建筑、大型城市广场、公共绿地、城市雕塑，以及组团级以上住宅建筑群等，也要向市民征集意见；市规划局向社会公示各阶段的规划编制及城市设计和大型公共建筑方案后，召开人大代表、政协委员和市民代表参加的座谈会，其中市民代表不少于座谈会总人数的30%，按基本建设程序上报审查或审批时，要附上公示意见书。青岛还规定：聘请市民为城市规划监督员，对城市规划的实施进行监督；市规划局设立城市规划管理通告栏，及时公告已批准的各类城市规划，公布已批准的重要建设项目和违法建设案件的查处结果，同时根据需要，通过新闻媒体向社会公布。② 2001年深圳龙岗区在8个镇的23个村试运行“顾问规划师制度”，取得了预期效果，后来逐步推广到龙岗区90个行政村，这一制度引起了国内理论界及各地方政府的广泛关注③。

制度建设进步的同时，也出现了一些有别于以往公众参与城市规划的实践。如

---

① 陈越峰．我国城市规划正当性证成机制：合作决策与权力分享——以深圳市城市规划委员会为对象的分析[J]．行政法论丛，2009，12(1)：380-405.

② 田力男．公众参与的探索——青岛市总体规划宣传引发的思考[J]．城市规划，2000(1)：50-51.

③ 冯现学．对公众参与制度化的探索——深圳市龙岗区“顾问规划师制度”的构建[J]．城市规划，2003(2)：68-71.

1999 年临沂市的广场规划设计邀请 7 家设计单位设计出 7 个方案，由市民投票决策最终方案①。2000 年厦门市集美学村保护规划邀请 12 名市民全程参与，包括前期咨询、编制讨论、规划评审，监督实施②。

此时正是我国城市化的快速发展期，管理机制的欠缺，使得在市场经济发展期出现了很多投机问题，如开发商一期售楼时宣传，住宅小区旁要建绿地，结果到二期的时候这里变成了车库、垃圾箱……为了制止这种擅自变更规划的违法现象，最好的办法就是把所有规划都曝于"阳光"之下，让居民知情，让居民和政府部门直接"对话"。为此，江苏省建设厅在 2003 年就开始在全省 13 个省辖市试行城市规划公示制度。公示制的核心，是把规划亮在"太阳"底下，接受社会的监督，让规划利益人能依法阻止各种随意更改规划的违法行为。除了政府有关部门需要接受监督外，公示制监督的也是开发商等建设单位；群众则可以从中获得知情权、发言权，以便维护自己的合法权益。从编制过程看，《江苏省城市规划公示制度(试行)》与青岛的内容并无太大差别，但是增加了实施过程中的公示内容：居住建筑周边的建设项目，历史街区、文保单位建设控制地带内的建设项目，风景名胜区内的建设项目，以及规划许可内容变更，都要进行不少于七日的公示。所有新建、扩建和改建的建设项目的审批结果都应公布，公布时间到建设项目规划竣工验收合格后截止。

一时间公示成为各个城市进行公众参与城市规划的主要尝试，同年《北京市城市规划公示管理暂行办法》也正式颁布。2004 年中山市颁布了《中山市城市规划公开规定》；2004 年上海市颁布了城市规划公开暂行规定；2006 年，湖南省试行城市规划公示制度，鹤壁市还颁布了城市规划公示制度的实施办法。2005 年 3 月 1 日施行的《广东省城市控制性详细规划管理条例(试行)》在法律上体现了公众参与城市规划。

4.1.1.3 第三阶段：(2006 年至今)公众参与城市规划制度的正式建立与初步发展

2006 年 2 月国家环保总局颁布了《环境影响评价公众参与暂行办法》，这是我国第一次将公众参与制度化，虽然是环境评价领域，但是包含了大型城市规划及其他建设项目，因此它促进了城市规划领域公众参与制度的进行。同年 4 月，新的《城市规划编制办法》规定："编制城市规划，应当坚持政府组织、专家领衔、部门合作、公众参与、科学决策的原则。"这是城市规划领域中第一次出现公众参与制度规定。其中，第十六条规定："在城市总体规划报送审批前……充分征求社会公众的意见。在城市详细规划的编制中，应当采取公示、征询等方式，充分听取规划涉及的单位、公众的意见。对有关意见采纳结果应当公布。"第十七条规定："城市详细规划调整方案，应当向社会公开，听取有关单位和公众的意见，并将有关意见的采纳结果公示。"对总规和控规编制过程中的公众参与进行了规定。2008 年 1 月《城乡规划法》确立了公众参与的法律地位，提出了规划公开的原则，确立了公众的知情权为基本权利，明确了公众表达意见的

---

① 姜良安，王甫亚. 临沂市：广场怎么建 市民说了算[J]. 城市规划通讯，1999(24)：11.

② 陈榕生. 厦门市集美学村 12 位居民当上"编外"规划师[J]. 城市规划通讯，2000(24)：12.

方法和途径，强调按公众意愿进行城市规划，对违反公众参与原则的行为追究法律责任。各地方政府以此为依据，纷纷在规划条例中强调了公众参与的内容和执行方式。例如，2011年9月1日《海口市城乡规划条例》正式实施，强调规划的公开透明，让公众更多参与规划。该条例规定，城乡规划报送审批前，组织编制机关应当依法将规划草案予以公告，并采取论证会、听证会或者其他方式征求专家和公众的意见，公告的时间不得少于30日。城乡规划经批准后30日内，组织编制机关应当依法在相关网站、主要新闻媒体进行公布。建设单位或者个人在建设工程放线之前，应当在项目建设现场醒目位置设工程公示牌。与此同时，城市规划公众参与实践也越来越多。如深圳、昆山、巢湖等城市总体规划都进行了公众参与活动①。尤其是深圳，公众参与已经深入人心，大到总规，小到社区改造规划都有不同深度的公众参与。2013年，住房和城乡建设部颁布了《关于城乡规划公开公示的规定》，进一步规范了规划公示的地点和方式，初步确定了违反公示内容的问责机制。可以说我国城乡规划公众参与制度建设正在健康地发展。

4.1.2　地方层面——上海城市规划公众参与制度的演进

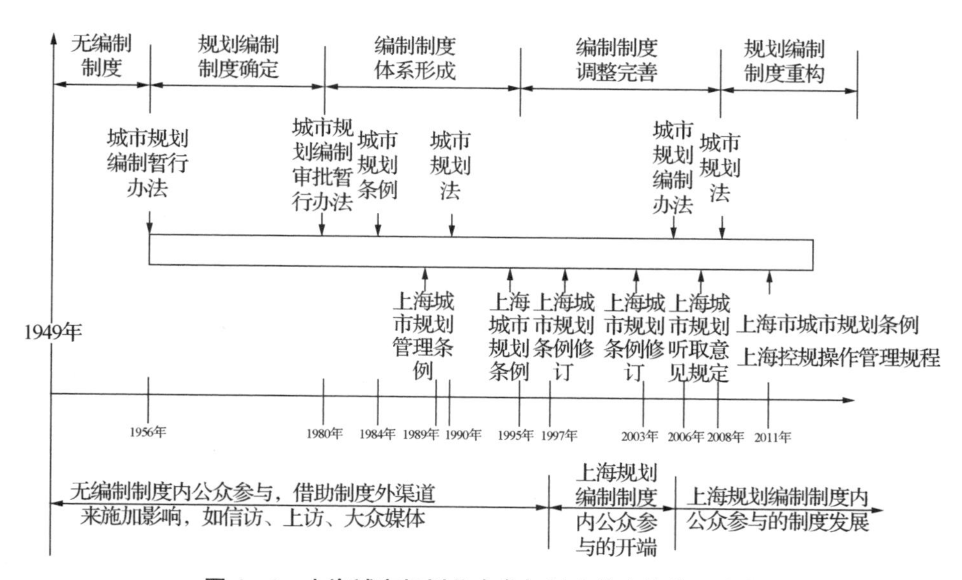

图4-1　上海城市规划公众参与制度的法律体系演进

① 参考文献包括：邹兵，范军，张永宾，等. 从咨询公众到共同决策——深圳市城市总体规划全过程公众参与的实践与启示[J]. 城市规划，2011，35(8)：91-96；莫文竞，段飞. 我国总体规划编制过程中的公众参与实践——以昆山市总体规划公众参与为例[C]// 转型与重构——2011中国城市规划年会论文集. 2011：3752-3760；马佳. 城市总体规划编制前期公众参与的实践与探索[D]. 杭州：浙江大学，2011.

新中国成立初期，百废待兴，城市规划在城市建设中开始发挥作用，基于群众路线的需要，上海的市民也有机会参与城市建设，这时期较为突出的是工人新村建设和上海石油化工总厂的规划建设。但是这种参与比较随机，多是根据政府需要，没有相关制度约束。

改革开放后，上海成为我国建设东部沿江、沿海开放地带的“排头兵”，经济技术开发区建设、浦东大开发将上海推向了金融、贸易的中心地位，也将上海带向了城市建设问题和社会问题复杂和多变的局面，上海政府的积极应对使其在我国城市规划以及公众参与制度建设中走在了前列。

20 世纪 80 年代初期一批开发区相继成立，为了应对外资投资建设，规范土地利用，政府借鉴了国外先进经验编制开发区的规划，《虹桥开发区规划》成为我国早期控制性详细规划编制的典范。90 年代浦东新区大开发，大量外资的投入，将城市建设推向了一个新的高潮。为了应对这种形势，上海先后出台了《上海市城市建设规划管理条例》(1989)和《上海市城市规划条例》(1995)来规范建设项目审批和管理，确立了城市规划的法定地位以及政府编制城市规划、管理城市建设的绝对权威。然而，在“以经济效益为中心”的价值理念下，城市规划显得有些急功近利，90 年代上海进行大规模的旧城改造，过程中出现了很多矛盾冲突，使得政府不得不思考和应对这些问题。1997 版的《上海市城市规划条例》第二十一条规定：“制定城市规划，应当有组织地听取专家、市民和相关方面的意见。”至此上海迈出了城市规划公众参与的制度建设的第一步。

1998 年 10 月至 1999 年 1 月，上海市长宁区城市规划管理局举行了“公众参与”城市规划编制过程的试点工作，此次试点设立了专门的组织机构：规划决策小组(由长宁区技术委员会组成，共 7 人)、规划联络小组(由规划科和设计所工作人员组成，共 5 人)和公众代表小组(由街道、居委会、人民代表、居民组成，共 14 人)。其主要过程分三个阶段：一是策划宣传阶段。将待开发地块的现实及规划情况(包括现状用地性质，现状建筑状况，现有设施数量、质量，规划拟开发用途，拟配套设施类型、数量，其他相关参数等)以图表、文字方式加以说明，制成意见征询表，发放给公众代表，公众代表在广泛征求群众意见的基础上，填写征询表。经过汇总、归纳，形成意见，作为下一步规划设计的一个依据。二是初步方案设计、征询阶段。从 1998 年 12 月下旬至 1999 年 1 月上旬，将规划方案征询材料(包括规划说明、规划方案总平面图、三种住宅选型平面图及规划方案征询表四部分)发至公众代表手中，进行方案征询。共发放征询表 14 份，回收 13 份。经过汇总，公众对规划方案的总体布局及住宅平面布局基本认同，提出的意见及不足之处主要为住宅户面积等需要稍作调整。三是方案修改、再征询阶段。1 月中下旬，根据多数公众的意见修改方案，并将成果报请规划决策小组审定及公众代表小组认可①。长宁区的实践对于公众参与城市规划的发展作出了有意义的探索，可惜的是并没有推广开来。

21世纪初期，我国进入了经济发展的高峰期，城市建设速度发展很快，规划往往赶不上变化，规划修改和变更比较随意，规划的合法性遭到质疑，尤其在规划实施阶段社会矛盾突出。为了缓和城市开发中产生的社会矛盾，2002年上海市规划和国土资源管理局发布的《上海市建设项目规划设计方案公开暂行规定》，首次在建设项目的管理阶段明确了公众参与的具体内容，包含了项目公开的条件、项目公开的图纸内容，还规定："市和区县城市规划管理部门应当在建设项目规划设计方案核定的最后阶段前，根据建设项目的具体情况，可以采取会议或书面征询意见等方式进行公开征询意见。"另外，其还规定了公众意见反馈时间和形式，这对推进上海城市规划公众参与制度化的建设具有深刻的意义。为了进一步规范建设项目公开的行为，同年还颁布了《上海市建设工程总平面示意图公开暂行规定》，对公开图纸的内容、规格、地点都作了详细规定。

2002年，市规划局针对规划编制和管理过程中的问题组织专门小组进行调查和研究，这一研究成果奠定了2003版《上海市城市规划条例》有关公众参与内容的基础。该研究认为中国即将加入世界贸易组织，城市规划的法制化要求得到提高，法制化的规划要求公开、透明，要积极推行政务公开制度，其中尤以公开城市规划最为关键。法制化的规划需要通过制度化的程序保障，借鉴深圳法定图则编制过程中公众参与的内容，上海城市规划要引入"公众参与"的机制。

2003年上海再次修定《上海市城市规划条例》，明确了规划编制阶段公众参与的内容："制定城市规划，应当听取公众的意见。控制性详细规划草案报送审批前，组织编制机关应当向社会公布该草案，可以采取座谈会、论证会、听证会以及其他形式听取公众的意见。"这一内容提供了相关利益人在规划审批前的发言权，具备一定的"市民参与阶梯理论"中"征询意见"的形式。

2004年，《上海市政府信息公开规定》的实行，标志着公众对于政府信息的知情权有了制度保障。在此基础上，同年出台了《上海市城市规划管理信息公开暂行规定》，对市和区县规划管理部门有关规划管理方面的信息公开作了规定，要求经批准的规划以及建设项目的规划许可文件对公众公开。公开的形式包括：政府公报或者其他报纸、杂志；政府新闻发布会以及广播、电视等公共媒体；城市规划展示馆；政府机关主要办公地点等地设立的政府信息公告栏、电子屏幕等场所或者设施。虽然这种公开形式仍处于"提供信息"阶段，但从该规定出台后，公众对于城市规划尤其是规划编制的参与热情有了明显的提高，主动申请的内容以详细规划及项目规划为主。据统计，2004

① 邹丽东."公众参与"城市规划编制过程探索——以上海长宁区为例[J].规划师，2000，16(5)：70-72.

年度上海市规划管理部门共受理规划类信息公开申请、咨询 2 690 件，占规划计划类信息的 80%以上，2005 年度上海市市级机关中依申请公开政府信息，受理申请量位列第一位的就是市规划局。2006 年度上海市依申请公开的政府信息和各类咨询内容中位居前列的就是城市规划、建筑项目用地规划等方面问题。这些都从侧面说明了响应公众要求，建构适当的规划内公众参与制度，实现公众参与已十分紧迫。

2005—2006 年期间，上海市开始小规模地进行控规编制公众参与的实践工作，2005 年闵行区龙柏社区被选择作为控制性详细规划公众参与的试点。该规划编制过程中，计划组织两次公众参与，分别为初期方案的形成阶段以及方案定稿之后。在初期方案形成阶段的公众参与，公众主要对规划编制人员的规划方案进行评议，在方案定稿后的公众参与，主要是对前次公众所提意见及建议的反馈。此次公众参与信息发布的内容主要包括龙柏社区的规划目标、土地使用规划、公共设施规划以及交通和市政规划的相关文字与图纸。信息发布的手段主要有展板展示和分发宣传册两种。此次公众参与意见收集的手段包括填写调查表和召开公众代表座谈会。调查表在规划宣传展板展示处分发，并由居委会负责回收。在规划展示期间，召开公众代表座谈会，代表主要来自这几个方面，包括社区居民代表、居委会代表、人大代表、机关单位代表以及相关企业代表。会议由区规划局主持，首先由规划院对龙柏社区的控制性详细规划进行介绍，之后由公众代表对规划方案提问及评议，区规划局负责对会议进行记录。回收回来的公众意见调查表以及公众代表所提的意见与建议，将由区规划局进行整理，并敦促规划院根据其中具有建设性的建议对规划方案进行修改。规划方案定稿后，再次举行公众代表座谈会，将就公众意见的采纳情况向公众反馈①。

2006 年 1 月 1 日起实行的《上海市建设工程规划设计方案公示暂行规定》对建设项目管理阶段公示的内容、公示的形式、时限规定以及对反馈意见的处理设定了较详细要求，明确了公示的图纸，要求停车场(库)、绿化用地、交通出入口、公共厕所、垃圾房、泵房、变电房和调动站等公建、市政配套设施的布局落实到相应的位置，且指标明确，如建筑性质、建筑面积、建筑高度、层数等。因此该规定能为大多数人看懂，对利害关系人而言，也是他们最积极的公众参与时期，他们所提的意见等也是最切合自身实际需要的。

2006 年 4 月 1 日国家建设部颁布的《城市规划编制办法》对规划编制公众参与的环节进行了要求，同年 8 月 1 日上海正式实施《上海市制定控制性详细规划听取公众意见的规定(试行)》，对控制性详细规划过程中听取公众意见的活动作了较具体的规定。其中包括对组织编制部门和规划审批部门在听取公众意见的过程中的职责进行了界定；对规划草案的公布方式、展示时间也予以明确；收集公众意见的方式和意见的

① 李宪宏，程蓉. 控制性详细规划制定过程中的公众参与——以闵行区龙柏社区为例[J]. 上海城市规划，2006(1)：47-50.

反馈、处理均进行了要求；此外还规定了未进行公众参与的规划审批部门不予受理。然而，由于缺乏明确的操作指南和管理规定，制度实施效果并不理想。

2010年《上海市建设工程设计方案规划公示规定》对2005年的规定又进行了改进，增加了“预公示”内容，明确了收集意见的形式，将反馈意见时间延长至7日，处理时间也进行了规定。

2011年1月上海实施新的《上海市城市规划条例》，按照《城乡规划法》的规定对公众参与制度再次明确。在条例基础上，上海市城乡规划管理部门制定了《上海市控制性详细规划管理操作规程》将公众参与的内容与控规编制审批过程紧密结合在一起，通过控规文件归档要求对公众参与信息发布、信息反馈的格式作了详细规定，形成了一套较完善的工作机制，公众参与实践日益走向规范。

2014年，上海市规划和土地管理局对《上海市建设工程设计方案规划公示规定》又进行了修订。将再公示的时间由5日延长至7日，对公众意见处理时间进行了限定。

4.1.3　上海城市规划公众参与制度演进特征分析

由以上分析可知，上海城市规划公众参与制度在演进过程中共发生两次重大变化：一次是在2000年左右。20世纪90年代末期，市场经济刚走向深入发展的阶段，城市建设产生的社会矛盾日益暴露出来，尤其在规划实施阶段，公众反对拆迁和建设项目的情况越来越多，公众的维权意识日益高涨，要求了解规划的愿望也日益强烈。在这种情况下，上海进行了控规编制过程出现公众参与实践的初步尝试，并率先制定了建设项目公开制度。另一次是在《城乡规划法》颁布左右，控规运行过程公众参与制度正式确立。《城乡规划法》颁布后，上海市为了响应国家的号召，通过了《上海市城乡规划条例》，并通过《上海市控制性详细规划管理操作规程》将公众参与制度可操作化。可以说，上海的城市规划公众参与制度的演进受两种力量的影响：一是受到上海经济社会发展环境的影响，二是受国家法规制度的影响。在这两种力的作用下，上海的城市规划公众参与制度演进特征是依照国家法规框架下制度的适当迈进。

4.2　上海控规运行过程中公众参与制度的现状

4.2.1　上海控规运行过程与公众参与的时机

4.2.1.1　控规编制过程及公众参与时机

传统的控规编制（包括调整）主要作为一种技术手段，由规划管理部门协同专家，对控规编制（包括调整）的技术性和科学性进行论证。随着土地开发涉及利益主体日益多元化，以及国家层面的《城乡规划法》颁布，公众参与被引入控规编制（包括调整）过程，与原有的部门审查、专家讨论程序相结合，构成一类嵌入型的制度变迁，即将一个外来的新制度嵌入到传统的制度中。

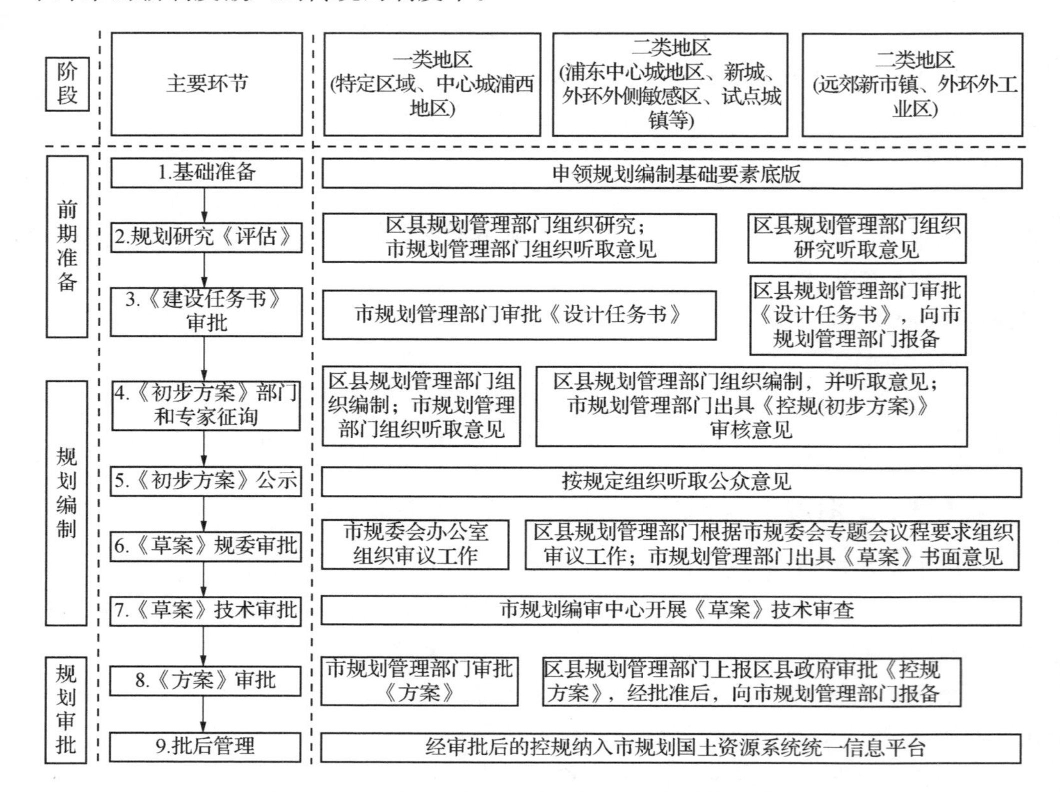

图 4－2　上海控规编制(包括调整)过程的基本程序

(资料来源:熊健.控制性详细规划全过程管理的探索与实践——谈上海控制性详细规划管理操作规程的制定[J].上海城市规划,2011(6):28－34.)

上海控规编制(包括调整)工作主要分为四个阶段:立项、评估、编制及审批。

第一阶段:控规立项。年底由各区县分局将第二年的控规编制计划向市规土局进行报批,通过后再由各区县规土局按编制计划实施。

第二阶段:控规评估。区县规土局根据区域发展编制或调整控制性详细规划,向市局申领规划编制基础要素底版,然后进行规划评估,听取区级各部门意见后交由市局会同专家审议。通过后,区县规土局向市规土局上报控制性详细规划调整申请。申请报告应说明拟调整的事项和原因。市局详规处在 15 个工作日内回复区县规土局。

第三阶段:控规编制。区县规土局会同编制单位,结合规划评估研究,通过城市设计及相关专项研究,编制方案初稿。初稿完成后首先开展规委专家咨询,听取区(县)级部门意见,完成后提交市规土局。市局详规处组织市级相关单位和局内各处室会审,收集各单位书面意见,各单位及部门应当反馈书面意见,并落章确认。涉及重要地区或重大问题,可组织召开规委专家咨询会,听取专家意见。控规初稿经详规处审查确认后进入听取公众意见阶段。区县规土局采用网上公示、现场公示、座谈会等多种方式进行项目公示，期间应组织人大代表、政协委员、街道、居民代表和相关企业代表召开听取意见会。重要地区和重大规划应于公示前 5 天，在主要媒体上发布公示预告。区县规土局会同编制单位在公示完成 5 个工作日内，收集公示反馈意见，负责整理完成《公众意见汇总和处理建议》，并在区县局网站和现场进行公告。公示结束后，区县规土局会同编制单位，根据《公众意见汇总和处理建议》，并按照成果规范，编制完成《控制性详细规划局部调整(草案)》，提交市规土局，进行规委会审议。规委会审核《公众意见汇总和处理建议》，并结合规委专家意见给予控规意见。最后由市技术审查中心统一完成技术和程序审核工作，报批市规划管理部门审批。

第四阶段：控规审批。由市规划管理部门和区县规划管理部门上报区县政府审批控规方案。经审批后的控规纳入市规划国土资源系统统一信息平台，向社会公布，并报人大备案。

与北京的控规公众参与程序放在所有技术审核完成后、政府审批前不同，上海的控规公众参与程序后还要进行规委会审核和技术编审中心审核。其目的是希望后两者对区县规土局公众参与程序的执行起到一定的监督作用，保证公众参与的有效性。

由以上分析可知上海控规编制(包括调整)公众参与的时机仅在控规方案被规委会审批前一阶段。

4.2.1.2　控规实施(行政许可)过程及公众参与时机

上海规划实施(行政许可)按照土地供应方式主要分为三大类型：一类是城市基础设施和公益事业、国家重点扶持的能源、交通、水利等基础设施，国家机关和军事部门等社会公益性项目的建设，这类项目属于由政府提供的社会公共产品，根据国家《中华人民共和国土地管理法》等法律法规，基本采用划拨用地方式供地。第二类是政府按规划提出建设条件，以出让、租赁国有土地使用权等方式供应土地，由企业等市场化主体投资实施的经营性项目的建设。第三类是自有土地项目，即建设单位利用原址进行改扩建的项目。这三种类型的规划实施(行政许可)过程细节不同，但是大致步骤相同，公众参与的时机也一样。

控规实施(行政许可)过程大概分为：

第一阶段，建设项目选址(以出让方式取得土地的无这一过程)。这一阶段是按规划实施建设的关键环节，任务是根据项目建设意向，初步确定拟建项目的用地位置和范围，核发建设项目选址意见书。选址一般按经批准的详细规划执行，并可遵循土地使用相容性的原则，在规划性质确定的用地上，设置性质相容的建设项目。一些对用地范围有特定要求的建设项目，如电力设施、轨道交通场站等，在规划编制阶段难以预见的，在项目实施阶段根据实际情况，结合专项规划予以调整。容积率、建筑密度、绿地率、建筑高度、建筑退让规划控制线距离、停车位、基地主要出入口等建设工程规划设计条件均在选址阶段基本核定。

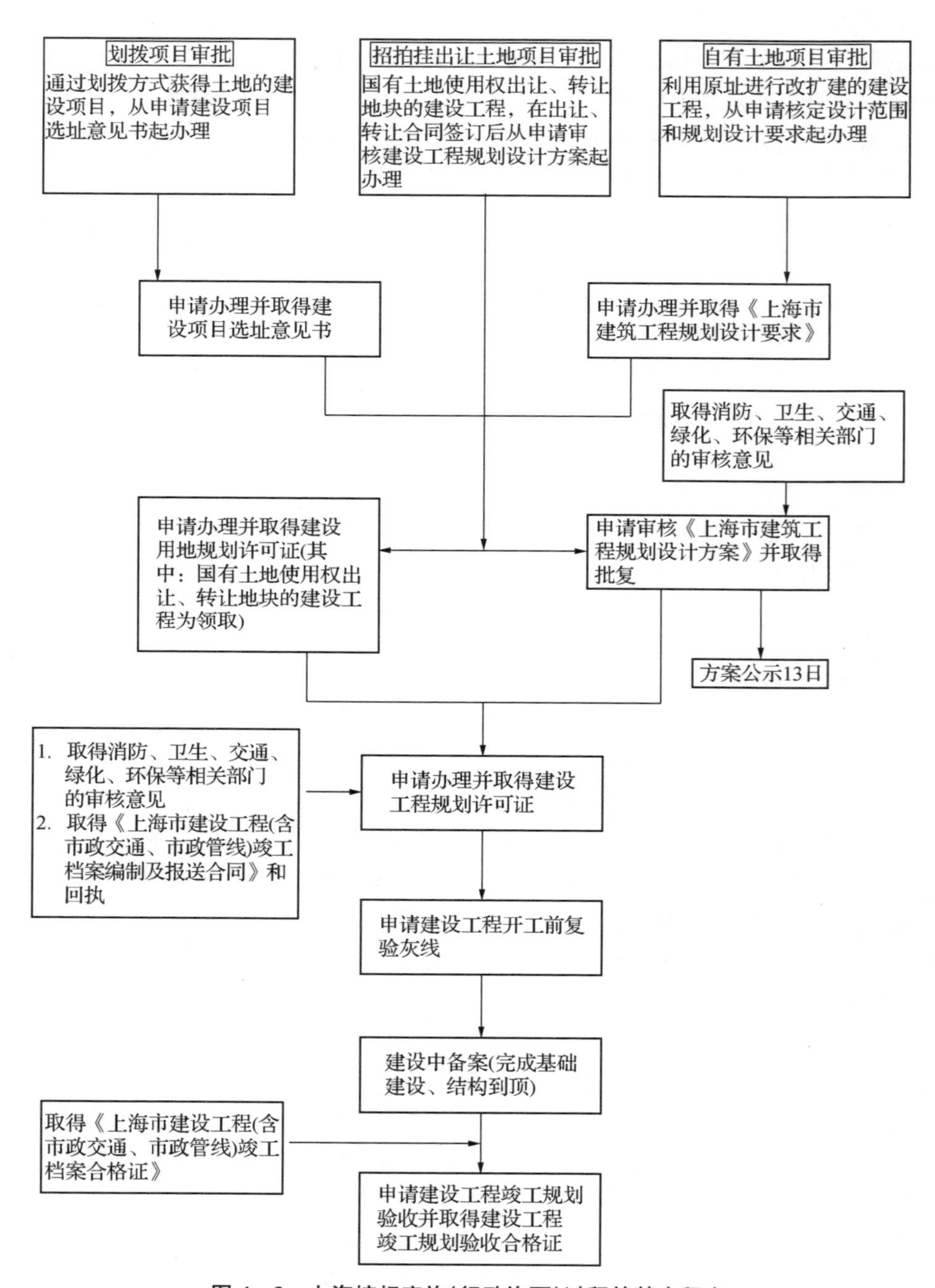

图 4-3　上海控规实施(行政许可)过程的基本程序

第二阶段，建设用地规划许可。这一阶段是根据批准的建设工程规划设计方案，或者签订的国有土地使用权出让合同，确定建设项目的规划用地位置、性质和范围，核发建设用地规划许可证。建设单位取得建设用地规划许可证后方可向房屋土地管理部门申请批准用地和拆迁许可。《城乡规划法》规定："在城市规划区内进行建设需要申请用地的，必须持国家批准建设项目的有关文件，向城市规划行政主管部门申请定点，由城乡规划行政主管部门核定其用地位置和界限，提供规划设计条件，核发建设用地规划许可证。"

第三阶段，审核建设工程规划设计方案。建设工程规划设计方案是规划条例明确的行政许可事项，审核主要依据选址阶段确定的规划设计条件和有关法规、技术规定进行。建设工程规划设计条件的核定依据详细规划进行。方案审核是建设工程规划管理的关键环节。规划管理部门在进行规划审核的同时，汇总各相关专业管理部门的意见，综合提出审核意见。

这一阶段包含了规划方案公示。2006 年 1 月 1 日开始实施的《上海市建设工程规划设计方案公示暂行规定》，要求城市规划管理部门在核发建设工程规划许可证前，将建设工程规划设计方案的相关内容向有关公众公开展示，并听取意见。

第四阶段，建设工程规划许可。按照城市规划和有关法规的要求，根据建设工程的具体情况，综合环境保护、卫生防疫、消防、绿化、交通、管线、民防等专业部门的管理要求，对拟建建筑物的性质、规模、位置、容积率、绿地率、密度、间距、高度、体形、体量、建筑平面、空间布局以及朝向、基地出入口、停车位、基底标高、建筑色彩和风格等内容进行审核，在各项要求符合规定的情况下核发规划许可证准予建设。

4.2.2　上海控规运行过程中公众参与制度的内容

4.2.2.1　国家层面控规运行过程中公众参与制度内容

(1) 制度的相关法规

国家制定了城市规划公众参与的相关法律规范，地方政府为了实现程序合法而需要组织公众参与。目前我国的与公众参与相关的法规有上位法、间接相关法规及直接相关法规。

表 4-1　涉及城市规划公众参与的上位法

上位法	涉及公众参与的内容
《中华人民共和国宪法》	从基本法角度确立了公众参与的合法性
《中华人民共和国物权法》	从保护私有财产权确立了公众参与的合法性
《中华人民共和国立法法》	确立了公众参与国家立法和行政立法的制度
《中华人民共和国行政许可法》	确立了行政相对人参与有关行政行为的制度

上位法有4部，其中《中华人民共和国宪法》规定“中华人民共和国的一切权力属于人民”“人民依照法律规定，通过各种途径和形式，管理国家事务，管理经济和文化事业，管理社会事务。”这是我国城市规划公众参与制度的政治基础。《中华人民共和国物权法》则从根本上确立了物权及其相关上下权益，为界定和保障私有权益和公共利益奠定了基础，为公众参与阐述清楚了利益相关事项。

《中华人民共和国立法法》确立了行政机关编制法规的公众参与要求，即行政法规在起草过程中，应当广泛听取有关机关、组织和公民的意见。听取意见可采取座谈会、论证会、听证会等多种形式。并且起草单位应当将草案及其说明、各方面对草案主要问题的不同意见和其他有关资料送国务院法制机构进行审查。最后，“违反法定程序制定的”法规可被撤销。《中华人民共和国行政许可法》(以下简称《行政许可法》)则从更为详细的角度奠定了公众参与基础。设定和实施行政许可，应当遵循公开、公平、公正的原则；符合法定条件的、标准的，申请人有依法取得行政许可的平等权利；公民、法人或者其他组织对行政机关实施行政许可，享有陈述权、申辩权；有权依法申请行政复议或者提起行政诉讼，其合法权益因行政机关违法实施行政许可受到损害的，有权依法要求赔偿；他们亦可向行政许可的设定机关和实施机关就行政许可的设定和实施提出意见和建议。行政机关对行政许可申请审查时，发现行政许可事项直接关系他人重大利益的，应当告知该利益关系人。申请人、利害关系人有权进行陈述和申辩。行政机关应当听取申请人、利害关系人的意见。行政许可直接涉及申请人与他人之间重大利益关系的，行政机关在作出行政许可决定前，应当告知申请人、利害关系人享有要求听证的权利；行政机关作出的准予行政许可决定，应当予以公开，公众有权查阅。《行政许可法》的内容仅确立了控规实施中公众参与的规定，对于规划编制过程公众参与规定缺乏约束。

间接法有2部，其中《中华人民共和国政府信息公开条例》保证了信息公开，授予了公众一定的知情权，为公众参与奠定了信息基础；国家环境保护总局日前公布的《环境影响评价公众参与暂行办法》则从环保方面开通了公众参与城市规划的另一扇通道，对于那些关乎环境问题的项目，公众维权需要这一法律的保障。

直接法从国家层面有3部。国家层面3部直接确定了城市规划公众参与制度形式，地方层面有5部对公众参与制度执行进行细化和深化。

表4-2 涉及城市规划公众参与的间接相关法

间接相关法	涉及公众参与的内容
《中华人民共和国政府信息公开条例》	保障了公民的知情权
《环境影响评价公众参与暂行办法》	详细规定公众参与环境影响评价的范围、程序、组织形式等内容

表4-3　涉及城市规划公众参与的直接相关法

	直接相关法	涉及公众参与的内容
国家级	《城乡规划法》	参与阶段、方式、期限
	《城市规划编制办法》	参与规划类型、参与方式
	《关于城乡规划公开公示的规定》	参与组织者、信息发布场所、方式及时间
省级	《城乡规划法实施办法》	参与阶段、方式、期限
	《城乡规划条例》	参与阶段、方式、期限
市级	《城乡规划条例》	参与阶段、方式、期限
	《城乡规划编制审批办法》	参与阶段、方式、期限
	《城市详细规划编制审批办法》	参与阶段、方式、期限

(2) 制度的具体内容

《城乡规划法》规定的控规运行公众参与制度较为原则化,控规编制(包括调整)过程仅规定了公示时间、采取的方式,控规实施(行政许可)过程仅规定了建设项目总图调整需要征求意见及补偿原则。2013年年底颁布的《关于城乡规划公开公示的规定》又对公众参与制度进行了详细的规定,明确了公示地点、方式及时间。值得说明的是,该规定还明确了公示制度的监督检查和责任,正式确立了公众参与问责机制。

表4-4　《城乡规划法》与《城市规划编制办法》中对控规编制中公众参与的制度规定

	控制性运行阶段公众参与制度内容
《城乡规划法》	城乡规划送审批前,组织编制机关应当依法将城乡规划草案予以公告,并采取论证会、听证会或者其他方式征求专家和公众的意见。公示的时间不少于三十日。组织编制机关应当充分考虑专家和公众的意见,并在报送审批的材料中附具意见采纳情况和理由。修改控制性详细规划的,组织编制机关应当对修改的必要性进行论证,征求规划地段内利害关系人的意见,并向原审批机关提出专题报告,经原审批机关同意后,方可编制修改方案。 经依法审定的修建性详细规划、建设工程设计方案的总平面图不得随意修改;确需修改的,城乡规划主管部门应当采取听证会等形式,听取利害关系人的意见;因修改给利害关系人合法权益造成损失的,应当依法给予补偿
《城市规划编制办法》	组织编制城市详细规划,应当充分听取政府有关部门的意见,保证有关专业规划的空间落实。 在城市详细规划的编制中,应当采取公示、征询等方式,充分听取规划涉及的单位、公众的意见。对有关意见采纳结果应当公布。 城市详细规划调整,应当取得规划批准机关的同意。规划调整方案,应当向社会公开,听取有关单位和公众的意见,并将有关意见的采纳结果公示

表 4－5　住建部《关于城乡规划公开公示的规定》

类型	公众参与制度的具体内容
城乡规划制定公示的规定	城乡规划公开公示可在项目现场、展示厅进行，也可采用政府网站、新闻媒体等发布，或采取听证会、论证会等方式，方便利害关系人知晓。每种方式均应当注明起讫时间、意见反馈途径和联系方式。城乡规划制定的批前公示和批后公布应当至少采用政府网站公示和展示厅公示，其中控制性详细规划在批准前还应当在所在地块的主要街道或公共场所进行公示。鼓励使用网络等新媒体多种方式进行城乡规划公开公示。 城乡规划报送审批前，公示的时间不得少于三十日；城乡规划及重大变更批准后二十日内应当向社会公告，运用政府网站和固定场所进行批后公布的，批后公布的时间不得少于三十日，在规划期内应当纳入政府信息公开渠道，向社会公开。
城乡规划实施公示的规定	建设项目许可、审批及其变更的公开公示应至少采用现场公示和政府网站公示。 经审定的建设工程设计方案的总平面图予以批前和批后公示，总平面的修改采取听证会等形式，听取利害关系人的意见。 当建设项目许可及其变更直接涉及申请人与他人之间重大利益关系时，城乡主管部门在作出许可决定前，应当听取利害关系人的意见，必要时可采取召开座谈会、听证会等方式，征询利害关系人的意见。 建设工程设计方案的总平面图及其变更批前公示时间应当不少于七日；批后公布时间自批后到建设项目规划核实合格后为止
城乡规划公开公示的监督检查和责任	上级人民政府及其城乡规划主管部门应当对下级人民政府及其城乡规划主管部门开展公开公示的情况进行监督检查和考核。各级地方人民政府及其城乡规划主管部门应当设立投诉信箱和投诉电话，受理有关投诉，及时纠正公开公示过程中的不当行为。 县级以上地方人民政府城乡规划主管部门及有权进行城乡规划公开公示的行政主管部门及其工作人员未按照法律规定进行城乡规划公开公示的，依据《城乡规划违法违纪处分办法》对有关责任人员给予相应处理

4.2.2.2　上海控规运行过程中公众参与制度的内容

(1) 制度的相关法规

上海市与公众参与相关的法规有间接相关法规及直接相关法规两类。其中间接法有 2 部，包括《上海市政府信息公开规定》及《上海市城市规划管理信息公开暂行规定》，这两部法规是上海规划行政管理部门公开规划信息的直接依据，对规划信息公开范围、保密措施、申请程序与方式等都作了详细规定。直接法有 4 部，包括《上海市城乡规划条例》、《上海市控制性详细规划管理操作规程》(2011)、《上海市制定控制性详细规划听取公众意见的规定》(2006)及《上海市建设工程设计方案规划公示规定》(2014)，它们是上海控规运行过程中公众参与制度的基石。

表 4-6　涉及控规运行过程中公众参与制度的相关法规

类型	名称	涉及控规公众参与的内容
间接相关法	《上海市政府信息公开规定》(2008)	保障了公民的知情权
	《上海市城市规划管理信息公开暂行规定》(2007)	详细规定公众参与环境影响评价的范围、程序、组织形式等内容
直接相关法	《上海市城乡规划条例》(2011)	参与阶段、方式、期限
	《上海市控制性详细规划管理操作规程》(2011)	不同类型控规的参与信息发布方式、场地、时限
	《上海市制定控制性详细规划听取公众意见的规定(试行)》(2006)	参与组织者，展示方式，内容、意见收集及处理，时限，意见回馈，指导与监督
	《上海市建设工程设计方案规划公示规定》(2010)	确立了公众参与的地位、期限、方式，建设项目公示的主要内容

(2) 制度的具体内容

① 上海控规编制(包括调整)过程中公众参与的制度内容

上海控规编制(包括调整)过程中的公众参与制度内容比国家层面的规定要更加详细，并且通过《上海市控制性详细规划管理操作规程》，以下简称《控规操作规程》与控规编制程序紧密结合在一起。其最大特点是对上海不同区域的不同控规制定类型确定了不同的公众参与内容，对于重点地区的控规编制项目，公众参与的制度规定最为详细，不仅按照《城乡规划法》确定的内容规定了公示的时间、地点及信息回馈的相关规定，还明确了在公示前 5 天在主要媒体上发布预公告，规定了必须邀请人大代表、政协委员、街道、居民代表和相关企业代表召开意见会，重大规划必须在规划馆展示等要求。对于实施深化类项目，则按一般要求组织公示，除了公众外的其他参与主体的参与也可视情况由规划行政管理部门自由裁量。

表 4-7　上海不同区县地区、控规不同制定类型间的公众参与基本原则

不同区域	不同类型	公众参与内容的基本规定
上海市特定区域、中心城浦西地区	控规编制	1. 市、区县规土局组织公示，公示时间不少于 30 天。重要地区和重大规划应于公示前 5 天，在主要媒体上发布公示预告。 (1) 市局详规处组织市局网站公示。 (2) 区县规土局组织区县局网站和区规划展示馆以及现场公示，期间应组织人大代表、政协委员、街道、居民代表和相关企业代表召开听取意见会，市局详规处和编审中心参与。 (3) 重要地区和重大规划，市局详规处组织市规划展示馆公示。 2. 区县规土局会同编制单位，在公示完成 5 个工作日内，收集公示反馈意见，负责整理完成《公众意见汇总和处理建议》，并在区县局网站和现场进行公告，公告时间不少于 5 天

续表

不同区域	不同类型	公众参与内容的基本规定
上海市特定区域、中心城浦西地区	控规附加图则的编制和普适图则的增补	1. 市、区县规土局组织公示，公示时间不少于30天。重要地区和重大规划应于公示前5天，在主要媒体上发布公示预告。 (1) 市局详规处组织市局网站公示。 (2) 区县规土局组织区县局网站和现场公示，期间应组织人大代表、政协委员、街道、居民代表和相关企业代表召开听取意见会，市局详规处和编审中心参与。 (3) 重要地区和重大规划，市局详规处组织市规划展示馆公示。 2. 区县规土局会同编制单位，在公示完成5个工作日内，收集公示反馈意见，负责整理完成《公众意见汇总和处理建议》，并在区县局网站和现场进行公告，公告时间不少于5天
	控规的局部调整	同上
	控规的实施深化（B类程序）	1. 区县规土局组织区县局网站和现场公示，公示时间不少于30天。期间，可视情况组织人大代表、政协委员、街道、居民代表和相关企业代表召开听取意见会，市局详规处和编审中心参与。 2. 区县规土局会同编制单位，在公示完成5个工作日内，收集公示反馈意见，负责整理完成《公众意见汇总和处理建议》，并在区县局网站和现场进行公告，公告时间不少于5天
上海市中心城浦东地区、新城、外环外侧敏感区、试点城镇等特色城镇	控规编制	1. 区县规土局组织区县局网站和区规划展示馆以及现场公示，公示时间不少于30天。重要地区和重大规划应于公示前5天，在主要媒体上发布公示预告。期间应组织人大代表、政协委员、街道、居民代表和相关企业代表召开听取意见会，市局详规处和编审中心参与。 2. 区县规土局会同编制单位，在公示完成5个工作日内，收集公示反馈意见，负责整理完成《公众意见汇总和处理建议》，并在区县局网站和现场进行公告，公告时间不少于5天
	控规附加图则的编制和普适图则的增补	1. 区县规土局组织区县局网站和现场公示，公示时间不少于30天。重要地区和重大规划应于公示前5天，在主要媒体上发布公示预告。期间应组织人大代表、政协委员、街道、居民代表和相关企业代表召开听取意见会，市局详规处和编审中心参与。 2. 区县规土局会同编制单位，在公示完成5个工作日内，收集公示反馈意见，负责整理完成《公众意见汇总和处理建议》，并在区县局网站和现场进行公告，公告时间不少于5天
	控规的局部调整	同上

续表

不同区域	不同类型	公众参与内容的基本规定
上海市远郊新市镇、外环外工业区	控规编制	1. 区县规土局组织区县局网站和区规划展示馆以及现场公示，公示时间不少于30天。重要地区和重大规划应于公示前5天，在主要媒体上发布公示预告。期间应组织人大代表、政协委员、街道、居民代表和相关企业代表召开听取意见会，市局详规处和编审中心参与。 2. 区县规土局会同编制单位，在公示完成5个工作日内，收集公示反馈意见，负责整理完成《公众意见汇总和处理建议》，并在区县局网站和现场进行公告，公告时间不少于5天
	控规附加图则的编制和普适图则的增补	同上
	控规的局部调整	同上

上述内容仅是按照《控规操作规程》的内容说明了上海不同区县地区、控规不同制定类型间的公众参与基本原则的差别，《上海市制定控制性详细规划听取公众意见的规定(试行)》(2006)还按照控规制定的不同阶段详细规定了公众参与的内容，包括规划草案展示方式、展示图纸内容、意见收集方式、参与时限、意见处理、意见公布、公众参与的指导和监督，并对每个步骤负责的组织机构也作了明确规定。值得说明的是，上海控规制定过程公众参与制度特别对座谈会的召开形式进行了初步规定，如"组织编制部门应当会同规划地区街道办事处(镇政府)召开座谈会，邀请规划地区居民、单位、人大代表、政协委员和相关人员参加，听取对规划草案的意见，参加座谈会的公众代表一般不少于十人。"

表4-8　上海控规编制(包括调整)公众参与内容的详细规定

阶段	参与程序	参与内容	负责机构
编制过程	展示方式	现场和政府网站展示规划草案。规划草案展示时，应当告知收集公众意见的方式、期限和有关事项	
	展示内容	规划图纸和文字说明，内容应当包括：(1) 规划范围；(2) 规划编制依据；(3) 地区发展目标；(4) 功能布局；(5) 主要规划控制指标	
	意见收集方式	可以采取发放、回收公众意见调查表、网上收集意见、召开座谈会、论证会或者其他的有效方式	
		座谈会：组织编制部门应当会同规划地区街道办事处(镇政府)召开座谈会，邀请规划地区居民、单位、人大代表、政协委员和相关人员参加，听取对规划草案的意见，参加座谈会的公众代表一般不少于十人。 组织编制部门还可以邀请政风行风监督员、规划督察员等参加座谈会。 论证会：组织编制部门还可以召开论证会，邀请相关专业(行业)部门、科研机构、有关专家学者或者其他公众代表参加，对规划编制过程中遇到的技术难题进行论证	

续表

阶段	参与程序	参与内容	负责机构
编制过程	参与时限	公示时间不少于 30 天，公告时间不少于 5 天	控规的组织编制部门
	意见处理	组织编制部门应当对收集到的公众意见进行归纳整理，提出采纳、部分采纳或不采纳的处理建议，纳入规划深化完善意见。 对符合法律法规规定、符合城市长远发展目标、有利于促进城市和谐健康发展的公众意见和建议，组织编制部门应当予以采纳	
	意见公布	组织编制部门应当在规划草案上报之前，将公众意见的研究处理结果，在政府网站或者通过原渠道公布。	
技术审查	指导和监督	城市总体规划和市人民政府审批的其他城乡规划在报送审批前，其草案和意见听取、采纳情况应当经市规划委员会审议。 编审中心对组织编制部门听取公众意见的情况进行审查。对制定控制性详细规划过程中未按本规定听取公众意见的，不予受理，出具退件单说明详由	规委会 市规划局编审中心
报批阶段	指导和监督	《审核签报表》内要说明公示和评议的情况(含公示方式、时间、反馈意见等情况，由区、市政府审核)	区、市政府

② 上海控规实施(行政许可)中公众参与制度的内容

从 2002—2014 年，经过 4 次法规修改，上海控规实施(行政许可)中公众参与制度的内容呈现今天的面貌。在上位规划对控规实施(行政许可)中公众参与制度内容并不十分明确的情况下，上海走出了不同的道路。它不仅详细地规定了方案公示产生的条件，还确定了方案的预公示制度，这延长了公众接受信息的时间；另外对公示主体、公示地点、公示内容、方式、展示牌的尺寸和制作都作了翔实的规定；最后还确定了公众参与处理的原则和主要矛盾解决办法。如此明确的规定对于参与主体的参与行为起到了很好的约束和激励作用，促进了参与的实施。

表 4-9　上海控规实施(行政许可)中公众参与制度内容

参与程序	参与内容
公示的含义	指规划土地管理部门在批准建设工程设计方案前，将建设工程设计方案的相关内容向公众公开展示、听取公众意见的活动
公示产生的条件	(一) 拟建工程与现居住建筑相邻的，对相邻居住环境可能产生影响的； (二) 规划土地管理部门认为涉及公共利益需要公示的。涉及国家安全、保密等有特殊规定的除外

续表

参与程序		参与内容
公示时间	预公告	提前三日在政府网站进行预公告。在政府网站上预公告信息应延至建设工程设计方案正式公示结束
	正式公示	公示期限不得少于十日。 反馈意见的截止期不得少于公示后的七日。 对反馈意见的处理时限不超过七日。 公示的时间、反馈意见及其处理时间均不计入法定审批工作期限
	调整方案	公示时间不得少于十日；反馈意见的截止期不得少于公示后的七日
公示地点		规划土地管理部门应当在建设基地现场主要出入口一侧或周边醒目位置和政府网站上同时公示建设工程设计方案
信息发布		政府网站，建设工程涉及以下情形之一的，除在政府网站进行预公告外，还应提前三日在主要报纸上预公告： （一）由政府组织实施的廉租房、经济适用房项目； （二）轨道交通车站； （三）市政公用设施； （四）公共服务设施； （五）建设工程位于历史文化风貌区的核心保护范围、建设控制范围内的，或者位于优秀历史建筑的保护范围、周边建设控制范围内的； （六）规划土地管理部门认为涉及公共利益需要在主要报纸上预公告的。 在主要报纸上预公告至少一次
公示内容		（一）建设单位、建设工程的名称； （二）建设项目的地址、建设用地范围、用地面积、规划用地性质、建筑工程性质； （三）建筑面积、容积率、建筑密度、绿地率等规划设计指标； （四）各单体建筑的主要高度、层数，建筑物退界、与界外相邻建筑的间距； （五）居住区方案还应在总平面图上反映停车场（库）、绿化用地、交通出入口、公共厕所、垃圾房、泵房、变电房和调压站等公共建筑、市政配套设施的布局。 建设工程设计方案现场公示的图纸（板）规格应不小于110厘米×80厘米；总平面图的比例应不小于1∶500。 建设工程设计方案的规划公示应当告知组织公示活动的单位名称、公示期限、反馈意见的截止期和途径等
收集公众意见的方式		规划土地管理部门收集意见，可以采取书面问卷、信函、电子信箱、录音电话或其他有效方式
意见反馈		（一）符合法律法规规定和强制性标准要求的，予以采纳； （二）有利于改进设计方案的合理化意见或建议，予以充分考虑； （三）无法采纳或难予采纳的，规划土地管理部门应予说明。 规划土地管理部门对于公众反馈意见的研究处理结果，可以按照第六条的规定公布，也可以委托建设工程所在地的街道办事处、乡镇人民政府组织召开会议公布。对于无法采纳或难于采纳的，规划土地管理部门应当向该意见反馈者书面告知说明
矛盾解决		规划土地管理部门应当与建设工程所在地的街道办事处或者乡镇人民政府共同做好宣传解释工作，建设单位应当积极配合做好群体矛盾的化解工作
公示主体		市规划和国土资源管理局负责指导和监督本市建设工程设计方案规划公示活动的组织与实施，同时负责本机关审批的建设工程设计方案的规划公示工作

4.3 上海控规公众参与制度实施概况

4.3.1 上海控规编制(包括调整)过程公众参与制度实施总体情况

4.3.1.1 制度执行情况

(1) 各区县的相似与差异

本研究的对象为2009—2013年之间所有已经审批通过的控规,很多项目的公示期并不在审批通过年份。经数据统计,从结果可以看出各区县在执行上海控规编制过程公众参与制度上存在一定的相似和差异。

首先,从发展过程来看,各区存在相似性。在《控规操作规程》出台前的2009—2010年,大部分区县采取的主要参与方式为网站,只有个别区采用了现场公示和座谈会。而在2011—2013年,大部分区县都采取了现场公示和座谈会,扩大参与群体的区也越来越多。可以说,上海市各区县在执行控规公众参与制度上呈良性发展的趋势,反映了《控规操作规程》在规范政府执行参与制度的行为方面起到了积极的作用。

其次,从各区县执行内容上看,差异性明显。第一,参与方式的采用存在差异。其中,徐汇、闸北、杨浦、普陀、黄浦、宝山、嘉定、青浦、奉贤、崇明按照制度基本要求进行控规编制过程公众参与;虹口、长宁两区在基本要求的基础上采用了座谈会和公众代表进行面对面的交流;金山、闵行、松江及浦东新区邀请人大代表和政协委员在座谈会上同各利益代表一起发表意见。其中,虹口、闵行、松江、浦东新区采取有条件地采用座谈会,即在网站公示的时段如果公众反映的意见较大,公示结束后组织召开座谈会;金山区在2009—2010年也是如此,但自2011年起至今一直将座谈会作为必须程序;而长宁自2009年起就已经将座谈会作为必须环节。在网站公示结束后,通过居委会,邀请包括街道、居民代表,企业代表在内的人员举行座谈会,会上进一步讲解规划调整原因和内容,听取公众意见。第二,参与代表的选择存在差异。按照基本要求进行网站和现场公示的徐汇、闸北、杨浦、普陀、黄浦、宝山、嘉定、青浦、奉贤、崇明各区县对参与公众无特别选择。闵行、浦东新区、金山及松江特别邀请了人大代表,政协委员,街道、居委、村及市民代表,企业代表参加区内组织的座谈会,听取意见,长宁区则主要通过居委会组织,邀请街道、企业代表及利益相关居民代表参加座谈会。第三,规划准备阶段评估方式存在差异。《控规操作规程》规定A类程序的控规编制及调整要在规划准备阶段组织控规评估。大多数区县采取规划编制技术人员的个人理由阐述的方式进行评估,少数区县的个别项目,如嘉定区(2012)有2个项目,浦东新区及金山各有1个项目,专门组织技术人员通过调查问卷的方式,召开部门座谈会的形式,听取相关意见,调查居民的规划需求及相关事项的满意度。

表 4-10　上海控规编制(包括调整)过程各区县执行公众参与的情况

序号	区县	时间（年）	编制前期评估参与	参与内容及表达方式				参与人包含人大代表、政协委员等
				网站公示	现场公示	公示说明	座谈会	
1	徐汇区	2013		●	●	●		
		2012		●	●	●		
		2011		●	●	●		
		2010		●		●		
		2009		●		●		
2	闸北区	2013		●	●	●		
		2012		●	●	●		
		2011		●	●	●		
		2010		●	●	●		
		2009		●		●		
3	虹口区	2013		●	●	●	○	
		2012		●	○	●	○	
		2011		●	○	●	○	
		2010		●	○	●	○	
		2009		●	○	●	○	
4	杨浦区	2013		●	●	●		
		2012		●	○	●		
		2011		●	○	●		
		2010		●	○	●		
		2009		●		●		
5	长宁区	2013		●	●	●	●	
		2012		●	●	●	●	
		2011		●	●	●	●	
		2010		●	●	●	●	
		2009		●	●	●	●	
6	静安区	2013		●	●	●		
		2012		●	●			

续表

序号	区县	时间（年）	编制前期评估参与	参与内容及表达方式				参与人包含人大代表、政协委员等
				网站公示	现场公示	公示说明	座谈会	
		2011		●				
		2010		●	○	●		
		2009		●		●		
7	普陀区	2013		●	●	●		
		2012		●	●	●		
		2011		●		●		
		2010		●		●		
		2009		●		●		
8	黄浦区	2013		●	●	●		
		2012		●	○	●		
		2011		●	○	●		
		2010		●	○	●		
		2009		●	○	●		
9	卢湾区	2013						
		2012						
		2011		●	○	●		
		2010		●	○	●		
		2009		●		●		
10	宝山区	2013		●	●	●		
		2012		●	○	●		
		2011		●	○	●		
		2010		●	○	●		
		2009		●	○	●		
11	闵行区	2013		●	●	●	○	○
		2012		●	●	●	○	○
		2011		●	●	●	○	○
		2010		●	○	●	○	

续表

序号	区县	时间（年）	编制前期评估参与	参与内容及表达方式				参与人包含人大代表、政协委员等
				网站公示	现场公示	公示说明	座谈会	
		2009		●	○	●	○	
12	松江区	2013		●	●	●	○	○
		2012		●	●	●	○	
		2011		●	○	●	○	
		2010		●		●	○	
		2009		●		●	○	
13	浦东新区	2013		●	●	●	○	○
		2012	○	●	●	●	○	○
		2011		●	●	●		
		2010		●	○	●		
		2009		●		●		
14	嘉定区	2013		●	●	●		
		2012	○	●	●	●		
		2011		●	○	●		
		2010		●	○	●		
		2009		●		●		
15	青浦区	2013		●	●	●		
		2012		●	●	●		
		2011		●	○	●		
		2010		●	○	●		
		2009		●		●		
16	奉贤区	2013		●	●	●		
		2012		●	○	●		
		2011		●	○	●		
		2010		●		●		
		2009		●		●		
17	金山区	2013		●	●	●	●	●

续表

序号	区县	时间（年）	编制前期评估参与	参与内容及表达方式				参与人包含人大代表、政协委员等
				网站公示	现场公示	公示说明	座谈会	
		2012	○	●	●	●	●	●
		2011		●	●	●	●	●
		2010		●	○	●	○	○
		2009		●	○	●	○	○
18	崇明县	2013		●	●	●		
		2012		●	●	●		
		2011		●	●	●		
		2010		●	●	●	○	
		2009		●	●	●		

注：●表示总是使用，○表示偶尔使用

（2）参与方式的使用情况

控规调整中的公众参与方式在很大程度上是城市规划管理部门根据项目涉及的利益群体以及可能引发冲突的风险程度主动选择的结果。首先，不同公众参与方式的行政成本不同。网上公示成本最低，现场公示次之，而听证会和座谈会所需的综合行政成本（包括资金和人力）最高。因此，绝大部分控规调整项目都先进行网上公示，根据公众反馈意见情况判断是否需要组织进一步的公众参与；现场公示需要支付相应的公证费用，在规划管理行政经费有限的情况下，规划管理工作人员会根据经验选择可能引起争议的项目（如修改已审定的修建性详细规划总平面、建城区内插建项目等）进行现场公示；对于引起广泛争议的项目，一般都需要经过座谈会深入了解利益群体的诉求，争取利益各相关方达成共识。

从2009—2013年，上海市共有772个控规编制（包括调整）项目，其中100%的项目进行了网上公示，513个项目进行了现场公示，48个项目举行了座谈会，694个项目进行了公示结果网上公示。可以看出，在控规编制（包括调整）过程中，公众参与的主要形式以网上公示为主，其次为现场公示，比例为66.45%，而举行座谈会形式的比例仅为6.22%。

表4-11　上海控规编制(包括调整)过程参与方式的使用情况

时间(年)	项目总数(个) 比例	参与方式			
		网上公示(次数)及比例	现场公示(次数)及比例	座谈会(次数)及比例	公示结果网上公示(次数)及比例
2009	102	102	21	4	82
	13.21%	100%	20.59%	3.92%	80.39%
2010	130	130	45	11	108
	16.84%	100%	34.62%	8.46%	83.08%
2011	142	142	92	9	127
	18.39%	100%	64.79%	6.34%	89.44%
2012	174	174	153	14	167
	22.54%	100%	87.93%	8.05%	95.98%
2013	224	224	202	10	210
	29.02%	100%	90.18%	4.46%	93.75%
总计	772	772	513	48	694
	100%	100%	66.45%	6.22%	89.90%

4.3.1.2　制度的效力

(1) 公众参与反馈意见总体情况

根据统计,从2009—2013年近5年来公众对参与控规的意见反馈结果看,公众提出意见的项目虽未占主导,但近几年上升趋势明显。“无意见”的项目占总数比例非常高,基本是前者的5～7倍,即便这其中很多项目中涉及公众的自身利益。对2012年和2013年这两年的控规编制案例进行分析,“无意见”的编制项目是125个,其中涉及公众切身利益的项目有73个,占58.40%。

公众对控规项目的意见按照态度可分为意见强烈和部分反对两种,根据统计,公众强烈反对的项目总数并不多。

表4-12　上海控规编制(包括调整)过程公众参与结果分类情况

时间(年)	项目总数(个)	有意见项目		无意见项目	
		数目(个)	比例	数目(个)	比例
2009	102	13	12.75%	89	87.25%
2010	130	24	18.46%	106	81.54%
2011	142	18	12.68%	124	87.32%
2012	174	24	13.79%	150	86.21%
2013	224	53	23.66%	171	76.34%
总数	772	132	17.10%	640	82.90%

表 4-13　上海控规编制(包括调整)过程公众有意见案例的分类情况

时间(年)	有意见的项目总数(个)	意见强烈		部分反对	
		数目(个)	比例	数目(个)	比例
2009	13	2	15.38%	11	84.62%
2010	24	4	16.67%	20	83.33%
2011	18	2	11.11%	16	88.89%
2012	24	1	4.17%	23	95.83%
2013	53	5	9.43%	48	90.57%
总数	132	14	10.60%	118	89.40%

(2) 公众意见对决策产生的影响

以 2013 年 53 个有意见项目的公众意见处理回馈单为研究对象，按照意见的性质和采纳情况将公众意见分为采纳意见、不采纳意见、问题咨询及非规划类意见三种。根据统计，2013 年 53 个有意见项目的公众意见条款共有 158 条，其中采纳意见条款为 31 条，占总数比例为 19.62%；不采纳意见条款为 69 条，占总数比例为 43.68%；问题咨询及非规划类意见条款为 58 条，占总数比例为 36.70%。其中采纳意见条款为“0”的项目数为 34 个，占总项目数的 64.15%。

按照公众意见的具体内容，可将其分为五大类，具体为建筑高度问题、用地性质调整、道路调整、市政设施问题及施工、光污染等环境问题。环境问题属于非规划类意见，规划行政部门均可以给予合理解释。其他四类意见的采纳率均较低。

表 4-14　上海控规编制(包括调整)过程公众的意见分类情况

	公众意见内容	项目数(个)	意见被采纳项目数(个)	比例
1	反对建筑高度增加	18	2	11.11%
2	功能类用地性质调整	15	2	13.33%
	要求拆迁类用地性质调整	5	2	40.00%
3	道路调整	12	5	41.67%
4	反对市政设施	4	0	0
5	环境问题	11	11	100%

4.3.1.3　*初步结论*

从制度的执行情况看，虽然在公众参与制度设立之初各区、县规土局仅简单地进行网上公示，制度执行的情况较弱，但是自从 2010 年《控规操作规程》出台，明确了参与的具体要求，并通过技术审查程序予以监督后，各区、县的执行情况明显提升，基本可以按照制度要求进行网上、现场公示，在公众矛盾突出时，会通过座谈会、协调会进一步听取公众意见。但是这种执行形式化痕迹明显，尤其是在现场公示中。首先，现场公示位置的选择比较凌乱、偏僻。从照片看，大量现场公示牌立在某单位门口、草丛中、政府机关内，不方便公众阅览。其次，公示内容太过专业化，公众很难理解。最后，现场公示时间不确定。大量照片显示公示牌是由工作人员手扶或依靠在某处墙角临时拍摄的。

从制度的效力来看，82.90%的项目参与结果“无意见”，17.10%“有意见”的项目中也有很多仅有少数意见，但是从各年的参与情况比较，近年来参与公众提意见的情况有增长趋势。因此可以说，目前的公众参与制度对公众参与起了一定的促进作用，但作用有限，并未带来公众参与城市规划编制实践的高潮。另外，公众的意见对规划决策产生的作用也很有限。公众的意见接近一半的比例不被考虑和接受，政府在组织编制规划时还是依据技术知识标准，缺乏基于公众价值标准的考虑。公众参与城乡规划的目的是为了实现程序正义，增进公众接受规划的程度，若公众大量的意见不被考虑和接受，仅仅靠解释性回复解决问题，那么必将影响公众参与的效能感，挫伤参与的积极性，导致参与进一步形式化。

4.3.2 上海控规实施(行政许可)过程公众参与制度实施总体情况

4.3.2.1 制度执行情况

(1) 各区县的相似与差异

本研究的对象为2013年上海市17个区县的建设项目许可阶段公示资料，经数据统计，从结果可以看出，各区县在进行建设项目许可阶段公众参与时均按照相关规定执行，遵循基本的信息发布方式、信息收集方式及处理方式，个别之处也存在一定的差异。

首先，各区县在规划内容的发布上存在细微差别。有的区县遵照基本规定发布规划总平面及包含的总建筑量、容积率、绿地率、建筑密度的基本建设指标，标注离周边利益相关建筑的距离。个别区如嘉定、杨浦还增加了简短的项目说明，按照建筑性质标注了更为详细的指标。其次，在信息收集方式上差异明显。有5个区要求公众仅采取书面或信函形式提交意见，2个区要求公众仅以邮件的形式表达意见，有3个区要求公众采取电话或邮件的形式提交意见，3个区要求公众以信函或邮件的形式表达意见，3个区县要求公众采取电话或信函的形式提交意见。收集单位主要以规划分局为主，徐汇、静安、金山3个区通过居委会及街道收集意见，闵行和徐汇还专门设置了意见箱。当公众对某些项目意见较大时，各区县有时会召开协调会进一步听取公众的意见。特别是闵行区，它是上海唯一正式使用听证会形式解决矛盾的区。最后，在结果回馈上，除了闸北、黄浦、浦东新区会将公众意见集中反馈在网站上，其他各区都是通过其他方式回馈或者不回馈。至于可以召开会议的方式，各区均未采用。

表 4－15　上海控规实施(行政许可)过程各区县执行公众参与的情况

区县	信息发布方式			信息收集方式				结果回馈	
	网站	现场	公示内容	常规方式	收集单位	协调会	听证会	网站	其他方式
徐汇区	●	●	基本指标、总平面	信函	居委会、意见箱	○			●
闸北区	●	●	总平面、基本指标	电话 邮件	规土分局	○		●	●
虹口区	●	●	说明、基本指标、总平面	邮件	规土分局	○			●
杨浦区	●	●	说明、详细指标、总平面	信函	规土分局	○			●
长宁区	●	●	详细指标、总平面	邮件 电话	规土分局	○			●
静安区	●	●	基本指标、总平面	信函	居委会	○			●
普陀区	●	●	详细指标、总平面	信函 邮件	规土分局	○			●
黄浦区	●	●	基本指标、总平面	邮件	规土分局	○		●	●
宝山区	●	●	详细指标、总平面	信函 邮件	规土分局	○			●
闵行区	●	●	详细指标、总平面	信函 电话	告示箱、规土分局	○	●		●
松江区	●	●	详细指标、总平面	信函 邮件	规土分局	○			●
浦东新区	●	●	基本指标、总平面	信函 邮件	规土分局	○		●	●
嘉定区	●	●	说明、详细指标、总平面	信函	规土分局	○			●
青浦区	●	●	基本指标、总平面、距离	信函 电话	规土分局	○			●
奉贤区	●	●	说明、详细指标、总平面	电话 邮件	规土分局	○			●
金山区	●	●	详细指标、总平面	信函	街道、规土分局	○			●
崇明县	●	●	详细指标、总平面	信函 电话	规土分局	○			●

注：●表示总是使用，○表示偶尔使用

(2) 参与方式的使用情况

与控规编制过程不同的是，控规实施(行政许可)过程中公众参与方式的使用种类较多，不够规范，如在公众意见回复过程中，规划行政主管部门可采用电话、信函、网络、现场及会议等多种形式。

从2013年上海5个行政区的公众参与实施(行政许可)307个建设项目看，在信息发布阶段，其中100%的项目进行了网上及现场公示；在意见收集阶段，10个项目举行了座谈会，13个项目公众进行了信访；在信息回馈阶段，29个项目进行了公众意见网上公示，22项目进行了公众意见现场公示，18个项目采取书面回复，12个项目采取召开会议方式公布意见处理结果，还有3个项目采取电话回复形式。可以看出，在控规实施(行政许可)过程中，信息发布以网上、现场公示为主；信息收集以信件、邮件为主，信访也较多；信息回馈以书面、网上、现场为主。

同控规编制过程一样，控规实施(行政许可)过程中的公众参与方式在很大程度上也是城市规划管理部门根据项目涉及的利益群体以及可能引发冲突的风险程度主动选择的结果。首先，不同公众参与方式的行政成本不同。网上公示成本最低，现场公示次之，而听证会和座谈会所需的综合行政成本(包括资金和人力)最高。因此，绝大部分建设项目都先进行网上公示，根据公众反馈意见情况判断是否需要组织进一步的公众参与；与编制过程情况不同的是，控规实施阶段现场公示执行情况较好，这是由于控规实施阶段现场公示要求很细，实施时间较早，行政人员已经适应。对于引起广泛争议的项目，一般都需要经过座谈会深入了解利益群体的诉求，争取利益各相关方达成共识，并且通过召开会议及书面形式答复公众意见，避免更多的冲突和矛盾。

表4-16　上海控规实施(行政许可)过程参与方式的使用情况

区县	项目总数(个)	参与方式											
		发布信息		收集信息					公布公众意见结果				
		网上	现场	座谈会	信件	邮件	电话	信访	书面	会议	网上	电话	现场
宝山区	81	81	81	2	6	6	6	3	6	4	0	0	0
		100%	100%	2.5%	7.4%	7.4%	7.4%	3.7%	7.4%	4.9%	0%	0%	0%
虹口区	11	11	11	0	1	1	3	2	3	0	0	3	0
		100%	100%	0%	9.1%	9.1%	27.2%	18.2%	27.2%	0%	0%	27.2%	0%
闸北区	22	22	22	3	3	1	3	2	3	3	22	0	22
		100%	100%	13.6%	13.6%	4.5%	13.6%	9.1%	13.6%	13.6%	100%	0%	100%
静安区	6	6	6	5	6	1	1	6	6	5	0	0	0
		100%	100%	83.3%	100%	16.7%	16.7%	100%	100%	83.3%	0%	0%	0%
浦东新区	187	187	187	0	7	7	1	0	0	0	7	0	0
		100%	100%	0%	3.7%	3.7%	0.5%	0%	0%	0%	3.7%	0%	0%
总计	307	307	307	10	23	16	14	13	18	12	29	3	22
		100%	100%	3.3%	7.5%	5.2%	4.6%	4.2%	5.9%	3.9%	9.4%	1.0%	7.2%

4.3.2.2 制度的效力

(1) 公众参与反馈意见总体情况

根据统计，从2013年上海5个区控规实施(行政许可)的意见反馈结果看，公众提出意见的项目未占主导，“无意见”的项目占总数比例非常高。但是从区域差异的角度看，中心城区的公众提出反对意见的项目比郊区的区县相对来讲要多，尤其是静安区，公众提出反对意见的项目比例达到100%。

研究按照提出反对意见人数(10人)为标准，将公众的态度分为反对意见强烈和部分反对两种。根据统计，公众强烈反对的项目较多，占有意见项目总数的92.6%。并且，很多项目在公示结束后，仍有人进行信访、复议及诉讼。这反映了控规实施过程中公众意见和矛盾的尖锐与复杂，需要重视这一阶段的公众参与。

表4-17 上海控规实施(行政许可)过程公众参与结果分类情况

区县	项目总数(个)	有意见项目		无意见项目	
		数目(个)	比例	数目(个)	比例
宝山区	81	6	7.4%	75	92.6%
虹口区	11	4	36.4%	7	63.6%
闸北区	22	4	18.2%	18	81.8%
静安区	6	6	100%	0	0%
浦东新区	187	7	3.7%	180	96.3%
总数	307	27	8.8%	280	91.2%

表4-18 上海控规实施(行政许可)过程公众的意见分类情况

区县	有意见的项目总数(个)	反对意见强烈		部分反对		许可后有信访/诉讼
		数目(个)	比例	数目(个)	比例	
宝山区	6	6	100%	0	0%	1
虹口区	4	4	100%	0	0%	0
闸北区	4	4	100%	0	0%	1
静安区	6	6	100%	0	0%	6
浦东新区	7	5	71.4%	2	28.6%	0
总数	27	25	92.6%	2	7.4%	8

(2) 公众意见对决策产生的影响

以2013年5个调查区的27个有意见项目的公众意见处理回馈单为研究对象，按照意见的性质和采纳情况将公众意见分为采纳意见、不采纳意见、问题咨询及非规划类意见三种。根据统计，2013年27个有意见项目的公众意见条款共有77条，其中规划类的建议53条，占总比例68.8%，问题咨询及非规划类意见条款为24条，占总数比例为31.2%。规划类意见中采纳意见条款为8条，占总数比例为15.1%；不采纳意见条款为35条,占总数比例为66.0%。对于非规划类意见,规划行政部门一般不给予解释,而是建议公众到相关部门进行了解。本研究认为这些意见已被采纳,因为如果这些问题不能解决,行政许可不会审批通过。

按照公众意见的具体内容看,可分为七大类,具体为通风采光问题、平面布局问题、选址调整问题、用地规模问题、外墙装饰问题、施工安全问题及环境问题。27个项目中,公众对通风采光及平面布局问题最为关注,其次为施工安全及环保问题。值得注意的是,公众还提出了规划依据的问题,这说明缺乏编制阶段的公众参与,势必将矛盾和压力带入实施阶段的公众参与。公众参与控规运行过程应该是一个连续的过程,并且前者是后者的基础。

表4-19 上海控规实施(行政许可)过程公众的意见分类情况

	类别	公众意见内容	项目数(个)	意见被采纳项目数(个)	比例
1	规划类意见	规划依据问题	4	4	100%
2		通风、采光问题(建筑高度问题)	15	3	20.0%
3		平面布局问题(包含建筑间距、邻避设施布置、交通组织、停车设施等)	32	15	46.9%
4		选址调整	5	0	0%
5		用地规模	1	0	0%
		总数	57	22	38.6%
6		外墙装饰(玻璃幕墙问题)	1	1	100%
7		施工安全问题	14	14	100%
8		环境问题	9	9	100%
		总数	24	24	100%

4.3.2.3 *初步结论*

从制度的执行情况看,各区县均能严格按照上海控规实施(行政许可)公众参与制度执行,从执行内容看,信息发布执行较好;信息收集存在问题,很多公众偏向于选择信访这种方式表达意见,在一定程度上表明信息交流的渠道不够畅通;信息回馈问题较大,较多区县没有组织网上和现场公众意见回复公示,使得信息的可达性效果较差,也不利于进行公众参与学习和教育。

从制度的效力来看,大多数的规划类意见未被采纳,这说明规划行政管理部门还是依据行政合法律性原则进行规划项目审批,对于公众是否认可规划并不作深入的思考。城乡规划建设工程项目与公众利益息息相关,征求公众的意见必须对其进行慎重的思考,并和公众一起协商解决,仅靠单方面的解释性回复不能满足公众的需求,有时还会挫伤其积极性，产生不必要的误解。

4.4 本章小结

本章主要对我国城市规划公众参与制度的发展状况进行研究。

首先，采取比较研究的方法对国家和上海层面的城市规划公众参与制度演进进行研究，得知上海的公众参与制度受本地经济社会特征的影响较多，发展模式呈现的特征为依照国家法规框架下的制度适当迈进。

其次，采取摘录法对国家和上海层面的公众参与制度内容及立法依据进行了一一解读。一是说明法律规范层面的现状规定，之后再从控规编制（包括调整）、控规实施（行政许可）过程的各个步骤中按照一定原则分别分析、论述公众参与制度的条款，力求使上海控规运行过程公众参与制度内容得到全面展示。

最后，本章重点研究了上海控规编制（包括调整）和控规实施（行政许可）过程公众参与制度实施情况。调查发展，从制度执行角度看，上海各个区县都严格执行控规运行过程中公众参与的制度规定，从程序合法律性视角而言满足实质正义的规划合法律性原则，但是公众参与方式的使用方面在很大程度上是城市规划管理部门根据项目涉及的利益群体以及可能引发冲突的风险程度主动选择的结果。从制度执行的效力来看，上海控规运行过程中的大量案例中公众无意见的情况较多，而且公众意见也难以对规划决策产生实质性影响。

第5章　基于程序正义视角的上海控规编制(包括调整)过程中公众参与制度设计分析

5.1　控规编制过程典型案例

上海市控制性详细规划编制(包括调整)案例2009—2013年5年共有772件,其参与结果共分为三大类:一是“公众无意见”案例,总数为640件,占所有案例的比例是82.9%;二是“少数意见”案例,总数为118件,占所有案例的比例是15.3%;三是“公众反对意见较大”案例,总数为14件,占所有案例的比例是1.8%。研究选择这三种类型的案例来考察公众参与制度的程序正义标准,分析其制度设计缺陷。

表5-1　上海控规编制(包括调整)过程中对公众利益有影响、公众未提意见的案例分布

<table>
<tr><th>类别</th><th>序列</th><th>区县</th><th>案例数目</th><th colspan="2">合计</th></tr>
<tr><td rowspan="9">中心城区以外地区</td><td>1</td><td>松江区</td><td>5个</td><td rowspan="9">35个</td><td rowspan="12">39个</td></tr>
<tr><td>2</td><td>金山区</td><td>9个</td></tr>
<tr><td>3</td><td>奉贤区</td><td>4个</td></tr>
<tr><td>4</td><td>浦东新区</td><td>3个</td></tr>
<tr><td>5</td><td>闵行区</td><td>5个</td></tr>
<tr><td>6</td><td>嘉定区</td><td>3个</td></tr>
<tr><td>7</td><td>崇明县</td><td>3个</td></tr>
<tr><td>8</td><td>宝山区</td><td>2个</td></tr>
<tr><td>9</td><td>青浦区</td><td>1个</td></tr>
<tr><td rowspan="3">中心城区</td><td>10</td><td>静安区</td><td>1个</td><td rowspan="3">4个</td></tr>
<tr><td>11</td><td>虹口区</td><td>2个</td></tr>
<tr><td>12</td><td>普陀区</td><td>1个</td></tr>
</table>

研究主要以2013年的224个控规编制(包括调整)案例为研究对象,从中选取典型案例进行分析。其中,第一类型案例抽选了6个典型案例,抽取的标准是不同分区、

有明显用地性质改变的，或规划指标呈负向调整的、资料易获取的。第二类型的案例按照资料可获取原则选择了中心城区的《上海世博会西藏南路两侧地区控制性详细规划》。第三类型案例选择了公众反应最为激烈，参与时间较长的《上海市徐汇区斜土社区 C030301、C030302 单元控制性详细规划 113、126b 街坊局部调整(实施深化)》(也称为《复旦大学枫林校区控规》，以后论述也采用此名称)

表 5-2　上海控规编制(包括调整)过程中公众参与制度分析的典型案例

序号	项目名称	规划调整内容
1	闵行新城 MHPO-0307 单元控制性详细规划	农宅调整为工业用地
2	嘉定新城 JDC1-2005 单元东方慧谷所在街坊控制性详细规划	农宅调整为商务办公用地
3	上海市虹桥商务区徐泾中 QPPO-0102 单元控制性详细规划	农宅调整为商务办公用地
4	宝山区 N12-1101 单元(泰合结构绿地)控制性详细规划	农宅调整为公共绿地
5	浦东新区大团镇社区 PDS5-0103 单元控制性详细规划	农宅调整为二类居住用地、工业用地调整为公共设施用地
6	虹口区北外滩社区(C080201、C080202、C080203 单元)控制性详细规划 HK291 街坊局部调整(实施深化)	容积率及高度增加
7	上海世博会西藏南路两侧地区控制性详细规划	居住调整为商务办公用地
8	上海市徐汇区斜土社区 C030301、C030302 单元控制性详细规划 113、126b 街坊局部调整(实施深化)	指标调高，操场调整为实验基地

5.1.1　“公众无意见”的典型案例

(1)《闵行新城 MHPO-0307 单元控规》

MHPO-0307 单元位于闵行区梅陇镇，用地面积为 219.61 公顷。现状为工业、仓储用地及农村宅基地。农村宅基地包含永联村、曹行村、民建村的部分用地，其中永联村户籍人口 710 人，曹行村 404 人，民建村 761 人，曹行村的第九和第六生产队还是几年前才从别处搬迁过来。根据《闵行新城总体规划(2007—2020 年)》，梅陇组团以发展示范居住区和都市型工业为主，基地银都路以南为 104 产业区块范围，属欣梅城镇工业园区。本次控规与上位规划一致，将基地内田地、二类工业用地及农民宅基地全部调整为一类工业用地。闵行规土局于 2012 年 9 月 24 日—10 月 23 日经区规土局门户网站公示，期间未收到公众意见。经规委会专家审议后，2013 年市政府审批通过。

(2)《嘉定新城 JDC1-2005 单元(东方慧谷所在地)街坊控规》

东方慧谷由上海市委宣传部批准成立，位于嘉定区马陆东地区南部，是以文化信息产业为主要功能的商务园区，一期地块于 2009 年动工建成。根据嘉定区政府和企业的设想，东方慧谷将建成一个集文化、创意、信息、休闲产业为一体的综合性信息产业园，需要扩大用地规模。基地面积 34.05 公顷，现状除东方慧谷一期建设用地外，还包括 60 多户拆迁安置小区樊家二区(3.24 公顷)、养老院(0.31 公顷)、加油站及农用地(23.44 公顷)。住宅为低层独立式建筑，质量很好，环境优美。规划除保留加油站外，将其余用地划入东方慧谷建设范围。2011 年 1 月 16 日听取专家和市区两级部门意见后，嘉定规土局于 2011 年 11 月 18 日—2011 年 12 月 17 日在区规土局门户网站上及东方慧谷门口组织公示，期间公众无意见反馈。2011 年 12 月 30 日规委会审议通过，2013 年 2 月市政府审批通过。樊家二区居民面临二次动迁。

(3)《虹桥商务区徐泾中 QPPO - 0102 单元控规》

徐泾中 QPPO - 0102 单元位于徐泾镇东部，东临虹桥交通枢纽，轨道交通 2 号线徐泾东站位于基地中部，交通便利。基地现状用地以一、二类居住和一、二类工业用地为主，住宅和环境质量较好。由于虹桥商务区的规划建设及中国博览会项目，规划调整本地区的发展定位，功能是为全市提供保障住房及普通商品房的居住社区以及为大型会展设施提供公共服务设施配套的功能区，为此规划将基地中部和北部工业及居住用地调整为商务办公。青浦区规土局于 2012 年 7 月 6 日—8 月 7 日在区规土局门户网站进行公示，期间未收到公众意见，同年 11 月 27 日规委会审议通过，2013 年 1 月市政府审批通过。独栋别墅区罗家村及很多工厂面临拆迁。2014 年 4 月正式开始拆迁。

(4)《宝山区 N12-1101 单元(泰合结构绿地)控规》

宝山区 N12-1101 单元(泰合结构绿地)位于宝山区南部，用地 303.59 公顷，建设用地为 186.38 公顷，主要以居住、工业、仓储、农村宅基地及耕地为主。除联谊路以南工业区有大量运货卡车出入、噪声灰尘较多外，本地区的环境即居住住宅质量大多较好。2005 年宝山区总体规划将此地块规划为生态敏感区，规划以此为依据将基地东部及西部调整、保留部分居住用地，保留水厂，其余全部控制为公共绿地。2012 年 4 月 4 日—5 月 3 日宝山规土局在其门户网站和泰合西路进行公示，期间未收到公众意见，9 月规委会专家审议通过，2013 年市政府审批通过。基地内 10 多个村庄 3 200 人面临拆迁。

(5)《浦东新区大团镇社区 PDS5-0103 单元控规》

大团新镇社区 PDS5-0103 单元位于大团镇区中部，总用地面积 152.69 公顷，现状以居住、工业、农地为主。居住建筑中除南团公路两侧有少量新建多层居住建筑外，其余均为独栋农房，质量环境较好。工业用地主要分布在永春东路和大混公路两侧，以二类工业为主。规划确定基地建设为镇区新的行政、文化、体育、商业中心，功能以二类居住和公共服务设施为主。浦东新区规土局于 2012 年 1 月 20 日—2 月 18 日在其门户网站上进行公示，期间未收到公众意见，经规委会专家审议，2013 年市政府审批通过。基地内工业和大量农房面临拆迁。

(6)《虹口区北外滩社区(C080201、C080202、C080203 单元)控规 HK291 街坊局部调整(实施深化)》

北外滩社区 HK291－02 地块(海运大楼)位于虹口北外滩第一层面,建于 1994—1995 年,层高 67 米,严重影响了北侧里弄二层住宅,大寒日日照不足 1 小时。居民很难过但也无奈。根据沈骏副市长在中国海运集团总公司《关于拟对中国海运集团海运大楼进行改扩建的请示》上的批示,虹口区政府、规土局及市规土局发起了本次规划调整。新增建筑面积 5 218 平方米,高度不大于 90 米。2013 年 2 月 8 日—3 月 9 日在虹口区规土局门户网站上和海运大楼现场进行了公示,期间无公众意见反馈。同年 8 月规委会会议上,专家指出希望能够补充海运大楼改扩建对基地北侧居民的日照影响,虹口区规土局答复是现状日照已小于 1 小时,规划不会产生新的负面影响。9 月市政府审批通过该规划。

5.1.2 “公众有少数意见”的典型案例

《上海世博会西藏南路两侧地区控制性详细规划》

世博会西藏南路两侧 D04、F01 街坊用地约为 27.7 公顷,现状均为建设用地,用地性质以居住和少量公共服务设施为主。除 D04 街坊临中山南一路一侧建筑较为老旧外,其余均为高层住宅,质量较好。结合浦西文化博览区的定位,黄浦区政府将此地块功能定位为办公居住为主,保留质量较好的建筑,其中中山南一路一侧的多层老旧居住建筑所在地块规划为商务办公用地。2012 年市规土局在其门户网站上进行公示,期间收到公众意见 4 项:有居民希望新建建筑高度降低,不要影响周边日照;有个别建筑较为陈旧的高层居民希望能将自己地块进行改造、搬迁。市规土局对公众意见进行汇总,并作出了解释,认为建筑高度可以满足日照标准,对于希望改造的地块“建议相关规划管理建设部门考虑”。控规方案经规委会审议后,2013 年市政府审批通过本规划。居住在老旧建筑内的居民面临搬迁。

5.1.3 “公众反对意见较大”的典型案例

《上海市徐汇区斜土社区 C030301、C030302 单元控制性详细规划 113、126b 街坊局部调整(实施深化)》

(1) 项目的编制过程

本案例的名称来自 2004 年徐汇区启动的枫林生命科学园区建设,复旦大学枫林校区是枫林生命科学园区的重要组成部分。经过 10 年的开发建设,枫林生命科学园区的各机构有了很大的发展,复旦大学枫林校区在校学生人数截至 2011 年年底达到 5 064人。复旦大学“十二五规划”计划除现有学生规模外,还计划形成由三大国家重点实验室，九大研究中心组成的科研集群，因此必须对原基地进行局部改造，拆除部分质量较差的建筑，新建图书综合楼、科研楼、学生宿舍、第二教学楼(加建)以及地下车库等设施。按照"满足基本需求，并适当预留"的原则，结合九项指标和专业实验用房需求预测，刚性需求15.41万平方米，考虑3%的预留，总需求为35.05万平方米。学院认为其与周边科研院所及临床服务机构相辅相成，互为支撑，校区无法整体搬迁。但是校区向周边也无拓展空间，需提高校区现有土地使用率以满足发展需求。2012年初复旦大学医学院启动了枫林校区改造的方案设计，并于同年12月进行城市设计国际招标，同济大学中标。由于中标方案将东部操场改造成有两座高层双塔的整体建筑遭到了周边居民的反对。为了缓和矛盾，2013年1月校方又将方案调整成一座18层和一座5层的两座建筑，居民仍然反对。

2013年3月上海市十四届人大一次会议将"复旦大学内涵能力提升项目"作为推进社会民生的重大项目列入该计划。该项目被列入2013年上海市重大建设项目投资计划。2013年4月22日徐汇区规土局向市规土局正式提出申请开展复旦大学枫林校区控规调整工作(也即《上海市徐汇区斜土社区C030301、C030302单元控制性详细规划113、126b街坊局部调整(实施深化)》)。5月2日市规土局同意了此次调整任务。

复旦大学枫林校区位于斜土路以北，东安路两侧，由113b-03、113c-03、126b-01三个地块组成，总面积达14.62公顷。2007年版的控规中此三块地的用地性质均为教育科研用地，其中113b-03保留，126b-01地块容积率在1.5，建筑高度不大于60米，113c-03地块除了规定建筑面积51 440平方米，其余未定。本次调整，126b-01地块安排九项指标，容积率由1.5调整为不大于2.4;113b-03地块安排科研用房，容积率由1.15调整为不大于1.4，新建建筑高度不大于45米;113c-03地块内的东1号楼是以中西合璧的建筑风貌为特色的上海市第二批优秀历史建筑。为了展现保护建筑风貌，规划设计将东1号楼建设控制范围内建筑数量从7栋减少到5栋，通过保留西7号楼等与东1号楼建筑风貌相似的建筑，沿医学院路形成一条完整的风貌带，以强化复旦大学枫林校区的历史文化氛围。因此规划将113c-03地块南部建科研楼，将现状操场改到西侧126b-01地块中。地块整体容积率由1.2调整为不大于2.5，建筑高度整体不大于55米，局部不高于100米，另考虑西侧、南侧为建成居住区，建筑高度不高于24米。

5月7日—6月6日，徐汇区规土局组织网上公示，周边居民提出反对意见。

5月8日徐汇区规土局组织专家和相关部门意见征询会，市规划局总工、详规处、编审中心、风貌处以及4位专家提出修改意见。

8月27日，上海市规土局上报市政府申请本次控规调整审批。9月23日，上海市政府审批通过了本次控规调整。

(2) 公众参与的过程

复旦大学枫林校区控规调整中的公众参与涉及 2 个阶段,持续近 2 年时间。

① 控规调整启动前的参与

2012 年 1 月上海复旦大学启动了枫林校区的改造工作,设计了初步方案并进行内部人员征求意见会。由于详细规划方案中紧临四季园校区的操场被规划为两栋高层实验楼,遭到居民强烈反对,于 3 月起居民和校方初步进行交涉。由于反对无果,2012 年 5 月 29 日起居民相继到街道、区政府进行上访,希望政府能出面帮助居民协调此事,然而每次上访的结果都是石沉大海,悄无声息。

迫于各方压力,6 月初复旦大学成立了四季园信访接待小组,并在东安路 100 号 2 楼设立专门信访工作接待室。周边居民陆续上访,但是校方的信访工作是只接待不解释,不回复,这种态度使得居民逐渐失去了耐心。2012 年 10 月 10 日中午前后,在靠近枫林校区东园南侧围墙的四季园居民楼北侧外墙上悬挂出两幅绿底白字的大条幅"坚决拥护党中央国务院重明(民)生顺民意政策,坚决抵制复旦在居民区造科研楼危害人民"的字样。复旦大学获悉此事后召开枫林校区改扩建工程信访工作会议,制定了枫林校区改扩建工程信访工作方案,加强了信访工作小组的工作力量。2012 年 11 月 2 日,复旦大学上海医学院主要领导邀请居民代表前往枫林校区实地参观,并召开相关座谈会。参会的四季园居民代表分别就明道楼存在的扰民问题和更加关心的枫林校区大操场规划建造科研楼的问题发表了各自的看法和意见。2012 年 12 月 7 日,校方信访工作小组再次前往四季园居委会与居民代表进行沟通。居民方面表示若校方在 7 日之内不给书面答复,将组织四季园小区的居民到校门口聚众示威、上网发微博等行动。接待小组回来后立即逐级汇报,学校召开专题工作会议,成立"枫林校区改扩建工程信访突发事件应急小组",并制定相应的应急预案。

由于一直未获校方回应,2012 年 12 月 17 日至 19 日,每日上午 8 时半许,四季园小区有五六十名居民连续 3 天约在枫林校区东安路 131 号门口聚集,拉出写有"抗议复旦毁绿造楼危害生命"字样的横幅,并唱国际歌,喊抗议口号。整个过程双方并未发生肢体冲突,文保分局和枫林街道派出所民警接警后,立即到现场维持秩序。事后居民见校方未采取进一步行动,维权的活动暂告一段落。

② 控规方案调整过程中的参与

2013 年 5 月 7 日—6 月 6 日,徐汇区规土局组织网上公示,同时将包含主要指标的用地图张贴在枫林校区门口组织进行现场公示。

5 月 10 日四季园小区业主委员会以上访信的形式提出意见,表示公示图内容模糊,要求提供控规原图,确定 24 米的控制区范围,以便居民进一步判断。

> 徐汇区规土局：
>
> 贵局关于复旦枫林校区建科研楼的规划已经公示。由于公示的规划图很模糊，标识无法辨认，故请贵局提供控制性详细规划图原图，并确定大操场地块是否为24米控制区。如果是，请在图纸上标识出来，使我小区业主能够看明白具体规划以便判断是否会造成相关危害，之后方可确认是否能得到广大业主的认可。
>
> 四季园小区业主委员会

5月11日，四季园小区居民又写来一封信，再次重申了图纸内容中的疑问，提出反对在大操场建科研楼，要求将规划图纸张贴至居住区内部。

> 徐汇区规划和土地管理局：
>
> 贵局关于复旦枫林校区(113、126b街坊)规划调整公众参与的草案已经张贴在复旦枫林校区门口，公示说明：上述规划调整方案征询公众意见。
>
> 鉴于此，我们四季园和尚谊小区全体居民疑问如下：
>
> 1. 公示关键信息含糊不清楚，如：
>
> “复旦枫林小区大操场(即特殊区域高度控制线内)是否属于113c－03地块？是否限高24米？
>
> 如果大操场属于该区域，在调整后规划图“地块控制指标一览表”113c－03一栏中明确是扩建，则大操场区域规划是扩建还是保留？如扩建，那只能是操场扩建，如要科研楼，属于新建筑，那还属于扩建范畴吗？
>
> 另在该一览表备注中第3点称“113c－03地块南部限高24米”，那么南部到底是哪一块？是否属于特殊区域高度控制线内区域？
>
> 2. 如果大操场属于113c－03地块区域：由于空气、噪音、细菌、环境健康等多种原因，我们小区居民已多次要求复旦大学及政府不要在大操场建设科研建筑，但参与草案公示仍将113c－03地块规划为C6性质，即教育科研设计用地！问题在于复旦为何不能将稍远的113b－03地块用作教育科研用地(该用地用途为C5，规划动态是保留！保留草地?)难道百姓健康不如面子工程？
>
> 3. 作为紧邻，小区受到规划的影响是最大的，规划草案公示应该让小区每一个居民详细观看和了解，现在仅张贴在复旦枫林小区门口，仅方便进出该校的师生，我们认为这不仅仅是张贴地点的问题，而是对待小区居民知情权和表达权的态度问题。
>
> 四季园、尚谊小区全体居民

5月13日，徐汇区规土局对居民代表陈宝玉解释了“特别高度控制区”作为规划技术术语的含义以及设置“特殊区域建筑高度控制在24米以下”的目的，该目的是为了限制复旦大学建设行为,保护四季园居民切身利益。而且徐汇区规土局还提供了规划调整图则让陈宝玉张贴在小区居委会以便居民了解。

得知大操场还是要建设科研楼,居民代表组织起来进行维权。6月3日四季园、尚谊小区居民写信到上海市规土局信访办,反对控规方案中113c-03地块由学校操场转变为科研用地用来建设实验楼。反对的主要理由是实验室可能造成环境危害、地质危害,并可能对市区绿地造成生态危害,并提出复旦大学一直未与周边小区居民沟通,希望政府出面协调此事。市规土局对居民进行了安慰,希望他们与区规土局取得联系。6月5日,复旦大学医学院周边6位居民和业主代表再次到上海市规土局上访,重申了坚决反对复旦大学在医学院东操场建楼,希望市和区的规土局不要批准复旦大学在医学院东操场建楼的规划。

6月27日,由复旦大学出面组织和周边居民小区交流的沟通会,希望通过交流,消除误解,争取居民们的理解和配合。沟通会的地点在复旦大学医学院明道楼,参与人员包括居民代表7人、区规土局,枫林街道,复旦大学医学院,枫林小区管委会、基建处、保卫处的相关人员。会上复旦大学医学院副院长首先向居民代表说明了三个方面的情况:一是枫林校区改建项目是居民就医质量提升、医疗事业发展的需求;二是枫林校区的规划严格按照国家的法律法规来执行,校方已经考虑了居民的意见对方案进行了较大幅度的修改;三是建立良好的沟通渠道,希望得到居民的理解、支持和监督。居民代表在听取了院长的说明后表示:认可学校事业发展的需要,但同时要听取群众意见;认为解决问题的共同基础是法律法规,承认在枫林校区控规方面难以找到不合规和程序的地方,但认为现有法律无法预防未来出现的问题,因此反对学校建楼;实验楼的负面影响对师生小,而对居民大;担心建设对居民楼造成影响;建议复旦大学整体收购四季园校区或更改科研楼选址;认为明道楼已经在光污染、噪声等方面对居民造成影响,要求学校提出解决方案再建新楼等共十条意见。复旦大学其他领导表示请居民监督,相信法律,学校已经就明道楼的问题进行了治理,保持与居民沟通。最后,规划局代表表示将依法审批复旦大学有关申报材料,同时将居民意见向上级反映,并希望居民不要激化社会矛盾,处理好维权意识和法律意识之间的关系、合法合理诉求与合法合理行为之间的关系。

沟通会后,居民迟迟没有得到回复。7月7日,四季园居民代表再次以上访信形式上访至徐汇区规土局,要求对上次沟通会中居民代表发言的内容给予书面答复,要求根据公众意见对控规予以修改,否决在枫林校区东部田径场造楼的方案。8月8日,徐汇区规土局召开沟通会,规土局代表认为前期已经按照居民的意见修改降低了科研楼的层高,希望居民支持复旦大学的工作。居民代表则再次重申了反对建科研楼的主张,沟通再次无果。

8月20日,徐汇区规土局认为收集公众意见可暂告结束,对居民问题答复进行了

"整理",并于2013年8月20日组织网上和现场公告。8月21日,四季园授权居民维权小组向徐汇区规土局递交了上访信,强烈抗议《公众意见汇总和处理建议》。居民认为"公告"的时间在程序上违规,法规规定"公告"应该在公示结束后5日内张贴,而居民在6月5日已经表达了反对的意见,如果不采纳群众的意见就应该在6月11日前公告,如果延误,就意味着必须采纳8月20日以前居民的最终意见。另外,居民还认为"公告"汇总公众意见在数量上欺骗群众,他们提出的十几条意见一条也未获重视,而且根本问题未获解决。再者,"公告"内容汇总公众意见纯属捏造,几次信访代表发言内容都未获书面答复。

公众意见汇总和反馈

四季园、尚谊校区居民意见:

1. 公示一览表113c－03备注栏应增加"特殊区域"条款,特殊区域高度控制在建筑24米以下。

答复:采纳,公示内容就是该区域建筑高度控制在24米以下。

2. 大操场区域紧邻生活区,不适合规划医学院科研用地,不同意建造医学科研楼。

答复;部分采纳,规划方案已优化,四季园校区东侧拟建建筑高度已降低至24米以下,方案阶段进一步完善空间形态和绿化景观,减少项目实施时对周边居民的影响。

3. 草案在小区内各楼大厅内公示,以便居民仔细审阅。

答复:部分采纳,根据相关规定,已在现场和网上公示,并根据居民意见提供规划调整图则张贴在小区居委会。

东安路50弄青松小区居民意见:

反对在青松小区南面新辟道路和建实验大楼。

答复:部分采纳,本次规划调整不涉及新辟医学院路及在青松小区南侧建实验大楼。

8月28日和9月2日,居民再次对《公众意见汇总和处理建议》提出异议,表示坚决不同意复旦医学院枫林校区在四季园校区东侧的操场上建造任何建筑物的方案。规土局没有给予回复。9月17日,四季园校区居民代表陈宝玉、许慧向徐汇区枫林街道递交了上访信,重申了8月21日居民代表抗议书的宗旨和内容。10月22日,徐汇区规土局回复了上访信,解释了《公众意见汇总和处理建议》的内容,认为程序和内容上不存在问题。

9月23日,上海市政府审批通过了本次控规调整,由于区规土局并未将审批通过的方案进行公示,所以居民不知情。10月18日,四季园、尚谊小区的部分业主又到徐汇区建交委进行上访,要求依法召开听证会,请区政府、街道帮老百姓去有关部门(市规划局、市环保局、市容绿化局、复旦大学)进行协调。居民表示“坚决不允许造楼,进行安定、和谐的静坐,会不断拉横幅、上访进行抵制”。10 月 25 日,徐汇区规土局组织进行建设方案公示,在四季园校区门口张贴了 2 号科研楼的建筑平面图,图纸一出又引起轩然大波,四季园居民发现规划方案已然批准,又开始新的维权参与道路。

5.2 控规编制过程公众参与制度的程序正义考量

5.2.1 程序正义之主体标准(核心标准)考量

5.2.1.1 包容原则

(1) 控规编制过程中的主体分析

上海控规组织编制主体核心区是由市规土局负责,其余由区规土局负责,审批主体是上海市政府,因此作用控规的一方是规土局、城市规划相关专家及上海市政府。城市规划的作用是空间资源分配,这会影响各个相关主体的利益分配。这些主体包括:① 市政府及区政府。在转型期,我国政府由于特殊的制度原因而对城市规划有特殊的利益需求,从而成为空间利益博弈中的一方。首先,城市土地有偿使用制度的实行使城市土地使用权转让费成为地方政府预算外收入的重要来源,地方政府具有不断扩展城市空间利益的需求,反映到城市规划上就表现为对空间发展控制权的争夺。其次,在以 GDP 为主导的官员考核制度激励下,如何推动城市经济发展是政府关注的焦点。经济发展包含以下几个方面:扩大经济总量以增加税收,增加就业岗位以减少失业,投资城市建设以改善市容。只有经济发展了,政府收入、就业、城市建设才会改善,才能体现政府的政绩。政府将城市空间作为发展的载体,作为体现其政绩的工具。在这样的利益需求下,政府对城市规划的期望不仅只是为了城市空间资源的配置和管理,还包括利用城市空间资源为经济发展筹款、设计城市空间形象、推销城市空间、借城市形象宣传政府政绩。② 政府各部门。规划要确定城市各个功能的空间布局,涉及教育、电力、环保、绿化、燃气、商业等各种设施,也需要管理这些职能的政府部门进行利益协调。③ 开发企业。他们是城市建设者,规划的结果直接会对他们的利益产生影响。④ 周边相关公众及规划区域内相关公众。城市规划的结果会对周边及本地区产生环境、经济、健康、财产等各方面的影响。

(2) 上海控规编制过程程序正义之主体标准分析

通过分析 8 个案例,总的说来,上海控规编制过程中的任务确定、评估,草案编制、公示及规委审议各个阶段包含的参与者有各级政府、各相关部门、专家、公众。这其中政府及政府各部门参与的次数最多,专家其次,公众仅在公示阶段才有机会参与。在三类案例中,“公众有意见”和“公众有少数意见”类型的案例中规划主体都参与规划过程,而在 “无意见”案例中,公众没有参与。

表 5-3 上海控规编制(包括调整)过程中的参与主体

类型	案例	任务书	评估	草案编制	公示	规委审议
公众无意见的案例	案例 1	规土局	无	规划师、详规处、编审中心、区规土局、绿容局、水务局、环保局、经委、建交委、梅陇镇负责人、专家	无	市规土局、编审中心、闵行区规土局、梅陇镇相关负责人、专家
	案例 2	规土局	规土局 专家 相关部门	区规土局、发改委、经委、交管局、体育局、文广局、住宅发展中心、民政局、卫生局、绿容局、教育局、建交委、社区工作办公室、电力公司、信息委员会、民防办、税务局、自来水公司、燃气公司、环保局、邮政局、专家	无	市规土局、编审中心、专家、嘉定区规土局
	案例 3	规土局	规土局 专家 相关部门	市交港局、电力公司、水务局、申通地铁、虹桥管委会、发改委、区体育局、民政局、绿容局、环保局、水务局	无	市规土局、编审中心、青浦区规土局、虹桥公司、专家
	案例 4	规土局	无	市规土局、编审中心、水务局、区规土局、建交委、发改委、住房保障局、教育局、绿容局、环保局、生态指挥部、地名办、电力、自来水、专家	无	市规土局、专家、宝山区规土局
	案例 5	规土局	无	市规土局、区规土局、环保局、建交委、教育局、卫生局	无	市规土局、专家、镇政府、地名办
	案例 6	规土局	无	市规划局、虹口区规土局、专家	无	市规土局、编审中心、专家、虹口区规土局
公众有少数意见的案例	案例 7	规土局	无	市规划局、专家	无	市规土局、编审中心、专家、上海市规土局
公众反对意见较大的案例	案例 8	规土局	无	市规土局、编审中心、徐汇区规土局、枫林街道、专家	四季园、尚谊小区全体居民	无

经调查发现,在 7 个调查案例(没有包括复旦大学枫林校区案例)的 336 份问卷中,100%的人“没参与”,其中有 310 人是因为“不知情所以没参与”。另外 19 人选择了“围观(看到或通过别人告知规划信息,但没发表意见)”。另外,在“不知情所以没参与”的人中,有 275 人“关心本社区规划及建设,但没有获得相关信息”,属于非主动型不知情;35 人由于“不关心本社区的规划及建设,从不留意此类信息”,属于主动型不

知情。由此可以判断，约82%的人并不是自己主动放弃参与。依据程序正义之主体标准，公众“无意见”及“有少数意见”的案例中并不是包容了所有的利益相关者，程序正义之主体标准存在问题。

表5-4　上海控规编制(包括调整)过程中公众参与情况的问卷调查Ⅰ

问题	项目类别	频率	百分比
您是否参与本次规划	围观	19	5.7%
	不知情所以没参与	310	92.3%
	对规划无意见	7	2.0%
	合计	336	100%

表5-5　上海控规编制(包括调整)过程中公众参与情况的问卷调查Ⅱ

问题	项目类别	频率	百分比
为什么不知情没参与	不关心本社区的规划及建设，从不留意此类信息	35	10.4%
	关心本社区规划及建设，但没有获得相关信息	275	81.8%
	缺失系统	26	7.8%
	合计	336	100%

5.2.2　程序正义之运行标准(核心标准)考量

5.2.2.1　开放原则考量

从三种类型的案例可以看出，目前上海控规编制过程中规划主体接近各个阶段的机会是不同的。

规划启动阶段：目前控规的动议由区、县规土局完成，报市规土局审批完成《控制性详细规划年度编制计划》，依据此计划启动控制性详细规划的编制。普通公众和社会组织还无权参与其中，不过，当企事业单位申请建设项目，规土局认为需要调整现有控规时，也会进行控规调整编制，只是这一切也是在区、县规土局的控制下进行。上述案例1至案例5均是严格按照2013年控规年度编制计划进行。而案例6、案例7则是由建设单位提议，经市政府认可后，由区、县规土局提出调整编制计划。

规划评估阶段：区县规土局会同编制单位，对拟启动规划编制的地区研究形成《控规评估报告》，在听取区级各部门意见后，提交市规土局。市规土局会同编审中心，组织专家、市级相关部门和局内相关处室审议，区县规土局会同编制单位整理《专家和市级单位部门意见汇总和处理建议》完善《规划研究(评估)报告》。这一阶段，政府、政府各部门、规土局、专家主导全过程，公众没有机会参与。上述7个案例均未有公众参与。然而，在2012年控规编制案例中，有4个控规案例在评估阶段采用调查问卷、座谈会等形式征求了公众对现状看法和感受。

初步方案编制阶段：区县规土局会同编制单位，结合现状调研和《规划研究（评估）报告》，编制完成《基础资料汇编》，在此基础上，根据规划任务书要求，进行多方案必选，对相关部门专项规划予以统筹平衡，形成控规初步方案。区县规土局就初步方案开展专家咨询、听取区县级部门意见，市级部门意见（书面意见），市规土局及编审中心参与。区县规土局汇总专家、市区级部门意见，并根据意见完善控规初步方案。这一阶段仍是政府、政府各部门、规土局、专家主导全过程，公众没有机会参与。

公示阶段：区县规土局会同编制单位完成公示稿制作，市、区县规土局组织网上和现场公示，时间不少于30天。公众可以通过邮件、信件、电话等方式提交意见。如果公众意见较多，区县规土局会通过居委会召开座谈会进一步听取意见，做少量解释工作。公示完成后，区县规土局会同编制单位完成《公众意见汇总和处理建议》在区县规土局网站、现场进行公告。这一阶段开放对象主要是普通公众。

规委审议阶段：修改完善的控规初步方案经市规土局报规委会审议，在10个工作日内组织召开规委会专题评审会议，市规土局详规处、区县规土局、编制单位协助。区县规土局会同编制单位根据规委会意见修改完善控规方案。上海市规委会由市发展改革委、市经济信息化委等26家成员单位组成，专家委员会设立城市发展战略委员会和规划实施专业委员会，共有委员42名。成员以政府部门及专家构成，会议过程对公众不开放，可以说这一阶段公众无机会接近。

审批阶段：按照《城乡规划法》《上海市城乡规划条例》，上海市政府完成控规审批。

总之，规划过程各阶段对各个主体开放度不同，对政府各部门及专家的开放度较大，对普通公众的开放度较小。这严重影响了开放的公平性，虽然和以前相比上海控规编制过程已经实现一定的开放，例如前期准备及编制过程均有不同程度的开放，但是这种开放我们可以判定是不完全、不彻底的，影响了程序正义的实现。

表5-6　上海控规编制(包括调整)过程中的各规划主体参与的阶段

规划主体	前期准备		编制阶段			审批
	编制计划	评估	初步方案编制	公示	规委审议	
市政府	○	○	○	○	○	●
区政府	○	○	●	○	●	○
市规土局	●	●	●	○	●	○
区规土局	●	●	●	●	●	○
政府各部门	○	●	●	○	○	○
专家	○	●	●	○	●	○
公众	○	◎	○	●	○	○

注：●表示参与，○表示没有参与，◎表示偶尔参与

5.2.2.2　透明原则考量

根据输入合法性的透明标准，上海控规编制过程信息透明度的分析从三个方面展开：

(1) 规划主体是否拥有平等的知情权

首先分析“公众无意见”的案例，有近20%的居民家中没有电脑，在现场公示信息也不清晰的情况下，这部分人的信息接收就存在问题。形式上公众拥有平等的知情权，但由于公众自身条件不同，造成实质的不公平。

再分析“公众反对意见较大”的案例，复旦大学枫林校区控规调整方案在公示时采取了网上和现场公示，现场地点是复旦大学枫林校区门卫处。有少量四季园小区居民经过校门口时看到了规划信息，陆陆续续转告给其他居民。信息传达时间过长、解释不利引起了居民的不满。他们认为，自己紧邻学校，受建设项目影响最大，公示应该让小区的每一个居民仔细观看和了解，现仅张贴在学校门口方便了出入的学生，这不仅仅是张贴地点问题，而是对待小区居民知情权的态度问题。

信息发布的公平性在于信息公开方式要依据受众的特征、要求。复旦大学早已经知道规划设计的内容，而周边居民此时并不知情。此时两者在形式上虽然处于平等的地位，但由于双方之间存在信息不对称，因此双方在实质上是不平等的。而徐汇区规土局仍将控规设计图纸张贴于复旦大学门口，对于很少经过复旦大学门口的居民，以及行动不便的老人，这是很不公平的做法。不仅仅是这一案例，在案例6中，区规土局将规划图纸张贴在海运大楼的背后，且只有A4纸张大小，受影响最大的对面小区居民很少到海运大楼处，更别说至其楼背后，即使公示时间长达1个月，居民也无法获知规划信息。

(2) 规划主体之间是否可以实现信息对称

城市规划知识具有一定的专业性，规划主体之间要实现信息对称，需要不具备城市规划知识的普通公众首先能获取和自己利益相关的所有规划信息，其次还需要理解规划信息的内容。复旦大学枫林校区的控规方案贴出没多久，公众就写信上访至徐汇区规土局，提出“规划图很模糊，标识无法辨认”，不能确定24米控制区是否为大操场用地。而徐汇区规土局未对此作出反应，一周后，四季园小区、尚谊小区居民联合再次寄出上访信，再次提问大操场用地是否属于113c－03地块？是否限高24米？如果属于113c－03地块，那么在地块控制指标一览表中明确扩建，那大操场属于扩建吗？如果是扩建，那只能是操场扩建，如要建科研楼属于新建建筑。这些问题显示出公众对规划图纸内容不能很清楚地读解，需要规划师给予一定的讲解。但是徐汇区规土局并未就此采取有效的策略，实现大多数公众规划知识上的信息对等，而是仅对某一个上访的代表对“高度控制区”作了具体解释，由他将规划图纸张贴在居委会方便居民了解。公众要求的信息未能得到满足，这加深了公众对规划内容的误解，并对区规土局的工作产生怀疑。《公众意见汇总与处理建议》张贴后，由于区规土局将公众的意见摘要成重要的几条进行发表，未能将其完全、清晰地罗列，公众认为自己需要的信息未能充分、完全地给予，双方矛盾进一步加深。

信息对称需要信息需求方有一定程度的满足感，包含信息内容和信息理解，需要信息能真实、完整、及时的反馈，复旦大学枫林校区的案例中没有实现信息对称。

(3) 规划主体获取信息的成本是否尽量低

四季园和尚谊小区的居民为了获取相应的信息，从复旦大学枫林校区开始进行改造起共组织了2次大的集体上访，2次信件上访，付出了一定的成本。而复旦大学、徐汇区规土局为了解决信息沟通不畅造成的不稳定，也付出了很大的成本。复旦大学成立了维稳小组，先后接待了来访人员8批42人次，电话通信27人次；规土局接待信访1次，等等。复旦大学枫林校区控规编制整个过程中规划主体获取信息的成本比较高。

5.2.2.3　协商原则考量

上海控规编制过程公众参与制度的一般程序(进行方案公示，收集公众意见，对公众意见采纳情况作出说明和解释)规定是不存在协商环节的。只有组织了座谈会的参与才具备了某些协商的概念。但要实现真正意义上的协商，必须符合输入合法性中协商的基本原则。

复旦大学枫林校区控规调整项目在编制过程中共组织了2次座谈会。第一次座谈会在6月27日，针对公众反对将东操场改造成科研楼的意见，规土局希望复旦大学能与周边居民代表进行协商交流，消减误会。与会代表包含四季园小区居民7人(他们均来自各个单元，基本可以代表四季园居民的意见)、区规土局代表、枫林街道干部、复旦大学医学院代表。参会人员适当且平衡地代表各方利益，愿意诚信协商以达成合意，满足协商第一原则。会上，复旦大学医学院副院长向居民代表解释枫林校区控规调整的原因和原则，希望居民可以理解和支持。居民代表一个一个发言阐述了自己的观点，提出科研楼可能带来环境安全问题、施工问题故而不同意建设，并且担心房屋价格会因此贬低，建议学校收购小区或更改科研楼选址，最后质疑学校改造的目的。可以说每一个成员都能够充分、自由地表达自己的真实意见，并且认真倾听，相互尊重，充分满足了协商的第二、三条原则。但是校方并没有就公众的疑问给予解答，并未就根本问题“是否改变科研楼选址”进行充分协商，而是采取保守的做法，只是请居民代表充分相信法律。事后，居民希望复旦大学能就会上的提问给予明确的答复，却一直没有回复。最终，居民不满沟通的结果，再次上访、请愿。

无独有偶，通过对《虹口区北外滩社区(C080201、C080202、C080203单元)控制性详细规划HK291街坊局部调整(实施深化)》协商过程的考察，均存在充分表达意见而无回应、无共识的情况。可以说，上海控规编制过程中的协商是不充分的，它不过是表达意见的另一种形式，而不是真正意义上的协商。

5.2.2.4 共同决策原则考量

上海控规决策过程中并没有明确公众的决策权，因此控规编制(包括调整)过程中到底谁在行使话语权？公众意见是否可以影响决策结果？这需要以规划决策的发展过程为主线，深入考察。

(1) 控规正式编制前的方案设计

复旦大学枫林校区控规调整是一个特殊的案例，早在控规正式编制过程前复旦大学就已经启动了其校园的改造。最初的方案中，复旦大学想利用操场用地建2栋超高层，在学校内部人员沟通会上，遭到了居住在周边四季园小区的学校教职员工的反对。四季园小区有6栋22层至31层住宅楼，其中4号、5号、6号楼东西朝向，东操场是其重要的通风、日照通道。高层建筑必然会对四季园小区居民造成很大的通风、日照干扰，不仅影响居民的健康，还会致其房产价格下跌，这在寸土寸金的上海，很难让人接受。四季园居民先后采取3次大的抵制行动。复旦大学一边采取维稳措施，积极和居民沟通解释，一边又紧锣密鼓地召开国际方案招标。2012年12月月底，同济大学建筑院方案中标，方案变成操场南部一栋25层高层，北部一栋11层科研楼。四季园居民通过复旦大学内部员工获知了此方案，认为还是对其有影响，特别是科研楼可能会产生环境污染，因此他们再次抵制这个方案。在复旦大学一直没有回应的情况下，愤怒的居民也采取了极端的方式希望引起社会、政府及复旦大学的注意。在强大的压力下，复旦大学委托设计单位再次修改了方案。但是校方坚持的立场是按照东安路以西校区建成教学宿舍区，以东校区形成科研行政区的规划，东操场必须改建成科研楼。减少项目对四季园小区影响的做法是，将原方案中操场南部的高层建筑移至北边，同时将另一栋建筑的层高从11层下调到5层。然而这次复旦大学并没有再与员工、周边居民进行沟通，而是以建设工程申请方案与区规土局进行协商。由于项目获得2013年市重大项目支持，徐汇区规土局积极配合复旦大学着手本次控规调整的准备。区规土局考虑到周边居民的意见，建议复旦大学进一步修改方案，复旦大学为了使项目早日通过开展建设，被迫再次作出让步，除了继续坚持东操场必须建科研楼，同意将建筑地面高度调整至5层，地下延伸3层。方案由1栋高层、1栋多层变成2栋巨大体量的多层建筑。

(2) 控规正式编制过程中的方案设计及结果

2013年4月22日，徐汇区规土局就复旦大学枫林校区控规调整正式向市规土局提出申请，5月2日市规土局给予回复批准了此次控规调整申请。5月7日至6月6日，徐汇区规土局对初步方案进行正式公示。5月8日，徐汇区规土局召开专家和相关部门意见征询会。枫林街道、市规土局、编审中心及部分规委会专家参加了会议。其间，市局相关部门认为东部地区历史建筑周边建筑体量较高，建议最高的医学科研楼高度缩小，区规土局采纳意见将建筑限高由120米调整至100米。大多专家认为枫林校区改造建筑总量偏大，应根据周边环境实事求是优化，不宜一味强调规划总量的实施。个别专家建议将教育部分移至其他新校区，还有的质疑体育场地是否符合国家标准区。徐汇区规土局采纳了部分建议，将东部113c－03地块的容积率由2.7调整至2.5，拒绝了搬迁建议，并就体育场地问题进行了解释，室外场地人均不达标，通过增加室内场地进行弥补。

公示期内，四季园、尚谊小区居民继续反对将东操场用地改造为医学实验室，徐汇区规土局组织了2次座谈会(前面已经详细论述过)，希望得到居民的理解，他们认为复旦大学已经作出很大让步，公众也应该有所妥协。规土局一位局长面对上访群众时说："已经把建筑层数给你们降下来了，你们还闹什么？"8月20日，区规土局认为意见收集已经完成，完成《公众意见汇总与处理建议》进行公告，并上报市政府审批。9月23日，复旦大学枫林小区控规调整获市政府同意。

(3) 分析及总结

从本案例可以看出，上海控规编制过程中各个规划主体均有一定的话语权，开发主体复旦大学，市规土局，区规土局，专家，四季园、尚谊小区居民均对规划方案的最后形成产生影响。但是，我们也可以看出，公众话语权的获得是通过强烈抵制的手段，不断到各单位上访，给复旦大学医学院施压，迫使其能在一定程度上考虑公众的利益。但是在根本问题——将东操场改为科研楼上，复旦大学医学院坚持自己的主张，公众的意见最终没被采纳。

区规土局是控规调整的主导者，他们一方面维护普通公众的利益，一方面也考虑建设者的利益。法规是他们决策的最终标准。在法规允许的范围内，他们更多会以地区经济建设为主调整方案。

市规土局拥有控规审批权，从根本上控制控规调整方案，他们与区规土局在编制目的上有着本质上的相同。但是区规土局受制于区政府开发建设的发展要求，而市规土局则更能从专业、公共利益角度考虑问题。但是这种视角过于专业技术化，目前还缺少对公众诉求及利益冲突问题的思考。

专家在控规编制过程中的话语权有限，专家的建议并不会被全盘接受，只有那些明显是专业方面问题的意见会被接受，而与规划目的冲突的建议很难被接受。

本方案中，复旦大学枫林校区改造方案在一定程度上受到公众意见的影响，但这种影响是有限的，最根本的问题，即公众反对在东操场上建科研楼并没有得到解决，学校坚持自己的最优布局而不顾公众利益。最终的话语权还是属于建设方和规土局。

5.2.2.5　中立原则考量

《城乡规划法》确定控规调整需要征求利益相关者的意见，但是公众的意见究竟该如何对待和处理并无明确规划。上海控规编制(包括调整)过程中公众参与制度规定由规划行政部门决定公众意见的采纳，也就是说，规土局是利益相关者意见的裁决者。这是否符合程序中立的标准呢？我们知道，目前我国政府承担了城市经济人的角色，政府很多时候会利用城市规划追求最大化的经济利益。规土局也属于行政管理部门，隶属于政府领导和管理，因此，在进行决策时不可避免地受上级政府的牵制，为了部门利益，不采纳公众的意见。在相关利益的影响下，有时还会发生决策者因个人价值取向、情感因素导致歧视和偏爱其中一方当事人的现象出现。如复旦大学枫林校区案例中，枫林校区被列入上海市重点发展项目，在市、区政府的压力下，规土局部分工作人员想努力促成复旦大学项目尽快完成，在大多数居民强烈反对将东操场调整为实验楼的情况下，还是审批通过了方案的调整。在和居民沟通过程中，区规土局一位工作人员竟然说出"已经将层高调低了，还想怎么样？"这种带有偏向性的话语。居民多次到规土局上访无果，这种态度引发了居民的怀疑和反感，认为决策过程太不公正。由此可以看出，程序正义的中立原则后两条标准均未达到。

5.2.2.6　及时原则考量

上海各区县在控规编制(包括调整)过程中听取公众意见后，均能将公众意见处理结果告知公众，但是否均能满足及时原则呢？复旦大学枫林校区案例中，当区规土局将规划信息公告出来后，公众就及时提交了意见，提出了一定的问题，还表达了反对东操场改造的方案。区规土局在居民提意见 3 天后对居民的提问给予了回答，但是对反对意见却不置可否。此后居民多次到区规土局和市规土局上访，均未给予明确答复，得到的仅是安抚。在居民的努力下，50 天后终于召开了由区规土局、复旦大学及居民代表组成的座谈会，会上居民代表提出十余条意见，复旦大学和区规土局均未予正面回答。会后也没有信函回复居民的意见。居民不知道会是什么结果，只好不停地通过上访继续申诉。自第一次座谈会结束一个半月后，区规土局又召开了第二次座谈会。居民再次重申了自己的观点，希望复旦大学改变方案，但是区规土局及复旦大学再次回避了这一问题，仅是希望居民代表理解自己的工作。此后十几天，区规土局将公众意见处理结果告知居民，表示没有采纳居民的意见。居民无奈，再次提交反对意见。此后区规土局一直没有给予回复，直到一位居民递交了上访信的 2 个月后，才正式收到了区规土局的回复意见，结果也是居民意见不予采纳，而此时，市政府早已审批通过了控规调整的内容。通过复旦大学的案例，运用程序正义之及时标准进行分析，我们可知，无论是决策的结果还是公众的问题、意见，规土局的回应均存在问题，对于利害关系不大的问题，规土局可以及时满足公众的要求，一旦涉及重大利害关系的问题，规土局就采取隐瞒、拖延的态度，不能及时有效地应对公众的要求。

5.2.2.7　理性原则考量

根据第 4 章上海控规编制(包括调整)过程中公众参与近 5 年的案例分析，上海区、县规土局在进行公众意见回复时，均可以将不予采纳的意见进行专门的解释。虽然在表面上可以满足“给出解释”的理性原则，但是在内容上有时却会出现问题。如复旦大学枫林校区案例，居民对最终的《公众意见汇总与处理建议》产生质疑，认为其未将公众的意见准确、全面地反映，回答存在疑问。尤其是第二个问题，居民的根本意见是反对在东操场建科研楼，规土局却回复“部分采纳意见，规划方案已优化，四季园小区东侧拟建建筑高度已降至24米以下，方案阶段进一步完善空间形态和绿化景观，减少项目实施时对周边居民的影响”。这种回复题不达意，回避了对居民最为关注的反对建实验楼意见不采纳的真实本意。这种文字只是用来应对编审中心的审查，对居民反对意见的解释却丝毫没有显示出理性、合理的内容，居民也理所应当地不会接受。除此之外，《江宁社区C020501-02地块控规》《静安寺社区JA-097-13地块局部调整》也都存在意见回复依据理性不足，公众不接受的情况，尽管规划已经批复，但是矛盾依然存在。

除了意见回复需要给出解释，程序内容也要符合形式理性。根据上海控规编制(包括调整)过程中公众参与实际案例，我们发现，除了网上和现场公示，对于其他参与方式的选择完全凭借公众参与组织者——政府的偏好，如有的项目规土局采用座谈会形式和居民进行交流，有的项目即使居民意见很大，规土局也没组织居民进一步交流，政府组织公众参与的行为太过自由，程序对行为的限制性不足。从形式理性的其他方面分析，我们发现程序按照信息发布、信息收集、信息回复三大阶段进行公众参与制度设计，符合合理顺序的要求，也能保证在相同条件下产生相同结果，程序的操控由规土局全面负责，遵循职业主义原则，基本满足相关要求。

5.2.3　控规编制过程公众参与制度的程序正义之外围标准考量

5.2.3.1　救济原则考量

救济原则的实现需要考察两个标准。首先，公众参与权的保障是否存在司法救济程序。从上海控规编制(包括调整)过程的实际案例看，目前还没有因为公众的参与权被剥夺，公众向司法机构提出上诉的情况。公众的参与权体现在程序中，而程序违法目前还缺乏相应的司法救济。也可以说，这一救济原则目前无法实现。其次，公众其他权利的维护是否有救济通道。从实际案例看，公众目前表达反对意见的渠道主要有两种，一是向规土局提出，在规土局无法满足其要求的情况下采取信访的方式。但是信访也多限于规土局的信访机构，公众无法再通过其他方式和途径来维护自己的权利。而且，一旦规土局明确了公众意见的采纳，批准控规方案后，公众再反对也无效了。西藏南路两侧地区控规和复旦大学枫林校区控规调整案例中，公众仅能获得自己意见是否被采纳的结局，而无法再通过正常渠道继续维护自己的权利。可以说，这一救济原则还是无法被满足。

至于救济内容的其他方面，通过调查我们发现目前还缺少这些相关内容，公众参与缺乏知识救济，资金支持，技术平台也比较薄弱。

5.2.3.2 监督原则考量

依据监督原则的判断标准，研究从以下两方面展开：

(1) 公众参与权力的监督问题

按照《上海市制定控制性详细规划听取公众意见的规定(试行)》(2006)规定，规委会专家和编审中心对公众参与组织权和公众参与意见处理权进行监督。首先看公众参与组织权的监督问题。在实际案例中，我们发现，2009—2010年，上海很多区县并没有严格进行现场公示，尽管《控规操作规程》严格限定了公众参与的申报规定，依然有很多区县存在不符合形式和内容的情况，从很多现场公示的照片看，大多是为了应付控规文件申报临时组织，根本不是真正的现场组织参与。即使在这种情况下，控规文件还是通过了审批。由此可以判断，公众参与组织权的监督效力较差。其次看公众参与意见处理的监督问题。在理性原则的分析中，我们已经发现，目前控规编制(包括调整)过程的实际案例中存在决策者对公众意见回复理性不足，公众不满意见回复现象较多，甚至还有个别区缺乏意见回复的内容，然而这些项目也都顺利地通过了审批，由此可以判断，公众参与意见处理权的监督效力也没达到应有标准。

(2) 规划编制决策者对决策过程及结果承担责任的能力

《城乡规划法》明确规定了规划编制主体的相关法律责任：对依法应当编制城乡规划而未组织编制，或者未按法定程序编制、审批和修改的，由上级人民政府责令改正，通报批评；对有关人民政府负责人和其他直接责任人员依法给予处分。2013年监察部、人社部、住建部专门颁布了《城乡规划违法违纪行为处分办法》，做到有法可依，有法可循，对有关责任人员给予相应处理。2013年年底，住建部出台《城乡规划公示办法》，对城乡规划公开公示的监督检查和责任进行了规定，要求各地政府设立投诉信箱和电话，对于未按照法律规定进行公示活动的，依据《城乡规划违法违纪行为处分办法》对有关责任人员给予相应处理。但具体效能怎样，还无从考证。在此之前，规划过程中出现了问题，组织机构均未承担相应的责任。2010年，《闸北区大宁社区N070301-N070302单元控规098街坊局部调整》项目在公示意见回复中造假，事后区规土局并没有承担相应的责任。

> 在一次群众信访中，闸北区规土局向居民出示了“公示情况说明”，其中提到该控制性详细规划局部调整“虽然得到大多数居民理解，仍有少数群众对公示事件有疑问”，该说明的落款有“闸北区大宁路街道”，却无大宁街道的公章，居民事后向大宁街道求证，街道表示对此事并不知情。事后区规土局承认报告存在问题。

5.2.4　控规编制过程公众参与制度的程序正义之实质正义标准考量

5.2.4.1　公共福利原则考量

从实现公共福利来看,8个案例均可以促进城市发展、提供公共物品。但是有部分案例在资源分配上只注重整体利益,牺牲个人利益,影响了实质正义的实现。其中《嘉定区东方慧谷控规》项目,为了扩展东方慧谷商务办公用地范围,将周边樊家二区小区及养老院纳入用地变更范围。而樊家二区2004年才由其他地方拆迁还建而来,还不到10年,小区建筑为居民自建独栋住宅,质量较好,小院内蔬菜、花草茂盛,环境优美。大部分的居民过着舒适、安静、自在的生活,不想再迁至其他地方,更不想住进高层楼房改变生活习惯。东方慧谷控规调整使樊家二区面临二次拆迁,为了嘉定区整体经济利益而不顾樊家二区居民的利益,这是非常有失公平的。青浦区徐泾中控规编制也是如此。随着地铁2号线徐泾东站、中国博览会会展综合体的修建,徐泾中片区面临新的发展机遇。然而,控规编制将基地内所有的工业及农民还建居住区全部调整为商务办公用地,在居民、工厂都毫不知情的情况下控规调整结束,又在短短2个月时间内,区政府采取非常规手段迫使这里的单位和居民签订了拆迁合同。调查罗家村时,很多居民都愤愤不平。

> "再也不可能住这样的房子了。"
>
> "政府给补偿了2万元每平方米,而这里的商品房目前都是2.9万元每平方米,买新房是买得起,但是面积要小很多,而我们工资太低,全靠现在多余的住房面积出租补贴生活。"
>
> "没有还建房吗?"
>
> "还建的住房太远了,还得几年才能盖起来。"
>
> "可以不同意拆迁啊?"
>
> "不同意?! 那家里孩子的工作就没了。"

就在紧邻罗家村的南部,是高档别墅区,住房质量与罗家村村民住房相当,但是却在控规调整中被保留下来,不管出于什么理由,这样的规划结果都是有失公正的。

5.2.4.2　可接受性原则

将规划分为现状问题、规划目标、规划结构及用地调整四个方面考察公众的接受情况。结果发现:公众对规划现状问题确认及规划目标设定认可度较高,但是对规划结构,尤其是对用地调整不认可度较高,8个案例中不认可的人数达到260人,占总调查人数336人的77.4%。

表 5－7　典型案例中公众对规划认可度的总体情况

案例类型	主题	特征	频率	百分比
类型一 类型二	现状问题	认可	176	52.4%
		不认可	160	47.6%
	规划目标	认可	187	55.7%
		不认可	149	44.3%
	规划结构	认可	140	41.7%
		不认可	196	58.3%
	用地调整	认可	138	41.1%
		不认可	198	58.9%
类型三	用地调整	认可	8	11.4%
		不认可	62	88.6%

5.2.5　小结

经过上述数据分析可以得知，上海控规编制（包括调整）过程公众参与制度的程序正义在主体标准、透明标准、开放标准、协商标准、共同决策标准、中立标准、及时标准、理性标准、救济标准、监督标准方面都存在问题。这些程序正义存在的缺陷也在一定程度上影响到了实质正义的实现。

首先，看实质正义之“公共福利”的失效。由于缺乏所有利益相关者的参与，尤其是缺乏土地使用者——地方居民和政府、开发商之间进行自由、平等的协商和决策，导致《嘉定新城 JDC1-2005 单元（东方慧谷所在地）街坊控规》和《虹桥商务区徐泾中 QPPO－0102 单元控规》的规划结果都出现了只注重整体利益，而牺牲个人利益的不公平分配的现象。

其次，看实质正义之“可接受性”的失效。根据程序正义心理学的相关研究，如果居民认为决策的过程存在不公平，那么他们对决策结果的可接受性将降低。上海控规编制案例中大多数的居民不认可规划结果，其中的原因不仅仅是对结果不满意，还基于过程的非正义。研究虽未对此作详细的问卷调查，但曾经在《嘉定新城 JDC1-2005 单元（东方慧谷所在地）街坊控规》和《虹桥商务区徐泾中 QPPO－0102 单元控规》案例中咨询过部分居民，他们一致表示由于决策过程封闭，自己没有发言权所以难以对规划结果表示认同。尤其在“公众反对意见较大”的案例中，居民对规划过程中复旦大学隐瞒信息的行为表示愤慨，对规土局不认真对待公众意见、相互推诿的行为表示不满，为了表达这些反对情绪，居民多次在反对的书面意见中进行了阐述，甚至采取过激的行为。复旦大学枫林校区控规调整案例中非正义的过程与结果相伴，加剧了公众对规划结果的不认同。

上海控规编制过程中程序正义存在的缺陷说明上海控规编制(包括调整)过程公众参与制度目前存在问题,需要进一步详细分析和论证。

5.3 控规编制过程公众参与制度要素缺陷分析

5.3.1 基础性制度存在问题

上海控规编制(包括调整)过程中公众参与制度无法满足程序正义的透明及主体标准,主要在于公众参与制度的基础性制度——信息公开制度存在一定的缺陷,其主要内容如下:

5.3.1.1 信息公开范围有限,程序复杂

规划编制信息的内容包含立项、现状问题、规划目标、草案、评审、公布等一系列过程,包含的信息有立项前土地批租情况,设计单位对方案的要求、设想,报批请示、报批批复,形成草案后规土局与政府各部门、专家的评审意见,公众意见,公众意见回馈,规划委员会专家的评审意见,最后方案的文本、说明书、图纸、图则等。这些信息缺一不可,在不同程度上影响着公众参与的效果,规划合法性的实现。规划编制信息公开是指政府将上述信息依照法定的程序、范围、方式、时间向社会公开,以便社会成员能够方便地获取和使用这些信息的制度,主要包括主动公开和依申请公开两种主要形式。

2008年1月1日施行的《城乡规划法》在第八条和第九条中分别就城乡规划的公布和公众查询进行了规定,成为了城乡规划信息公开的直接依据。2008年5月1日施行的《中华人民共和国政府信息公开条例》第十一条指出设区的市级人民政府、县级人民政府及其部门重点公开的政府信息应包括城乡建设和管理的重大事项,进一步明确了城市规划信息公开的法定性。在这两个法案的基础上,上海市制定了《政府信息公开条例》《上海市城市规划条例》及《上海市城市规划管理信息公开暂行规定》,以肯定列举法[1]规定了控规信息的公开范围。其中控制性详细规划主动公开的内容包括报批请示、报批批复、规划文本、规划图则,申请公开的内容是规划说明书等技术文件;免于公开的规划信息内容包括规划工作中产生的国家秘密,测绘部门产生的带有密级的测绘成果,规划工作中涉及其他行业规定的国家秘密,规划工作中遇到的建设工作商业秘密,政府机关工作过程中产生的工作秘密。从逻辑学的视角分析,只有概括的方式[2]——可以是肯定概括也可以是否定概括——才能使概念的外延得到周延;列举的方式无论列举多少都无法周延概念的外延。如果要使知情权得到最大限度的保护

---

① 列举法,顾名思义,是指行政机关在界定信息公开例外范围时,详细列举出哪些信息是信息公开的例外事项,属于不予公开的范围,并将这些信息一一罗列出来。列举法分为肯定列举法和否定列举法。肯定列举法是指将某些内容以肯定的形式列举出来,而否定列举法则是列举出反例。

② 概括法是指法律对政府信息公开例外范围进行简单的概括,划定大致的范围。

必须对准予公开的政府信息采取肯定概括的方式，即所有的政府信息都应当公开，对限制或禁止公开的信息采取否定列举的方式，即明确列举不公开的政府信息。所以说，上海控规信息公开制度的规定不利于公众对信息的获取。

表 5-8　规划编制过程公开信息目录

公开类别	公开内容	公开属性	公开形式
控制性编制单元规划	报批请示、报批批复、规划文本	主动公开	部分公开
	规划层次、土地使用结构规划、集中公共绿地布局规划、道路交通设施规划、公共服务设施规划、涉及的历史文化风貌保护区规划	主动公开	全文公开
	说明书等技术文件	申请公开	摘要公开
控制性详细规划	报批请示、报批批复、规划文本	主动公开	全文公开
	区位图、土地使用规划、公共服务设施规划、基础教育设施规划、绿地布局规划、道路系统规划、交通设施规划、地块编码、图则	主动公开	全文公开
	规划说明书等技术文件	申请公开	摘要公开

（资料来源：宋煜. 上海信息公开制度对于规划管理的启示[C]//2013 年城市规划年会论文集. 2013.）

如果申请人需要申请非公开类，但又不是免公开类规划信息，还需要向规划部门申请。然而目前的申请程序存在缺陷，又进一步限制规划信息的公开程度，造成公众获取信息困难。一是信息申请公开的程序非常复杂，公众需要花费大量的时间成本。二是申请内容需要规划部门自由裁量，但是基于我国拥有着深远的保密传统和有些政府官员不愿让百姓知道太多政府信息的现实，行政机关对拥有裁量权的信息——可公开、可不公开的信息，就往往选择不公开。从法院简报数据看，2012—2013 年间公众提起的规划信息公开案例诉讼达 74 起，占城市规划诉讼案例总数 50%以上①。

5.3.1.2　信息发布方式不合理，与信宿的自身条件不相符

根据前面论述，目前上海所有控规编制都会通过网上和现场信息发布，但是 7 个调查案例中(没有包括复旦大学枫林校区案例)92.3%的公众未能获知公示信息。另外，5.7%的“围观”者中，也并非是完全自己看到的公示信息，大多是经其他人告知而获知的规划信息，少数从邻居口中获得。有些是因为和村干部、区政府内某些官员私交甚密而获得的信息。例如浦东大团镇某位村民通过政府内的朋友看到当地的总体规划图纸，得知自己住宅可能面临拆迁的情况。这说明信息的传播存在问题。信息源、信息、信宿构成了传播的基本元素。对于规划信息传播来说，信息源即是市或区规土局，信息指经由规划设计人员设计的规划图纸和文本，信宿指普通公众。目前，信息

① 资料来源北大法意数据库。

源可以按照要求发布信息，但是信宿(信息到达者即受众)的知晓率却没有提高，说明信息没有有效到达信宿，这说明信息传播过程和途径出现了问题。

首先，分析网络传播。众所周知，网络传播存在很多优点：它具有极为宽广的传播面，突破了信息传播在地域上的限制；由于网页制作的过程相比于报纸、电视等传统媒体大为简化，从而节约了运营成本，缩短了发布时间；容量大，突破了传播形式的界限。但是网络传播的有效性也有很多限制，想要一条信息顺利传达信宿需要的条件是：① 信宿要拥有电脑、网络等设备；② 信宿需要一定的操作技术；③ 信宿需要知晓信息在哪个网站、什么时间会发布信息；④ 信宿有需要信息的理由①。根据这些原则调查上海控规信息发布过程中“公众为什么没有网上获取相关规划信息”我们发现：约19%的人“家里没有电脑，使用网络不方便”；70.8%的人“家里有电脑，使用网络方便，不知道规划信息会在规划局网站发布，平常也不上规划局网站浏览信息”；9.2%的人“家里有电脑，使用网络方便，知道规划信息会在规划局网站发布，但没有特殊情况一般也不上规划局网站查看信息”。由此得知，上海控规信息网络发布存在的主要问题首先是公众事先并不知晓规划信息会在什么时间及什么地点发布，其次是公众缺乏网络操作技术，(由于被调查人中老年人占比较大，他们一般和子女同住，子女会用网络，因此技术问题可通过信息传达消减)，最后是部分弱势群体没有电脑。

其次，分析现场公示。现场公示的优点在于比较直观，规划信息制作简单，成本不高，而且对于公众来说较易获取，不受时间限制。缺点在于影响范围小，不经过展示地点就会错失信息。它对于面积较小的区域可能有效，但对于面积较大的区域，在事先不知情的情况下，日常出行达不到的公众就无法获取信息。上海控规编制过程现场公示分两个地点，一是现场某地点，二是规划展示馆。通过7个案例的调查发现，97.3%的公众没有从现场获取规划信息。其中74.4%的人平常不会去该规划现场公示的位置；19.9%的人“平常会去现场公示的位置，但是不会看那里的信息”；100%的人没去过规划展示馆。可以看出，现场信息无法到达公众的主要原因在于展示地点不合适。

无论是网络信息传播还是现场展示，都属于大众行为传播方式，即“点对面”的“独白式”信息传播。它们的特点是利用影响力较深的媒体传播信息，成本低，没有具体的信宿，信息传播效果受信宿自身条件的影响。7个案例中，大多数公众对规划公示制度毫不了解，其中80.7%的人不知道政府公布规划信息的方式，52.2%的人不知道通过何种渠道表达意见，88.1%的人不知道政府处理公众意见的方式，84.2%的人不知道如何获取政府对公众意见的处理结果。这样的制度认知条件，信宿不可能在公示期限内自主获取相关规划信息，就像几位企业主所说的那样，“没事我上规划局网站干吗？”“没事我去规划局展示馆干吗？那地方也不能随便进。”因此仅仅采取“网络+现

① 孟庆兰．网络信息传播模式研究[J]．上海高校图书情报工作研究，2007，30(4)：133-137.

场"的信息传播方式是不适合目前规划公示信息发布的。不是这样的传播方式不好，而是目前信宿的条件还不适应。

5.3.1.3　信息制作、张贴缺乏规范性，存在机会主义行为

上海控规编制（包括调整）过程中信息传播失效，除了信息传播方式本身存在问题，还在于信息制作缺乏规范性内容，信息源在处理信息时的一些机会主义行为[①]严重影响了信息传播的效果。主要内容有：

(1) 信息制作内容中的机会主义行为

规划信息包含的内容很多，一个完整的控规资料要包括现状基础资料、规划方案、控制图则等几十项内容，规土局在选择公示信息时，不能尽其所有，在缺乏详细规定下，有的只选择规划用地及规划结构两张图进行公示，有的以一张附有详细指标的图则了事。这些单一的内容很难使公众全面了解规划的意图，很多情况下公众看不懂、不清楚规划内容而没有提出意见。为了提高控规编制效率，有些规土局办事人员会利用公众的这一行为，选择一些看不出问题的信息进行展示。另外规划信息具有一定的专业性，需要在表达上接近公众的理解力才能被公众接受，一些规划师也会利用这点影响公众对规划信息的接受，如复旦大学枫林校区控规，在缺乏清晰的现状地形图的情况下，设计师也没有将 24 米控制区单独划分出来，而仅仅用语言描述，公众根本无法得知 24 米控制区是否就是指大操场位置。

(2) 信息展示尺寸中的机会主义行为

由于缺乏信息尺寸的具体规定，规土局在制作信息时尺寸也是各式各样。从现场公示看，有的是 A1 展板形式，有的小如 A3 尺寸。A1 尺寸阅读比较方便，但 A3 大小很多图纸信息就模糊了，公众根本看不懂表达的内容。网上公示也是如此，有的像素很高，有的像素则很低，以至于道路名称都无法辨析。试问这种情况下，公众都不能阅读，又如何理解规划信息的内涵，进行有效的参与，认同规划的内容呢？

(3) 信息张贴地点中的机会主义行为

张贴地点的明显性对于现场公示的效果尤为重要，地点不明显，公众平常无法到达，那现场公示就会变成一种形式。从上海控规编制过程现场公示地点看，可谓五花八门，有几种情况严重影响了信息传播的效果：① 设置在政府机关门口或建筑内部，如某开发区管委会大厅、规划管理处走廊墙上等等。规划区内的公众到此处办事才看到了规划信息，但这种概率是少之又少。② 室外某处草地。③ 规划地块隐蔽的位置，如某个废弃的大门门口，机关大院院内墙一角，这些公众平常很少来或根本不会注意的位置，张贴消息也是一种形式。案例 6 中海关大楼改造项目，调整图纸设置在内院墙角上，普通公众根本不能看到。

---

① 根据百度百科解释，机会主义行为是指在信息不对称的情况下人们不完全如实地披露所有的信息及从事其他损人利己的行为。

(4) 信息张贴数量中的机会主义行为

控规编制范围较大,大的有几平方千米,小的最少也有几公顷,因此规划图纸现场张贴的数量对于信息的传播效果也有很大影响。张贴数量少,信息覆盖面大则信息传播效果差;张贴数量多,信息覆盖面小则信息传播效果好。目前公示制度没有规定现场张贴的数量。从上海控规编制现场公示实际情况看,工作人员往往只选择在一处进行公示,很多几平方千米的地块只有一处位置张贴规划信息,也就不奇怪为什么案例中郊县控规编制项目中无法从现场公示获取信息的公众达到94.6%。

根据新制度经济学对人的假设,人是追求效用最大化的,人们所从事各种活动的最终目的是为了满足自身的需要,人们在追求自身效用最大化时,常常会走到机会主义上去。区县规土局在面临区、县政府发展要求及市局要求提高编制效率的双重压力下,往往会选择机会主义行为。同时,信息不对称和人的有限理性也给机会主义行为存在提供了活动空间。新制度经济学认为人是有限理性的,正因为人是有限理性的,他不可能对复杂和不确定的环境一览无余,不可能获得关于环境现在和将来变化的所有信息,在这种情况下,一些人就可能利用某种有利的信息条件如信息不对称环境,向对方说谎和欺骗。区县规土局可以利用自己在规划信息方面的专业优势,利用规划信息的制作,阻碍普通公众对信息的获取。

拥有自利动机的经济主体是否实施机会主义行为以及实施这种行为的程度除了个体差异外,更重要的是取决于既定的制度安排。有效的制度安排可以起到协调秩序的作用,也可以将合约执行过程中的机会主义限定在较低水平上,而无效的制度则会助长机会主义。上海控规编制过程信息制作制度缺少信息尺寸、内容、地点、数量的详细规定,造成了上述种种机会主义行为,使得信息传播无效。

5.3.1.4 信息公布的时间存在缺陷,时效性不佳

"信息强调时间价值。"因为在时间面前,信息是易碎品:即使是十分真实的、很有价值的信息,一旦失去了时效,它就会变成无人问津的东西。目前上海控规编制过程公众参与制度中信息发布的时间规定存在缺陷,导致实效性不佳。首先,所有的规划内容完成后再进行信息公布,时间较晚。规划编制是一个长期的过程,其间产生大量信息,仅在方案经政府相关部门和专家评审完后才对公众发布,会导致公众反应不及时,影响公众的接收和接受。另外,前期大量的信息也不可能一次性在公示阶段全部公布,而这会影响公众对规划全过程的了解,不利于公众进行决策。

其次,缺乏对公众参与过程中公众问题回复的时间规定。公众在参与过程中会产生更多的信息要求,由于缺乏对这类信息回馈的时限,规划管理人员往往回避了这类要求。除非信访信件,其回复有时间要求,规划管理人员必须在一个月内回复。即使是这样,他们也经常将时间耗足。胡范铸认为,政府信息发布的时间准则内涵相当丰富:第一,时间即真实。越是真实的就越是不需要掩饰的时间。第二,时间即议程。政

府信息发布应在第一时间进行，因为把握第一时间是设置议程的最好时机，如果放弃了第一时间，大众非正式的议程一旦形成，政府就丧失了议程设置的权力。无端猜测不但非常容易形成，而且将更加难以消灭。规划管理人员的躲避，影响了公众和政府之间的交流，造成了公众对政府的不信任和猜忌，导致其对规划结果的不接受。

5.3.2 核心制度存在问题

5.3.2.1 参与主体概念模糊，各方权责不明确，缺乏选择机制

如前所述，规划主体应包含与规划有关的一切主体，既包括政府及其行政组织，也包括专家、企事业单位、居民。按“公众”定义，我们可以将参与主体分为“官方”和“非官方”两派，非官方即为“公众”。现有立法没有明确参与主体的概念，对于代表“非官方”的公众概念也存在着不统一、不明确等问题。首先，看国家层面的两个法规，2005年的《城市规划编制办法》将公众和单位并列出来，有“居民”的意思。2008年的《城乡规划法》将公众和专家并列起来，外延了“公众”的概念。公众不仅仅指居民，还包括企业等其他组织。上海控规编制(包括调整)过程公众参与制度中“公众”的概念延续了广义的定义，《上海市制定控制性详细规划听取公众意见的规定(试行)》说明公众包括街道、居民、单位、人大代表、政协委员和相关人员。但是如果说公众指非官方组织，那么街道、人大代表和政协委员都应该不属于公众的范畴。《上海市控制性详细规划管理操作规程》回避了“公众”的概念，直接明确了参与的主体包括人大代表、政协委员、街道、居民代表和相关企业代表。可以说，无论是国家层面还是地方层面都缺乏对“参与主体”及“公众”概念的清晰界定。

不仅“公众”概念具有不确定性，参与公众的选择机制也缺乏，无法确定参与公众的范围，也无法保证每一个规划主体被通知参与到规划中来，规划合法性的实现大打折扣。另外，不同的参与主体与规划关系不同，拥有的权利和责任也应该不同，如专家应该如何参与，拥有什么权利和责任；人大“代表”、政协委员又起什么样的作用，拥有什么权利和责任等等都需要明确。目前不仅是参与主体概念不确定，各个主体的参与权利和责任规定也缺乏。对于追逐私利的行政组织，实践中常利用“没有细化的规则来确定公众范围及权利”这一漏洞，规划单位在确定参与公众时就容易依其便利为标准来选择。如增加人大代表、政协委员、街道相关人员，指示居委会选择好说话、利益不相关的居民代表参加座谈会。虽然说人大代表应该为选民说话，但是我国目前人大制度存在种种缺陷，还不能使人大代表发挥应有的作用，在某些时候甚至与政府站在同一方拒绝接受公众的意见。这样收集来的公众意见不仅不能客观反映公众对规划项目的意见和建议，而且客观上剥夺了一些公众对该规划的表达权，使得公众参与流于形式。

表5-9　城乡规划公众参与制度的相关法规对“公众”的定义

法规名称	概念出处	“公众”内涵
《城市规划编制办法》(2005)	在城市详细规划的编制中,应当采取公示、征询等方式,充分听取规划涉及的单位、公众的意见。对有关意见采纳结果应当公布	狭义的概念,指与规划有关的居民
《城乡规划法》(2008)	组织编制机关应当充分考虑专家和公众的意见,并在报送审批的材料中附具意见采纳情况和理由。 修改控制性详细规划的,组织编制机关应当对修改的必要性进行论证,征求规划地段内利害关系人的意见	广义的概念,指除专家外的一切与规划有关的居民和组织、单位
《上海市制定控制性详细规划听取公众意见的规定(试行)》(2006)	组织编制部门应当会同规划地区街道办事处(镇政府)召开座谈会,邀请规划地区居民、单位、人大代表、政协委员和相关人员参加,听取对规划草案的意见,参加座谈会的公众代表一般不少于十人	广义的概念,包含街道、居民、单位、人大代表、政协委员和相关人员
《上海市控制性详细规划管理操作规程》(2010)	区县规土局组织区县局网站和区规划展示馆以及现场公示,期间应组织人大代表、政协委员、街道、居民代表和相关企业代表召开听取意见会,市局详规处和编审中心参与	没指明公众的概念,但参与人包含人大代表、政协委员、街道、居民代表和相关企业代表

5.3.2.2　参与阶段太落后,公众参与事项少

上海控规编制过程公众参与仅限定在控规草案上报规委会评审前,时间置于十分靠后的阶段,而在项目动议、评估、现状问题分析、规划目标制定各个阶段都没有要求征询公众意见,公众参与事项少。

一个控规项目从策划到申请、规划方案审批通过至少需要6个月的时间,公示的时间大概在后两个月期间,前面四个月主要是设计部门、区规土局、区政府、市规土局以及市区级各政府部门之间进行利益博弈,也就是说,公众看到的公示方案已经是所有部门之间协商的结果。公示阶段,在公众的反对意见呼声很高的情况下,如果规土局采纳公众的意见,则项目方或政府所承担的成本太大,如果不采纳公众意见,则会造成社会不安定。就在规土局陷入两难的境地时,他们极易于倾向政府或投资者的利益而牺牲公众的利益,采取安抚的维稳政策应对公众。正如复旦大学枫林校区案例中,其校园改造被列入2013年市政府重大项目,在这样的背景下,区规土局为了保证校园的优化改造,一方面坚持东操场建设,没有采纳公众的根本意见,一方面又积极成立维稳小组,通过各种方式做四季园小区居民的工作。一位从事多年控规审批工作的行政人员说过:“目前控规编制还是政府主导,主要的利益博弈发生在区政府与市规土局之

间，经过多轮商谈结果的公示草案，不可能会因公众的意见发生根本改变。"也就是说，公众参与的阶段越落后，公众的意见越难被政府采纳。

公众参与事项少，公众对规划不理解，导致公众很难接受规划结果。如前所述，规划过程是一个理性的过程，每一个阶段都环环相扣，前期的结果是后期的开始，即只有了解清楚规划基地内的现状问题，才能提出科学的规划目标，在目标的指导下形成科学的规划方案。同时这一个过程又是政治的、充满价值判断的，即现状问题的确认必须得到当地居民的认可，而针对现状问题的解决方式——规划目标及规划方案也是多种多样的，需要不同的利益代表相互协商进行选择。可以说，规划的每一个阶段都是需要公众参与的，而失去了前几个阶段的参与，公众对规划结果的由来毫不知情，这种情况下让公众完全接受是很难的。很多规划行政人员抱怨公众不懂规划，其实是他们没有给公众了解规划过程的机会。根据7个案例的调查，我们也可以发现，那些同意规划问题、规划目标的公众不一定会同意规划方案，而那些不同意规划问题、规划目标的公众一定不会同意规划方案。

5.3.2.3 参与程序层次单一，参与方式缺乏程序性规定

目前公众参与制度的形式理性不足，与公众参与制度程序层次设计不足息息相关。公众参与需要具体的方式才能进行，只有非常明确地规定相应的公众参与方式及其程序，使规划主体明确如何参与，采取何种行为，各自的权力如何分配，并保证这些方式和程序得到有序的执行，公众参与才能有条不紊地展开。我国目前从国家层面到地方层面公众参与制度只包含了信息发布、收集及处理等第一层级的程序内容，而对于具体的参与方式缺乏明确的程序性规定。如《城乡规划法》仅规定：城乡规划报送审批前，组织编制机关应当依法将城乡规划草案予以公告，并采取论证会、听证会或者其他方式征求专家和公众的意见。至于如何开展论证会、听证会，没有程序规定。《上海市制定控制性详细规划听取公众意见的规定(试行)》(2006)第七条规定："组织编制部门收集公众意见，可以采取发放、回收公众意见调查表、网上收集意见、召开座谈会、论证会或者其他有效方式。"第八条对座谈会及论证会作了简单解释。

程序，就字面意义来说，可以理解为过程的次序，但程序并不是一种随机的无目的的过程，而是一种有明确目的或方向的过程，程序的完成总是指向某种确定的状态或目标。它所起的作用就是一种有目的的控制作用，即通过程序运行所产生的效应使系统产生或维持某种确定的状态。若参与方式缺乏明确的程序性规定，那么组织人员就可以随意操作，从而为某些机会主义行为创造条件。例如座谈会，《上海制定控制性详细规划听取公众意见的规定》仅明确了参与者的身份(包含地区居民、单位、人大代表、政协委员等)，人数(不少于十人)，但是具体的参与者如何选择？座谈会最终目的是什么？参与者如何发言，意见如何处理？这些都未作规定。以实际当中的3个座谈会案例来看，组织随意性很强，无实际效果。具体如下：① 参与代表的选择。虹口区、复旦

大学枫林校区案例公众反对呼声很强,座谈会主要选择居民代表及开发代表进行座谈,长宁区案例选择个别与居委会关系要好的楼长进行参与。② 参与过程。虹口区案例 10 个居民代表都进行了发言,提出反对理由和意见,开发单位没有回应居民提问,最后区规土局作了总结,会议结束。复旦大学枫林校区案例开发主体和居民代表都进行了发言。③ 意见处理。座谈会后,3 个案例均无意见处理结果,公众继续采取反对行动。按照一般理解,座谈会应该是利益各方代表初步交流的形式,也是扩大信息传播的一种方式,因为未作明确规定,不是在特殊情况下,组织人员都会选择好说话的人进行座谈,在一片祥和的气氛中完成了公众参与的程序,实现形式化的合法律性。特殊情况下,组织人员会根据会议情况,选择交流还是不交流。矛盾较大、不好回答的往往选择不交流。再如听证会,虽然国家层面法规提出这一方式,但是上海相关法规均无规定,缺乏听证会程序性规定,即使很多居民代表提出要求开听证会,规土局也不敢贸然试之。

参与方式除了内容需要程序性规定,其选择和启动也需要程序性规定。我国公众参与城市规划相关法规对于参与方式多是列举式,选择权在行政机关手中。在法律条款缺乏何种情况下采取何种形式的强制性规定的情况下,行政机关当然尽可能地选取法规要求的参与形式,或者操作简便、开放性低、约束力小的形式。显而易见,在这些富有弹性和过于原则化的法律条款背后,行政机关有着极大的自由裁量空间,公众意见是否真能影响规划决策成为一个未知数。

5.3.2.4 缺乏协商和公众决策的机制,参与主体之间的博弈状态不均衡

程序正义的协商和共同决策原则缺失主要是因为目前的公众参与制度缺乏相关的机制,这导致参与主体之间的力量不均衡,使公众的意见未对规划决策产生实质性影响。当公众"无意见"时不影响控规审批的效率,但当公众反对意见强烈,且与政府利益相矛盾时,却无法约束政府的行为,使之重视及采纳公众的意见。下面以转型时期作为公众参与主要组织者的规土局行政人员为核心,以其上级政府主管部门和辖区内公众为与官员展开博弈的相对方构造双重博弈框架,分析协商和公众决策机制对于构建公平正义的程序及实现实质正义的作用。

首先,分析我国政府、规划部门行政官员及公众各自的空间利益需求。我国转型时期特定的社会经济发展要求决定了地方政府并不完全对应于西方经典政治理论描画的"纯粹公共物品提供者",而是经常以"政治企业家"身份积极介入经济生活,努力捕捉经济发展机会。土地、建设作为经济的重要来源大大激励了政府,促使政府利用城乡规划最大化地增加土地经济效益,忽视社会效益。规划部门的行政官员的利益需求来自两方:一方面作为规划师履行自己的职业操守和专业要求,另一方面作为行政科层组织成员,受上级主管部门——政府的管制,需要履行政府下达的指令并追求行政效率。公众的空间利益需求主要表现在与市民切身利益直接相关的居住、工作、游

憩和交通的城市物质空间环境的要求上，特别是那些拥有私有产权住房的市民，与其住房直接相关的社会空间环境的变化将直接影响到市民的切身利益。因此，作为理性自利的个体，城市的长远利益和公共利益往往并不是他们主要考虑的内容。

其次，分析公众参与过程中他们的博弈关系。规划部门行政人员以专业技术标准、公众利益诉求与政府的开发要求进行博弈，另外他们又以政府开发要求、专业技术标准与公众利益诉求进行博弈。在满足专业技术标准的前提下，规划行政人员以谁的利益为主完全取决于博弈中的权力大小：当政府的权力较大时，规划行政人员听命于政府；当公众的权利较大时，则会倾向于公众。从目前西方各国公众参与实践看，公众的权利来自两方：一是通过某些公众参与机制赋予公众很高的权利，如美国听证会、动议制度、复决制度；二是通过代议制民主中的选举制度赋予公众权利。如英国，通过公众选举决定议员，议员任命官员，如果官员没有认真考虑并采纳合理的公众意见，那么公众下次就不会再选举这个议员了。我国官员选举以任命制为主，公众对政府约束力不够。因此，在城乡规划公众参与时，如果参与制度没有赋予公众很高的权利，则规划行政人员会以政府的利益需求为主从而忽视公众的利益需求。除非公众采取很激烈的反对行为影响到社会的稳定，否则政府很难以公众的需求为主。

我国目前城乡规划公众参与制度缺乏赋予公众协商和决策权的机制，公众既难以有机会同政府之间展开公平的协商、讨论，也难以有公平的权力参与决策。也就是说，这种权利的不平衡无法满足哈贝马斯的“理想的语境”，难以实现程序正义，程序结果导致的实质正义也难以实现。

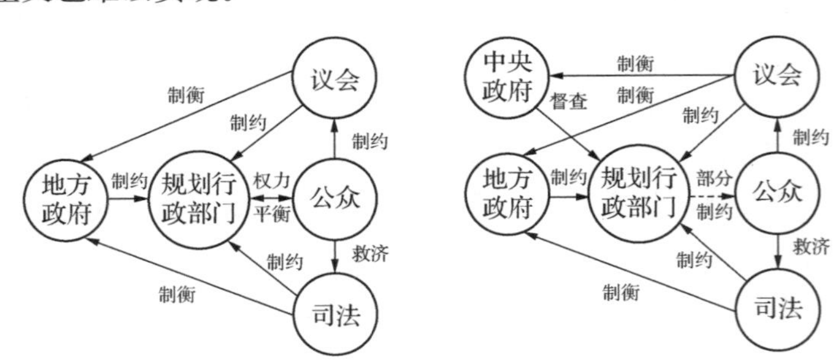

图 5-1　英国、美国城市规划公众参与中公众的权力结构图

5.3.2.5　公众意见处理机制不完善，反馈机制缺少详细规范

公众意见处理理性原则的缺失导致公众意见难以影响规划结果。公众对规划结果难以接受与公众参与意见处理机制息息相关，说明这一机制存在很多问题。

(1) 公众意见处理机制存在的问题

一是公众参与意见处理权由规土局承担,违背了程序正义之中立原则。我国城乡规划相关法规规定公示意见处理由行政机关同设计院共同完成,而规划本身就由其制定,他们在处理公众意见时一般会按照自己的目的,对于那些不违反政府发展意图的公众意见选择接受,而对不影响整体公共利益的却与政府发展意图相反的意见往往不予采纳。

二是公众意见处理过程不透明,公众无法理解和监督。由于缺乏相关规定,政府往往采取封闭的做法将公众意见处理内部化,讨论仅在行政机关与设计人员之间展开。公众对于意见产生的过程及理由不能完全知晓,在缺乏规划专业知识的背景下,有时自然会不理解意见处理结果,并产生抵触心理。

三是缺乏公众质疑意见处理结果的通道。目前,政府的公众参与处理结果内容包含公众意见、采纳及不采纳的结果,以及不采纳的理由。但理由是否成立,是否被公众所接受是需要公众和行政机关进一步讨论的。由于缺乏相关规定,公众进一步参与的机会失去了,但也降低了公众对规划的接受性。

四是缺乏规划过程中产生公众意见的处理机制。公众意见当然不仅限于规划方案公示阶段,而是在整个规划过程中都会出现,而且不仅限于一次。公众意见一旦提出,政府部门都应该处理这些意见,即规划过程中的每一次公众意见都应该被记录、总结及处理,只有这样,公众才觉得自己的意见被重视,也才会信任政府的决定。复旦大学枫林校区案例就是这样,公众在参与过程中提出了一系列的意见,但规土局只回答了几条,这使得公众有被欺骗的感觉,从而反对意见处理结果。

(2) 公众意见反馈机制存在的问题

公众意见处理完后,必须反馈给公众。目前反馈制度存在一些问题,影响了公众的反馈意见的接受。如果积极参与的公众得不到反馈意见,必会影响其积极性,对政府失去信心。一是反馈形式过于单一。目前反馈形式主要是现场张贴及网上发布,如前面信息发布制度缺陷的分析,这两种形式的信息反馈同样存在公众无法接收到的现象。二是反馈时限缺少规范。目前法规没有规定行政机关反馈时限,有的行政机关几个月后才发布,使得意见的时效性大打折扣。公众也会因此错过反馈意见的接收。三是反馈内容缺少规范。目前反馈内容是经过行政机关总结的,不是严格按照公众的提问,这会影响公众的理解,导致公众产生误会。另外,公众意见只有内容,没有反馈频率,不能呈现意见的重要程度,行政机关会利用这一漏洞混淆公众的关注度,使公众无法知晓其他人的意见,重要问题可能被忽视。四是缺少规划其他过程中公众意见反馈机制。正如公众意见处理一样,其他阶段公众产生意见也必须要按照规范的形式及时反馈。

5.3.2.6 参与的审查主体设置不合理,审查方式和内容存在缺陷

公众参与权力监督不利与目前监督机制的缺陷息息相关。主要问题有:公众参与

审查主体有失公正、审查方式不合理,程序性审查缺失。

(1) 审查主体有失公正

自然公正原则认为“自己不能做自己的法官”,即回避原则,而编审中心和规委会从目前来看都与行政体系紧密相关。如编审中心本身就隶属于市规土局;规委会组织成员多为专家,但是由市长和行政官员牵头,与行政体系息息相关。因此,由规委会和编审中心承担公众参与的审查工作,有失公正。

(2) 审查方式存在缺陷

规委会、编审中心根据规土局提供的公众参与的书面文件确定其行为是否合规,这种仅就项目的书面材料进行审查并直接作出决定的制度,称作书面审查制度。这一审查方式的特点是:① 封闭性。书面式审查的最大特点就是排除了审查主体与公众之间的会面,缺乏来自公众的第一手资料,而仅仅根据公众参与组织方的材料进行判断。② 裁量性。裁量性意味着编审中心垄断了复议程序的进行,它可以根据自己的主观判断对相关的书面材料与证据进行取舍,并在此种单方判断的基础上作出决定。可见,书面式审查方式表现出浓厚的职权主义特色。③ 快捷性[①]。由于省却了当事人之间的交流环节,书面式审查十分快捷,编审中心往往能够在比较短的时间内作出决定。

但是这种制度也存在很大问题。首先,因为其封闭性及裁量性,使得编审中心产生机会主义行为,有时出于特殊原因,编审中心会包庇规土局的行为,对公众参与制度执行情况的审查放宽要求,如很多项目公示缺乏现场照片,缺乏意见反馈,很多项目公众的矛盾还没解决,也常常被审批通过。其次,书面审查的有效性在于必须有相应的制度基础:一是完备的行政执法档案制度,要有对具体行政行为事实过程的完整记录档案,书面材料客观地记载和反映执法事实,通过阅读档案记录可以了解全部案情和得出认定结论。二是适应行政执法特点的行政证据制度,明确规定行政程序中证据的主要种类、证明力和证据收集提取程序等。具备了科学的行政证据收集、使用制度,才有可能保证行政执法档案的真实合法性。正是由于我国欠缺这两种制度的支持,使得书面资料不真实影响制度的效能。书面材料来自市、区县规土局及设计院,他们在处理各种信息时自身的理解能力、主观偏好甚至语言习惯都会令材料所载信息被扭曲或产生缺失。如有的项目在公示时明明公众的反对意见很大,文本编制人员却将矛盾弱化,并承诺一定会解决问题,希望规划尽快审批。在这种情况下,编审中心会审批通过。

(3) 审查内容缺乏实质效果

目前审查内容主要是各区县规土局是否能按照程序性规定组织公众参与,而忽视

① 章志远. 行政复议审查方式的历史演进——一个比较法角度的观察[J]. 学习论坛,2010(6):77-80.

了公众参与意见是否合理地被接受，即重程序性审查，而轻实体性审查，这无法对决策者是否真正重视和采纳公众合理建议的行为进行约束。

5.3.2.7　问责内容与标准不清晰，缺乏异体问责机制

《关于城乡规划公开公示的规定》2013年11月首次确定了对未按照法律规定进行城乡规划公开公示的，依据《城乡规划违法违纪行为处分办法》对有关责任人员给予相应处理。这是行政问责制在城乡规划领域的延伸。按字面的解释，问责就是去追究分内应做之事，问责制即追究责任的制度。公众是国家的主人，但是管理国家的权力不由公众直接行使，而是由公众委托权力机关，再由权力机关委托政府管理国家事务。按照公共选择理论，政府不是单纯的中立人，他们也追求自己的利益，有可能会作出违背代理人利益的行为。在这种特殊的委托代理关系中，不能只通过像一般的委托代理中的激励、约束形式来规制政府的行为，还要通过执法监督的形式来进行监督控制。

《城乡规划违法违纪行为处分办法》从2013年开始执行，目前还无法评判其效果，但是其设计上的某些缺陷，导致其无法完全满足公众参与城市规划问责要求。

(1) 问责的内容不清晰

《城乡规划违法违纪行为处分办法》并没有针对违反城乡规划公众参与制度问责条款，只有第三条款可以遵循：未按法定程序编制、审批、修改城乡规划的，对有关责任人员给予记过或者记大过处分；情节较重的，给予降级或者撤职处分；情节严重的，给予开除处分。似乎只要行政人员按照公示规定组织过公示就不违法，而那些更为细节的内容，如没有公示主要图纸等内容的处罚没有说明。再有，除了公示程序外，对于行政人员涉嫌造假文件等不端行为的处罚也没有说明。如闸北区大宁光明公司控规项目涉嫌规土局制造虚假的街道同意文件，只以承认造假了事，相关人员并没有受到处罚。

(2) 缺乏问责标准

不同的违规行为应对应不同的处罚办法，《城乡规划违法违纪行为处分办法》规定比较笼统、抽象，只是列举了违规处罚的各种结果，而未将违规行为与处罚结果一一对应，缺乏可操作性。

(3) 缺乏异体问责

只进行同体问责，缺乏异体问责，这与公众与政府之间的多重代理关系不对应。所谓同体主体是指行政问责主体与被问责者从属于同一个组织机体——行政系统；所谓异体问责，是指问责主体与被问责者分属于不同的组织机体——问责主体在行政系统之外而被问责者从属于行政系统。公众与政府之间存在四重代理关系：在宏观层面，存在着公民—政府(官员)之间的委托—代理关系；在中观层面，存在着权力机关—行政机关之间的委托—代理关系；在次中观层面，存在着上级行政机关—下级行政机关之间的委托—代理关系；在微观层面，存在着行政机关—行政人员、行政领导——般

公务员之间的委托—代理关系。同体问责只能解决上述次中观层面、微观层面两种代理关系的监督，对于公众与政府(官员)、权力机关与行政机关代理关系的监督还需要异体问责来解决。

5.3.3　支持性制度存在问题

5.3.3.1　参与的组织机构太过行政化，相互制约性不强

上海控规编制过程中是否进行公众参与由市规土局根据项目保密情况决定：如果项目涉及国家保密条款，则该方案不组织公示；如果不涉及保密，则市规土局在涉及条件中提出公示要求。公众参与的组织、运行，公众意见回复由各区县规土局进行。其行为受规委会及编审中心监督。市政府参考公众意见最后对控规方案进行审批。可以说，上海控规编制过程公众参与的组织机构涉及市规土局、区县规土局、规委会、编审中心及市政府。这些机构本质上同属于一个行政体系下，相互制约性不强。

首先，看区县规土局与市规土局的关系。上海市、区两级均设有规划管理机构，并与国土资源管理整合在同一部门，分别称为“上海市规划和国土资源管理局”和各“区(县)规划和土地管理局”。市规土局负责城市规划政策的制定和实施，对各区县规划主管部门进行业务上的领导和监督，间接参与城市建设管理；区县规土局负责所辖地区的城市规划实施，进行直接的城市建设规划管理。二者之间属于规划管理业务方面的上下级关系；区县规土局负责组织编制控规，市规土局负责控规用地及指标控制。区县规土局有每年完成控规编制的任务，为了尽快完成规划编制，他们会利用公众参与程序缺陷尽量弱化公众参与。市规土局也有完成建设工作的任务，也希望尽快完成控规编制，只要公众闹得不是太大，就会“睁只眼闭只眼”。如复旦大学枫林校区案例，四季园居民到市规土局上访，但是市规土局并没有对徐汇区规土局质疑。

其次，看区县规土局与规委会的关系。上海市规委会由市政府领导，市政府相关委办局、相关事业单位、专家委员会组成。市规委会主任由市人民政府市长兼任，副主任及秘书长分别由市人民政府相关副市长及分管副秘书长兼任。专家委员会由社会、经济、文化、规划、国土、资源、建筑、交通、市政、园林等方面的专家组成。市规委会专家委员基本上为非公务人员，由多学科的专家、多层次的社会人士组成；不仅有本市的专家，还有国内知名的专家学者。市规委会专家委员由市长直接聘任，确保了规委会专家的行政权威性。从规委会的组成看，上海规委会成员除专家外都是行政人员，其构成明显行政化。专家由市长直接聘任，专家对市长负责。由于专家多来自社会，规委会确实可以在一定程度上监管区规土局的公众参与行为，但是碰到与市政府利益有关系的项目时，也可能会违背自己的原则。

最后，看区县规土局与编审中心的关系。编审中心属市规土局二级机构，承担规划行政工作中的技术内容。它在控规编制过程中承担控规成果技术审查工作，即在审

批通过前,对编制完成的控规成果进行技术审查,确保其符合相关的规划技术标准、成果规范等方面的要求。这样做不仅落实了专家和公众的建议,考虑了各专业部门的要求,以有效指导后续管理工作,而且可以避免因成果质量问题出现项目协调、规划调整甚至规划失误等方面的情况,使其成果的严肃性与控规的法定地位相匹配。

在本质上,区县规土局与编审中心的关系等同于其与市规土局的关系。除非公众反对意见很大,否则编审中心对区县规土局公众参与的约束仅限于文本制作上是否符合规范。

组织、审查、监督机构均行政化,难免会产生互相包庇的情况,影响公众意见对决策的真实影响。

5.3.3.2　参与的组织职能安排不合理,角色混乱

公众意见难以对决策产生影响还在于其组织职能安排不合理。目前公众参与信息发布、意见听取及意见处理等职能都集中在区县规土局,使得区县规土局承担了公众参与"裁判人"的角色。只有中立的人才能当"裁判人",然而区县规土局本身并不"中立"。按照上海规划管理结构,区县规土局的人事资金来自于区县政府,受区县政府行政意志影响较深,因此其会积极争取区县政府的利益,忽视居民的利益,这使得它又承担了部分参与人的角色。区县规土局既是不同意见的当事方,又是对不同意见进行取舍的决策者和裁判,这种裁判结果怎么可能会公平?现实的情况是,区县规土局往往站在自己的立场上对待公众意见,公众的意见难以影响决策结果。

另外,目前规委会承担了公众参与的监督职能。这与其本身发挥的职能有很大矛盾。规委会主要由行政人员和专家构成,分别设有城市发展战略专家委员会和规划实施、社会经济文化、城市空间与风貌保护、交通市政规划、地区规划等专业委员会。然而专家多从专业角度出发考虑问题,主要职能是对规划提供技术上的支持和协调,很少能考虑当地居民的利益,因此单纯的专家背景无法监管公众意见的有效性。

5.3.3.3　参与的组织人员偏少,工作效率低

公众参与需要大量的人力资源,目前区县规土局公众参与由规划科组织完成,一个规划科人员一般有 3—4 人[①],他们要承担控规编制过程中除方案编制的一切工作,包括编撰控规年度计划,组织控规评估、申请,组织召开专家部门会议,和设计人员商讨方案修改等等,还有其他行政事务,因此很难有足够的精力组织公示。因此他们倾向选择方便自己的方式,如采取电话听取意见,或解答公众的简单疑问;而很少去现场面对面地对公众解答和交流。如果公众的意见多次又多批,行政人员很难及时回复每一个公众的意见,从而引发公众的埋怨。

---

① 根据调查,虹口区、宝山区规土局规划科工作人员为 4 人,闸北区规土局规划科负责编制规划的工作人员为 3 人。

5.3.3.4 缺乏固定的公众组织,公众参与力量薄弱

目前,上海控规编制过程公众参与大多是个体行为,只有在集体反对某个项目的情况下,居民才会团结起来组成维权小组,代表其与政府进行谈判。在社会日益分化的背景下,组织化是公众参与的重要条件。缺乏组织化的公众参与会面临各种问题,影响公众意见的效力。

对于政府来讲,分散化的公众参与中,政府面对的是分散的个体,即无数个信息发送点;政府没有能力接收如此分散的、数目众多的信息,更无法在短期内进行分类、处理并作出回应。而当政府面对的是组织化的利益团体时,各种信息已经在组织内部进行过初步的交流、处理和整合,部分无效的信息已被过滤。相对简化的、因而也更集中的利益表达,不仅放大了个体利益主张,而且也可避免使决策机构陷入高成本的信息处理和低效率的信息反馈泥沼。

对于公众来讲,缺乏组织化的参与意味着:① 公众的意见可能不受重视。在高度组织化的社会中,分散、孤立的公众个人不具有与政府讨价还价的能力。分散的、数量上众多的个体在保护其权利的战场上往往显得不堪一击;很多时候,分散的大多数个体在制度框架设定的游戏中注定要成为"悲怆的失败者"。而且个人表达利益诉求的散射性,也无法使利益主体凝聚共识,去接近或影响决策层面。"个体参与往往围绕个人利益或少数人的利益发生,其试图影响的也限于政府对某一具体问题的政策或处理,而很少涉及方向性、路线性的问题"。② 影响某些公众的参与积极性。参与的高成本以及可能面临的风险,也使许多人经过理性算计后选择搭便车的策略,置群体利益于不顾。在嘉定东方慧谷控规案例中,很多间接知情的公众内心想参与维权,但是由于没人组织而放弃了参与。③ 公众的参与能力受到限制。参与的行动需要大量的、充分的信息支持,而组织化可以有效地获取和处理信息。并在此基础上作出反应。组织的成员从各个方向集中指向组织的信息流,使组织所获得的信息远远超过组织中任何一个个体所能获得的信息。

5.3.4 保障性制度存在问题

5.3.4.1 公众参与权缺乏司法保障

法国有谚语云:"没有救济就没有权利。"当公众参与由规划主体的自觉行为转变为法定程序后,公众便获得了依法参与的权利。但是,参与控规编制的权利同其他权利类似,在现实中也存在被侵犯的可能,那么如何确保公众的参与权利在受到侵犯以后得到及时的救济?控规编制阶段公众参与权的救济制度分为两种:一种为非司法救济,它是指司法救济之外的诸如行政复议、信访等权利救济途径。目前在我国,非司法救济主要以信访为主,规划编制中的参与权不属于行政行为范畴,因而无行政复议。而信访被学者广为批评具有浓重的人治色彩。现实中,信访作为一种正常司法救济程

序的补充程序,往往由于其试图用行政救济替代司法救济,造成了客观上消解国家司法机关的权威的严重后果,所以本研究不主张以非司法救济为主解决参与权的救济,而是主张应该通过另一种救济制度为主来保障。这一种救济称为司法救济。

司法救济是公力救济的主要形式,它是诉诸国家权力,通过司法机关对受到侵害的法定权利进行补救的权利救济形式。司法救济是行政参与的终极保障。只有在司法程序中使相对人权利得到救济,矫正行政机关在参与程序上偏私或是忽视相对人参与的行为,行政程序中的参与人才会感到有正义的支持。目前我国规划编制过程参与权的司法救济制度还很缺乏:一是违反规划编制过程中的公众参与权的实体权利的处罚规定不完善。《中华人民共和国政府信息公开条例》第三十三条规定了公民、法人或者其他组织认为行政机关在政府信息公开工作中的具体行政行为侵犯其合法权益时依法提起行政诉讼的权利,这就保证公众的知情权有了于法有据的司法救济途径。但是违反其他的参与权,诸如动议权、听证权、决策权、表达权等等都未明确规定。从权利的角度考量,现行行政法制度中实际上只是规定了公众程序意义上的参与权,而没有规定实际意义上的参与权。公众参与权缺乏实体性权利性质,其直接的后果便是行政机构没有同参与权相对应的强制性义务,这严重影响了公众参与权的保障,如《城乡规划法》规定必要时可以召开听证会,然而,上海控规编制过程中,很多案例中公众要求召开听证会的要求没有被政府采纳,政府也没有承担不举行听证会的法律后果,导致公众对参与、对政府、对法律失去信心。二是规划编制过程中公众参与程序性权利缺乏司法保障。公众参与程序是作为城市规划编制过程程序内容的一部分,即行政程序的一部分。所谓行政程序的司法审查,是指由司法机关对行政机关行政行为的方式和步骤,以及实施这些方式和步骤的时间、顺序进行合法性审查,对于违反行政程序的行政行为,确认其违法,并令其承担相应的法律责任。我国目前虽然规定了公众参与程序的部分内容,但是程序的法律效应以及违反程序的法律责任都缺乏规定,公众无法就控规编制过程中政府不履行参与程序提起诉讼,这严重影响了公众参与权的实现,使得公众意见缺乏实质影响。

5.3.4.2 公众参与资金保障不足

公众参与的过程中需要大量的成本:人力成本、时间成本、制作成本。这就意味参与过程中将遇到以下几个资金问题:① 公众参与过程中本身所产生的具体费用,如组织人员的工资、信息制作的费用、信息发布的费用、特别参与活动的费用等等;② 有关城市规划过程的专业术语的翻译解释、冗长材料的总结概括所需要的资金;③ 相关的专家咨询费等。其中第一项费用中,除了信息制作的费用属于规划编制成本费,其他内容没有形成单独的支出成本,而是与行政人员工资融为一体。而二、三项内容目前还未形成。由于我国目前公众参与的费用没有明确制度规定,政府对公众参与支出费用的大小是持保守态度的,力求减少费用支出,这对公众参与的发展是非常不利的。

因为任何有利于公众与政府进一步交流的举措都会因为费用问题而被搁置。另外，从公众视角进行分析，也不利于公众的参与。政府组织公众参与的费用少，成本低，这就意味着信息发布不会广泛、信息发布的内容也会被局限，与公众交流的次数也会被限制。如果公众需要进一步知晓更多的信息或需要进一步的交流，需要付出更多的成本才能获得。基于理性经济人理论，公众采取行动会算计成本、收益，如果成本大于收益，则可能不采取行动，而寄希望于其他人的参与来获取收益。搭便车的行为多了，大家都不去参与，势必影响参与的效果，也影响公众参与的积极性，尤其是弱势群体，缺乏他们的参与，规划的合法性会大打折扣。因此必须要有专门的公众参与资金支持才能保证公众参与的进行。

5.3.4.3　公众参与缺乏城市规划知识救济保障

城市规划决策是一项充满技术含量的工作，公众在参与过程中如果不具备一定的城市规划知识或对城市规划认知较低，那么将会影响其对规划信息的接收、理解，更会影响其与政府之间的交流。

本研究通过上述 7 个案例对上海市参与公众对城市规划的认知进行了调研。结果发现：对于控规的具体涵义，有 83.6%的公众不知道，极少数有部分了解；对于控规编制的主要目的，有 76.8%的公众不知道，19.0%的公众认为“以实现政府的经济社会发展目标为主”；对于控规中的相关概念，有 69.3%的公众不了解，27.7%的公众了解其中的一些；对于控规应该由谁编制完成，有 51.2%的公众认为应该由政府、技术专家和公众共同完成，43.8%的公众认为应该由政府完成。另外，对于公众“是否认为自己有能力可以对规划内容和决策进行有效的判断”，没有公众认为自己没能力，32.4% 的公众认为有一些能力，46.7%的公众认为能力一般，16.7%的公众认为能力较小。对于公众“是否认为自己的意见可以帮助政府进行更好的决策”，37.8%的公众认为可以，47.9%的公众认为自己能力一般，11.9%的公众认为自己没能力。从这些数据可以看出，上海市公众对控规知识了解和认知的程度比较低，但是对于自我能力比较认可。

表 5 - 10　典型案例中公众对城市规划知识的认知情况调查

分类	主题		1	2	3	4	5
城市规划认知	您知道控规的具体涵义(是干什么的)吗?	选项内容	不知道	控规主要是对土地使用性质和开发强度进行控制	控规主要是对土地使用性质、开发强度和空间环境进行控制	控规主要是对土地使用性质、开发强度、空间环境、市政基础设施和公共服务设施进行控制	
		百分比	83.6%	14.6%	1.2%	0.6%	

续表

分类	主题		1	2	3	4	5
城市规划认知	您知道控规的主要目的是什么吗?	选项内容	不知道	控规以实现政府的经济社会发展目标为主	控规以实现和维护公共利益为主	控规以维护个人利益为主	控规以维护单位和企业利益为主
		百分比	76.8%	19.0%	3.6%	0	0.6%
	您对控规中的相关概念了解吗?	选项内容	完全了解	了解很多	了解一些	不了解	
		百分比	0	3.0%	27.7%	69.3%	
	您认为控规是谁的事?	选项内容	政府	公众	技术专家	政府、技术专家、公众共同完成	
		百分比	43.8%	3.0%	2.1%	51.2%	
自我能力感知	您是否认为自己有能力可以对规划内容和决策进行有效的判断?	选项内容	有能力	一些能力	能力一般	能力较小	没能力
		百分比	1.5%	32.4%	46.7%	16.7%	0%
	您是否认为自己的意见可以帮助政府进行更好的决策?	选项内容	完全可以	可以	一般	不太可以	不可以
		百分比	0.6%	37.8%	47.9%	11.9%	0%

这种公众参与特征很好地解释了上海公众在某些项目中积极参与,但是对规划图纸经常提出“不了解”的现象,这种不了解严重影响其及时深入地参与,很多情况下还会加深参与各方的误会,引起不必要的矛盾。如上海复旦大学枫林校区控规项目,规划草案一经公示,很多公众分不清区位关系,搞不懂高度控制区的涵义,而规土局一开始没有及时解释引起公众强烈的不满和反对。公众的本意是不想在东操场上建科研楼,由于对控规控制内容和表达习惯不了解,无法针对自己的意见向规土局提出修改意见。其间,有位业主子女具有一些建筑知识,认为只要控制建筑高度就可以了,但是如果地块的用地性质没有控制为“保留”或者进一步的条件限制的话,那么控规审批通过后,校方在东操场上建科研楼就是合情合法的。可以看出,如果不具备规划知识,公众无法在和政府的交流中获得自己想要的东西,甚至被欺骗。同理,有时政府即使作出很正确的决策,也会因为公众不理解规划坚持反对而造成损失。

公众具备规划知识对于公众自身及政府双方都是有好处的。但是,目前上海还未确立对公众规划知识教育的保障制度。我国其他地区如深圳进行了社区规划师的尝试,但是目前成效不明显,还需要进一步和深入的制度建设。

5.3.4.4　公众参与技术保障不足

自20世纪70年代以来,以计算机科学技术发展和远程通信技术为标志的信息技术革命一直引领着当前全球经济、社会、文化等多层面的综合发展。一个基于先进信息处理能力和新通信方式的"信息时代"和"网络社会"正逐渐形成。信息时代以信息处理为核心特征,信息化技术创新包括有效信息的管理、信息编辑、新信息生产、克服距离/时间/成本约束的信息传递等等①。计算机硬件和软件、网络技术近几十年的发展,不断地把信息处理能力和传播能力推入新的高度。城市规划公众参与的有效性,不仅需要提高信息传播的有效性,公众接收信息的有效性,还需要提高公众之间、公众与政府之间直接、双向交流的有效性,不断利用新的信息技术,可以实现此目的。如允许人民在重要议题上参与电子听证会,借助电子民意调查了解大众观点,来赢得公众的支持和认同。这样,公民参与政策制定变得十分便捷,人们足不出户,在家里按几个键,便可以发表对政府政策制定的看法。利用GIS技术形成地图图形的可视化表达,人们可以更直观清楚地了解规划地区的空间情况,它降低了知识壁垒,使各行各业的专家,甚至普通市民随意发表见解、交换思想。利用三维动画技术,可实现人们在网络世界的三维漫游,公众可以实实在在地感受到规划实施后的效果,感受每一条街道、每一幢建筑及自己所处的社区环境,以自己习惯的方式感受未来的城市。这更促进人们对规划的理解和接受。

然而,目前我国公众参与技术支持力度不够,缺乏制度上的保障。首先,信息平台建设不够。各个区规土局、规划局网站规划公示信息平台建设简单,仅有信息发布,缺乏交流空间。其次,先进技术缺乏应用。公众参与制度伊始至今,信息发布固守于基本的网络页面,信息查询也是到档案馆进行纸质查询。最后,信息平台管理复杂。目前信息平台的管理由规土局专门设置的信息中心负责,管理人员的专业以计算机相关专业为主,缺乏城市规划专业人员,信息的传达、接收和处理需要信息管理人员这个中间人传达给行政人员及公众,信息传递成本及时间大大增加。行政人员组织公众参与的效率低,无法很好地满足公众的需求。

5.4　本章小结

本章通过上海控规编制(包括调整)过程中的三种类型的8个典型案例对公众参与制度进行解析。

运用程序正义评判标准对上海控规编制(包括调整)过程中的8个典型案例进行分析,发现其在核心标准、外围标准方面均存在缺陷,程序结果的实质正义也存在问

① 周恺,闫岩,宋斌. 基于互联网的规划信息交流平台和公众参与平台建设[J]. 国际城市规划,2012,27(2):103-107.

题。上海控规编制过程大量案例的“无意见状态”的实质是大量公众不知情导致的，这说明公众参与制度在某种程度上可以说是形同虚设。另外，研究发现，在大多数规划内容对部分公众产生负面影响的案例中，没有参与规划过程的公众往往选择不认同规划结果。这说明缺乏过程公正性的规划过程导致的结果是公众对规划内容的不认同。

上海控规编制(包括调整)过程中程序正义危机说明其公众参与制度存在一定的缺陷。研究运用制度设计分析的方法对其进行分析，结果发现公众参与制度结构中四个方面的内容均存在一定的问题：① 信息主动及申请公开的范围均有限，信息发布方式不能满足公众的需求，信息制作张贴缺乏规范性规定，信息发布时效较差，这些是导致大量公众不知情的主要原因；② 核心程序中，参与阶段落后，参与机制缺乏详细操作规程，权利分配不合理，审查问责制度无效；③ 公众参与组织职能和机构设置不公正，缺乏公众组织；④ 缺乏司法、资金、知识和技术保障。

第6章 基于程序正义视角的上海控规实施(行政许可)过程中公众参与制度设计分析

6.1 控规实施过程典型案例

2013年上海市5个区的控制实施(行政许可)案例307件,其参与结果共分为三大类:一是“公众无意见”案例,总数为278件,占所有案例的比例是90.6%;二是“少数意见”案例,总数为2件,占所有案例的比例是0.6%;三是“公众反对意见较大”案例,总数为27件,占所有案例的比例是8.8%。由于“少数意见”的案例数量太少,研究选择第一和第三种类型的案例考察控规实施(行政许可)过程中公众参与制度的程序正义标准,分析其制度设计缺陷。

虽然第一种类型的案例数目较多,但是研究的5个区中有2个区是属于上海郊县地区,项目多位于新开发的用地内,周边居民少,因此“无意见”也在情理之中。研究选取“建设工程对周边居民有明显负面影响的项目”为调查对象,这类案例数目有2个,被抽选进行重点调查分析。第三类型的案例按照资料可获取原则和不同分类原则选择了3个案例,招拍挂项目、自有用地项目和划拨项目各1个。

表6-1 上海控规实施(行政许可)过程中对公众利益有影响而公众未提意见的案例分布

<table>
<tr><th>类别</th><th>序列</th><th>区县</th><th>案例数目(个)</th><th colspan="2">合计(个)</th></tr>
<tr><td rowspan="3">中心城区</td><td>1</td><td>虹口区</td><td>0</td><td rowspan="3">0</td><td rowspan="5">2</td></tr>
<tr><td>2</td><td>静安区</td><td>0</td></tr>
<tr><td>3</td><td>闸北区</td><td>0</td></tr>
<tr><td rowspan="2">其他地区</td><td>4</td><td>宝山区</td><td>0</td><td rowspan="2">2</td></tr>
<tr><td>5</td><td>浦东新区</td><td>2</td></tr>
</table>

表6-2 上海控规实施(行政许可)过程中公众参与制度分析的典型案例

序号	项目名称	影响内容
1	广中路600号建设项目	周边居民的日照
2	复旦大学枫林校区二号科研楼项目	周边居民的环境、日照及通风
3	35 kV快乐变电站项目	周边居民的环境
4	世纪大道SB1-1项目	周边居民的日照
5	周浦镇15号地块2期项目	周边居民的日照

6.1.1 “公众反对意见较大”的典型案例

(1) 招拍挂项目——广中路600号建设项目

① 项目审批过程

广中路600号地块建设项目位于上海市虹口区广中街道,东至春满园小区一期、西临株洲路、北至春满园二期、南至三湘花苑小区,总用地面积3.67公顷。项目基地周围都为成熟住宅小区,原为上海航空发动机厂。现航空发动机厂已经迁往顾村,而该地块也在2007年作为16号拍卖公告中的涉及地块被拍卖,上海宝炫置业以9.8亿元的价格获得。在房地产持续升温,以及虹口区较少推出大规模居住用地的情况下,颇为引人注目。

2008年3月,项目获得建设用地规划许可证。

2008年3月6日,项目进行环境影响评估。部分公众获知了这一情况,得知自己的日照将受到影响,周边居民,尤其是格林蓝天小区居民开始组织起来维权。

2008年4月25日—5月19日,建设项目公示(由于公众反对意见强烈,公示期由10天增加到25天)。

2008年9月,项目获得建筑工程规划许可证。

2008年10月,格林蓝天小区居民到区法院提起行政诉讼,居民败诉。

2009年3月,格林蓝天小区居民到市二院提起行政诉讼,维持原判。

② 公众参与的过程

正式许可前的参与:2008年3月,广中路600号项目首先在上海环境热线网站进行环境影响评估公示。从《广中路600号地块建设项目环境影响报告书》中,格林蓝天小区居民得知其住宅前面将建两栋27层的高层,它将极为严重地影响他们的采光,另外,由于该项目中包括了餐饮,其油烟排放的方向恰为格林蓝天小区,项目的垃圾收集站也恰恰定位在格林蓝天小区的入口旁边,这都将对格林蓝天小区的环境产生不好的影响,引起了格林蓝天小区居民的强烈不满,他们迅速组织起来准备维权。

4月21日,格林蓝天小区的部分业主聚集在一起召开业主会议商量如何维权。

21日,业主代表前往虹口区政府,向政府表达反对在广中路600号临近广中路586弄侧兴建27层高楼的意向。区政府的接待人员表示马上将意见转达至虹口区规土局,并请业主代表在十五个工作日内等待答复。

4月23日,业主代表前往虹口区规土局就兴建高楼事件表达反对意见,虹口区规土局接待人员表示,从来没有出过该地块的图纸。

行政许可中参与:4月25日,区规土局进行广中路600号项目公示,并将总平面图贴在了广中路600号的墙头。业主看到后非常气愤,觉得区规土局相关人员涉嫌欺瞒业主。

4月27日,格林蓝天小区的业主在小区住宅楼上挂起了条幅,抗议建设方案"宝华集团还我阳光,还我生存权力""希望政府机关为百姓谋权益"。

5月1日,居民代表通过上海政府网信访中心给市长写了一封抗议信,要求"虹口区规土局本着以人为本的原则,修改建筑规划,不要侵害我们的阳光,不要侵害普通百姓的权益;如果非得要建项目,应召开听证会,请规划部门、开发商、相邻业主参加,达成共识;改变规划部门我行我素的工作作风,把一个可能带来极大群众反响的项目,放在自家的网络上进行公示,不同当事的居民进行沟通,公示的意义何在,这与政府所积极推动的政府信息公开背道而驰,需要改进"。

由于居民反对意见非常强烈,区规土局同广中路街道办一起于5月7日下午2点在广中路街道办事处二楼会议室展开了格林蓝天居民与虹口区规土局的当面沟通。格林蓝天小区居民于当日下午1点集合前往沟通地点——广中路街道办事处。由于绝大多数居民均来到了街道办事处,一时间这里熙熙攘攘,群情激愤。下午2点钟左右,虽然双方约定各派5名代表,但居民们涌进会议室的人数太多,街道以及规土局人员担心局面失控,无法正常沟通,退出了会议室。在短暂的时间内,由于沟通不畅,导致到场居民情绪严重对立,在现场不明身份的一个人出言不逊,引起了部分居民的强烈争执。下午2点15分左右,已经有个别情绪激动的居民要离开,前往区政府或者市政府争取权益了。在街道工作人员的协调下,大约下午2点半左右,规土局以及街道的领导们陆续返回会议室,小区居民代表表示进入会议室的居民会保持安静,保持沟通会的秩序,会议这才开始。会上,首先由居民代表发言,居民代表依次表达了自己的反对意见,意见集中在日照、垃圾收集站和餐饮排烟管道的位置等问题上,区规土局相关人员表示,需要在5月19日之后,第三次的环境影响评估结束之后,与开发商进行沟通,协调情况。期间,居民代表要求公布日照分析报告,区规土局认为其具有"知识产权"不能公布。

5月15日,还在规土局与开发商沟通期间,格林蓝天小区居民发现在靠近小区墙边上,一栋二层的临时用房已经搭建起来,在靠近三湘花苑的一侧,也建起了临时用房,基地内还画上了白线。5月19日是环评公示截止日,区规土局还是没有回复公众意见,开发商继续搭建临时用房,这引起了居民的恐慌,部分居民又到规土局进行上访。

5月26日,广中路街道、虹口区规土局在春满园A区与格林蓝天小区业主进行沟通。区规土局工作人员首先给居民讲解了日照分析及相关技术、国家法规,然后讲述了和开发商沟通的结果,即鉴于格林蓝天2号楼和4号楼只有11层,对面盖高楼的时候相对应位置可削减为26层,此外,另外一个大的生活垃圾站可稍微向变电站方向挪动一些。然而,这个结果并没有满足居民的意愿,他们纷纷要求讨说法。当晚,小区居民采取了过激的行为,围堵广中路,希望以此引起政府重视,回应公众的需求。当晚8点广中路交通最为拥挤的时候,居民的围堵使得广中路只保留了双向车道中的一股车道,车辆在民警的指挥下通行。再后来,由于一些居民愈加气愤,试图堵塞整条道路,增援而来的公安合围将居民劝向路边。区规土局局长在现场负责指挥,反复与居民进行沟通,承诺当晚就将信息转达给相关部门,第二天现场办公,仍尽力安抚百姓。第二天,一些居民代表被公安局叫去协助调查,事后小区居民的行为回归"理性"。

5月30日,居民代表又去市政府信访办维权;6月16日,居民代表又去区规土局进行沟通。6月24日区规土局表达开发商行为合法,他们明确表示了让步的底线是由目前27层楼变为26层,离格林蓝天南方41米变成44米。垃圾站调整至株洲路一侧。现在小区居民中出现了两种倾向:一些层数较高的居民仍然要求广中路600号高楼降低楼层;而一些低层的居民则开始寻求通过区信访办要求索赔。这就是这件事件开始时大家所担心出现的局面,小区居民鉴于自身的利益考虑发生了分化。由于赔偿会根据阳光遮挡的程度进行计算,楼层越高可能获得的赔偿越低;27层的拟建高楼楼层降得再低也不大可能低于20层,对于低层的居民仍然是遮挡严重。可能正是由于这样的状况,小区里关于此事的集会已经有一段时间不存在了。

2008年9月,广中路600号项目获得建筑工程规划许可证。

行政许可后参与:2008年10月,部分居民仍然反对相邻建高层建筑,向区法院申请行政诉讼。区法院认为区规土局行政行为符合相关法规,驳回上诉。2009年3月,部分居民以相同理由向市法院申请行政诉讼。市法院认为区规土局行政行为符合相关法规,驳回上诉,维持原判。

2009年10月27日,上海宝炫置业公司贴出告示,表示"虽然本项工程规划设计符合国家规定的相关规范要求,政府主管部门的行政行为也符合法律规定,但从维护社会和谐和稳定出发,从重视居民诉求出发,在政府有关部门协调下,公司自愿发放补偿款以化解矛盾。公司将以'格林蓝天'小区日照变化的测算为依据,确定每户居民具体补偿金标准"。部分居民领取了补偿款,还有居民对补偿款不满意,此事至今仍存在矛盾。

(2) 自有土地项目——复旦大学枫林校区二号科研楼项目

复旦大学枫林校区控制性详细规划调整完成后，复旦大学申请拟在东操场建设的二号科研楼建设工程许可证。区规土局于 2013 年 10 月 25 日将方案总平面图张贴在四季园小区单元门楼下，并同时在网上进行公示。规划总图上表明了二号科研楼与周边建筑间距，罗列了用地面积、建筑面积、绿地面积、建筑层数及高度等指标。四季园小区的居民看到规划总平面，知晓自己在控规编制阶段的反对意见没有被采纳，且一位具有建筑结构知识背景的退休教师发现排气道离居民楼太近，会对居民健康生活产生影响，于是居民维权小组又组织起来进行维权活动。

11 月 1 日，四季园居民向区规土局寄出第一封反对意见信，认为区规土局在程序、政策和法律主体存在违法违规问题，信上声明“自从 5 月 5 日参与控规公示，上访及群体书近十次，反对在东操场地区建科研楼，但是参与结果及控规内容却没有被告知，现在却依据控规内容提建筑方案。区规土局扼杀了居民的知情权”。居民表示“坚决反对所谓的方案总平面图的全部内容，要求市规土局公布控规方案的结论性书面意见，要求区规土局颁布 10 月 25 日公告凭借的政策、法律、法规即实施细则”。11 月 4 日，居民再次写信，就环保、建筑规范及社会道德标准提出反对复旦改建方案的理由。居民提出“地块绿地率太低，不知建筑结构方案是否对东操场及四季园小区地基的地质条件做过深入分析，不知科研的研究方向、研究方法对环境所产生的影响是否做过有害性评估。”针对这些问题，居民要求“复旦大学必须出具由权威第三方建筑结构专家签名出具的科研楼对四季园小区建筑结构不构成损伤的报告；必须出示由权威第三方环境评估专家签名出具的科研楼建设工程产生的噪声和粉尘不影响小区的报告，不降低现有空气质量和绝对不产生有害气体的结论；不允许科研楼排风平台和洞口正对四季园小区楼房；兑现保障新建筑与小区的距离在 40 米以外的承诺；公布医学科研楼(包括地库)的性质及具体科研项目”。同时，70 位小区居民到市规土局上访，市规土局一位处长召集区规土局及复旦大学校方代表，组织居民召开沟通会，会上承诺 21 日前给予答复。

11 月 21 日，区规土局对公众意见进行了答复，“复旦大学枫林校区的绿地率在整个校区进行平衡；科研楼与四季园小区住宅间距 33.2—34 米，符合《上海市城市规划管理技术规定》；二号科研楼主要用途为脑科学研究院、分子医学实验室、生物医学研究院、糖复合物实验室、公共科研用房等；施工严格按照法规执行；将科研楼 B 楼西侧地下空调平台调整到 A 楼东南角及东北角。”

11 月 26 日，四季园小区居民对区规土局答复不满，通过两封信进一步需求：“对于控规结果及审批依据必须公布；标明实验室的等级；要求权威机构出具对小区建筑结构不构成损害的证明；增加规划区基地绿地面积。”

11 月 28 日，复旦大学组织二号科研楼环境影响评价公告，居民发现实验室的内容与区规土局告知的不符合，变成了分子细胞学、表观遗传学和系统生物学，觉得环境评价存在欺骗，向环保局提出异议。四季园小区居民又多次组织居民代表到街道、环保局进行上访，开始环境维权活动。居民不仅发现环评单位曾被通报批评，而且复旦大学在公众参与评价表调查问卷活动中存在偷换问卷行为。

(3) 划拨用地项目——35 kV 快乐变电站项目

35 kV 快乐变电站规划选址位于蔡路社区内，在青杨路西侧，塘东路北侧，选址依据《浦东新区蔡路社区控规》(浦府〔2006〕345 号)和《浦东新区 35 kV 快乐、35 kV 东绣、110 kV 新德输变电站选址专项控规》，由上海电力公司承建，用地 2 427 平方米，建筑面积 1 965 平方米，高度 13.3 米。项目西临蔡路社区民宅，预留间距 23.4 米。据村民反映，项目早在 2012 年 11 月就已经开始动工，当村民得知要建变电站，担心变电站引起的电磁波辐射会影响自己的身心健康，于是，临近变电站的几排民居内的居民开始到村委会、电力公司反映，反对在此处修建变电站。居民的几次反映都无结果，村委会也不断地来做居民的工作，认为他们的行为妨碍了国家建设，希望他们支持项目建设。村民认为自己的意见不起作用，渐渐失去了参与的信心。项目于 2013 年 5 月建成，浦东新区规土局于 2013 年 6 月在其网站和现场一边的围墙进行了方案公示，有少数村民继续向相关部门反映，由于变电站已经建好，村民的反对也没用，最终获得几千元的经济补偿了事。2013 年 8 月，变电站投入使用。

6.1.2　“公众无意见”的典型案例

(1) 世纪大道 SB1-1 项目

项目基地位于浦东新区主干道——世纪大道与浦东南路的交界处，介于陆家嘴金融中心区与竹园商贸区之间，项目北侧隔栖霞路与 6 层高的居民楼相邻，现为临时停车场。项目由陆家嘴金融贸易区开发股份有限公司承建，拟建 9—11 层，高 50 米的商办建筑，对北侧住宅的日照会产生影响。据调查，早在五六年前项目开发商就和相临居住区的居民进行了初步沟通，承诺根据项目实际的日照影响对居民进行经济补偿。项目在 2013 年 11 月在网站和现场进行了公示，周边的居民无反对意见。

(2) 周浦镇 15 号地块 2 期项目

项目基地位于上海浦东新区周浦镇，基地北临公元新村，西临康沈公路，南临川周公路，东临周市路，面积 30 442 平方米，容积率 3.1。该地块原为灯具厂和部队用房，建筑层数低。项目拟建 6 幢 26—27 层高的住宅，对北侧公元新村的 3 栋 100 多户的住宅日照造成影响。项目于 2013 年 5 月在区规土局网站进行了公示，期间无居民提反对意见。

6.2 控规实施过程公众参与制度的程序正义考量

6.2.1 程序正义之主体标准(核心标准)考量——包容原则

(1) 控规实施过程中的主体分析

根据《城乡规划法》,城乡规划实施主体是地方各级人民政府,具体而言,是地方各级人民政府城乡规划主管部门。各级城乡规划主管部门依据法律法规,一方面,通过组织或参与制定实施城乡规划的保障政策措施等主动行政行为实施城乡规划;另一方面,通过受理建设单位或个人的申请,依法实施城乡规划行政许可,引导和调控各类项目建设实施城乡规划。上海实行"两级政府、三级管理政策"。市规土局负责审批全市重点地区建设项目的行政许可并监督和指导区规土局行政行为,区规土局负责除重点地区外本区内建设项目的行政许可。另外,除了规土局,政府其他部门如发改委、建交委、环保局、消防局、燃气公司、电信局、供电局、文广局、卫生局等等部门和各行业专家也要负责项目中相关部分的审批。

城乡规划实施过程中的主体除了审批主体,还包括建设方和第三人。具体包括:① 市政府、区政府。政府不仅是审批主体,也是城市建设的实施主体。政府需要实施城市规划所确定的城市基础设施建设项目,通过直接投资市政公用设施和公益性设施建设,如道路、给排水、学校等,保证城市的有序运行。② 开发商。他们承担了城市商业、房地产开发的大部分内容,是城市规划实施的主力军,而开发商行为在城市发展中盲目追求高额利润带来的外部不经济的负面作用也是较为突出的。他们为了追求高额利润,往往最大化地追求建设量,而忽视对周边利益及公共利益的侵犯。③ 第三人——受建设行为影响的城市居民。随着市场经济建设的成熟,公众的民主意识、自我利益保护意识日益增强,通过各种政策参与途径影响和制约政府公共政策的制定与执行的愿望逐渐增强。他们从切身利益出发,将建成环境(住房、教育和医疗等社会服务设施及交通和市政工程等基础服务设施)视为消费手段,关心其价格和空间利用,强烈抵触损害其生活环境质量的行为。

(2) 上海控规实施过程程序正义之主体标准分析

通过分析上述5个案例,总的说来,上海控规实施(行政许可)过程中的土地获取、规划阶段、方案、初步设计及施工图各个阶段包含的参与者有区规土局、建交委、房管局,以及其他各相关部门、开发商及周边居民。这其中规土局及建交委占据主导位置,其次是政府其他相关部门,公众仅在方案阶段才有机会参与。在"公众有意见"的案例中各类规划主体均能参与到规划过程中,在"公众无意见"的案例5中受影响的居民是因为不知情所以没参与,因此,可判定上海控规实施过程中也存在程序正义主体标准没达标的情况。不过相较于控规编制过程,控规实施过程中公众的知情情况要好很多。

表6-3　上海控规实施(行政许可)过程参与主体

类型	案例	土地获取	规划阶段	方案阶段	初步设计	施工阶段
公众有意见案例	案例1	规土局、开发商、房管局、建交委	规土局、开发商	区自来水公司、区燃气公司、区电信局、区供电局、区卫生局、区环卫、区农绿局、交通(区)、区民防办、区节能办、区房地局、发改委、区规土局、区环保局、格林蓝天居民、开发商	区规土局、区消防局、区自来水公司、区燃气公司、区电信局、区供电局、区卫生局、区环卫、区农绿局、交通(市、区)、区民防办、区节能办、区房地局、区发改委、建交委、开发商	审图公司、区规土局、开发商
	案例2	规土局、开发商、房管局、建交委	规土局、开发商	区自来水公司、区燃气公司、区电信局、区供电局、区文广局、区卫生局、区水务局、区环卫、区农绿局、交通(市、区)、区民防办、区教育局、区节能办、区房地局、市空港办、发改委、区规土局、区环保局、四季园居民、开发商	区规划局、区消防局、区自来水公司、区燃气公司、区电信局、区供电局、区文广局、区卫生局、区水务局、区环卫、区农绿局、交通(市、区)、区民防办、区房地局、区防雷办、区发改委、市抗震办、区建交委、开发商	审图公司、区规土局、开发商
	案例3	规土局、开发商、房管局、建交委	规土局、开发商	区供电局、区农绿局、区消防局、交通(市、区)、区民防办、区节能办、发改委、区规土局、区环保局、蔡路社区部分居民、开发商	区规土局、区消防局、区供电局、区农绿局、交通(市、区)、区民防办、区节能办、区发改委、市抗震办、区建交委、开发商	审图公司、区规土局、开发商
公众无意见案例	案例4	规土局、开发商、房管局、建交委	规土局、开发商	区自来水公司、区燃气公司、区电信局、区供电局、区文广局、区卫生局、区环卫、区农绿局、交通(市、区)、区民防办、区房地局、发改委、区规土局、区环保局、部分居民、开发商	区规土局、区消防局、区自来水公司、区燃气公司、区电信局、区供电局、区文广局、区卫生局、区环卫、区农绿局、交通(市、区)、区民防办、区房地局、区发改委、市抗震办、区建交委、开发商	审图公司、区规土局、开发商
	案例5	规土局、开发商、房管局、建交委	规土局、开发商	区自来水公司、区燃气公司、区电信局、区供电局、区文广局、区卫生局、区环卫、区农绿局、交通(市、区)、区民防办、区教育局、区房地局、发改委、区规土局、区环保局、开发商	区规土局、区消防局、区自来水公司、区燃气公司、区电信局、区供电局、区文广局、区卫生局、区环卫、区农绿局、交通(市、区)、区民防办、区教育局、区房地局、区发改委、市抗震办、区建交委、开发商	审图公司、区规土局、开发商

表 6-4　上海控规实施(行政许可)过程参与主体参与情况调查

项目名称	总人数(人)	没有参与的人(人)			参与的人(人)
		知情没参与	不知情没参与	总人数	
广中路 600 号项目	65	19	0	19	46
复旦大学枫林校区二号科研楼项目	70	15	0	15	55
35 kV 快乐变电站项目	9	6	0	6	3
世纪大道 SB1-1 项目	32	16	16	32	0
周浦镇 15 号地块 2 期项目	42	0	42	42	0
合计	218	56	58	114	104

6.2.2　程序正义之运行标准(核心标准)考量

6.2.2.1　开放原则考量

从案例类型一、类型二可以看出，目前上海控规实施(行政许可)过程中主体接近各个阶段的机会是不同的。

土地获取阶段：我国目前存在两种土地供应方式。第一种是出让方式。在国有土地使用权出让前，市、县人民政府城乡规划主管部门根据控规，提出出让地块的位置、使用性质、开发强度等规划条件，作为国有土地使用权出让合同组成部分；同时向环保、绿化、市容卫生、交通、民防、卫生等各政府部门书面征询意见，各部门提出项目开发的有关技术参数、控制标准等管理建设要求。这阶段操作过程主要是在规土局、政府各部门和开发商之间交流，公众无法获知项目准备情况，也无法获知项目开发的基本要求和条件。案例 1 即是这种情况。第二种土地供应方式是划拨方式。以划拨方式获取国有土地使用权的建设单位在报送有关部门批准或者核准前，应当向城乡规划主管部门申请合法选址意见书，随后申请规划设计条件。以划拨方式获得国有土地使用权的项目大多是基础设施项目或是公益性的公共服务设施项目，这些项目因其特殊性往往对城市的功能布局和空间形态及城市未来的发展产生重大影响，因此这些项目的选址管理十分重要，是城乡规划实施的首要环节与关键环节。目前项目选址意见阶段的程序由四部分构成：首先，由建设单位向规土局提出建设项目选址申请，申请条件包含已经批准的项目建议书、建设单位建设项目选址意见书申请报告、该项目有关的基本情况和建设技术条件要求、环境影响评价报告等文件。其次，由规土局与计划部门、建设单位等有关部门一同进行建设项目的选址工作，包括现场踏勘，共同商讨，对不同的拟建地址进行比较分析，听取各有关部门、单位的意见。再次，规土局进行选址审查，通过调查研究、条件分析和多方案比较论证对该建设项目选址进行审查。必要时应组织专家论证会进行慎重研究。最后，规土局核发选址意见书，附具规划设计条件。可以看出，这一阶段主要是规土局和政府部门、专家参与，公众无机会参与。这从案例3中可以看出。

规划阶段：获取土地、规划设计条件后，建设单位要向规土局申请详细规划方案批复。规土局按照相关法规审核建设用地面积、建筑面积、容积率、绿地率、建筑间距、日照间距等等指标；召开专家评审会，征询政府各部门如区自来水公司、区燃气公司、区电信局、区供电局、区文广局、区卫生局、区水务局、区环卫、区农业绿化局、交通(市、区)、区民防办、区教育局、区节能办、区政府、区房地局等的意见；最后进行方案公示，公众可以通过邮件、信件、电话等方式表达意见。公示结束后建设项目申请者获得环评通过、可研性报告通过后申请获取规划用地许可证。这一阶段较为开放，规划主体都可参与其中。

初步设计阶段：建设项目申请者就建设建筑扩初方案向政府各部门如区规划局、区消防局、区自来水公司、区燃气公司、区电信局、区供电局、区文广局、区卫生局、区水务局、区环卫、区农业绿化局、交通(市、区)、区民防办、区教育局、区节能办、区防雷办、区发改委、市抗震办等征询意见，同时也向建交委申请扩初批复。这一阶段公众不能获知相关消息，也不能参与其中。

施工图阶段：初步设计通过后，由专门的审图公司审核建设项目施工图，获得批准后，建设单位向规土局申请建设工程规划许可证。这一阶段公众无法获知相关信息。

控规实施(行政许可)过程中除了方案阶段公众有权发表自己的意见，其他阶段公众无法参与，也不能获知相关信息。实施过程开放度较低。

表6-5　上海控规实施(行政许可)过程中的各规划主体参与的阶段

规划主体	用地选址意见书	建设用地规划许可证	建设工程规划许可证	
	土地获取阶段	方案阶段	初步设计阶段	施工图阶段
市、区规土局	●	●	○	○
房管局	●	○	○	○
建交委	●	○	●	●
政府各部门	○	●	●	●
专家	○	●	○	●
公众	○	●	○	○

注：●表示参与，○表示没有参与

6.2.2.2　透明原则考量

根据程序正义透明标准，上海控规实施(行政许可)过程信息透明度的分析从三个方面展开：

(1) 规划主体是否拥有平等的知情权

首先，比较政府、开发商及公众之间是否存在平等的知情权。从上海控规实施过程的相关规定可以看出，政府和开发商拥有知晓建设项目信息完全条件，无论规划条件、方案内容还是审批过程中其他信息，而公众仅能获知方案的总平面及基本数据，没有渠道获知其他信息，因此可以说政府、开发商及公众之间不存在平等的知情权。

其次，比较不同的居民之间是否拥有平等的知情权。从案例1、案例2可看出，在规土局进行建设项目信息发布阶段时，虽然部分居民不能及时从网络上获取消息，但是大多可以通过现场公示获得建设项目的基本情况。但是在参与的过程中某些情况下居民知情权存在不公平的现象。如案例1中虹口区规土局召开居民沟通会为了控制场面采取了代表制，不允许旁听，事后规土局及居民代表均未就沟通会详细过程和内容发布信息，导致很多居民不知情。

(2) 规划主体之间是否可以实现信息对称

信息对称需要信息的供给方提供的信息能使需求方得到满足。在案例1中居民强烈要求区规土局能公布建设项目的日照分析报告，区规土局以"《日照分析报告》存在知识产权"为理由一直拒绝，直到项目完全通过行政审批，迫于压力，才公布了其中的部分内容。当居民看到《日照分析报告》，才清楚地知晓自己住宅的日照时长的变化，可以说公众的信息需求不能被及时完整地满足。案例2中也存在相同的问题，复旦大学枫林校区二号科研楼的平面方案被公布后，四季园小区居民担心医学实验室的建设会对小区环境产生影响，要求区规土局公布实验室名称，区规土局公布后，居民代表发现与环境评估报告所说的内容不符，又要求区规土局和环保局澄清内容并公布实验室等级，均未获批准。居民代表中有建筑结构背景的教授还要求区规土局公布结构信息也未获答复。可以说，上海控规实施过程规划主体之间没有实现真正的信息对称。

(3) 规划主体获取信息的成本是否尽量低

从调查案例可以看出，对于建设项目基本信息规划主体均容易获取，但是对于法规规定公布内容外的信息公众难以获取。很多居民通过个人关系，非正常渠道，花费大量的时间和精力才能获得相关信息。如案例2中，一位居民在复旦大学召开环境评价公众参与信息发布会中，记录下当时复旦大学环境评价公众参与办法，但在事后，复旦大学声称没有公众参与办法，居民代表只好通过个人关系，想方设法获取了相关信息。

规划主体之间的信息公平、信息对称均存在问题，公众获取信息成本高，上海控规实施过程无法实现完全的合法性透明标准。

6.2.2.3　协商原则考量

上海控规实施(行政许可)过程中的公示规定公众参与程序中没有明确协商的环节，仅规定"方案规划公示过程中引起较大争议的，规划土地管理部门应当与建设工程所在地街道办事处或者乡镇人民政府共同做好宣传解释工作"，西方国家常用的协商机制之一听证会被用来发布"无法采纳或难予采纳的公众意见"。但是在现实案例中，每当建设项目方案公示过程中公众反对意见较大时,公众参与的组织方规土局总会联合街道、居委会、居民召开方案沟通会、协调会,具有一些协商特质,但很难达到真正意义上的协商标准。

案例1中,由于格林蓝天小区居民反对临近其住宅的一边建高层建筑,区规土局先后举行了3次方案沟通会。第一次沟通会主要代表是区规土局、街道及居民,无开发商代表。会上,格林蓝天小区居民依次发言,表达自己的目前境况,提出日照问题、景观问题、环境问题及施工问题,明确表示反对临其住宅一面建高层。区规土局及街道相关领导听取了意见,但没有立即回复居民代表的问题,仅是表示领会居民的意见,承诺会与开发商进行沟通,协调情况。第二次沟通会实质上是公众意见答复会。区规划局工作人员先是讲解了上海城市规划建筑管理的相关规范,然后就方案协调结果向居民代表进行了告知。由于协调结果没有满足居民的要求,居民纷纷讨说法,并采取激烈的行为表达不满。迫于压力,区规土局继续和居民代表协调,这次协调策略有所改变,街道先后对不同的居民代表进行单独交流,结果保密。居民代表的态度发生了分化,有些不再要求改方案,而是期望获得经济赔偿,还有少数代表继续努力,希望开发商改建筑方案。案例2中,建设工程公示阶段区规土局没有组织进行沟通会,但是在环评阶段的沟通会中复旦大学对公众参与评价表进行造假。案例3中,居民到村委会、电力公司表达反对意见,未得到应有的尊重和对待,反而被冠以“不支持国家建设”的违法行为,真正意义上的协商根本不存在。在案例4中,开发商虽然承诺按照日照损失补偿受影响居民,但是由于项目一直未建,项目公示期间,又因为大多房主将房屋出租,并不获知参与的情况,因此真正的协商并未进行。从这一系列过程可以看出,上海控规实施过程规划主体虽能自由、充分地表达自己的意见,但是意见的回应不及时,有效回应少。大多数公众都认为自己的意见很难得到回应,“他们(指开发商、规土局工作人员、区政府)就是听听意见,根本不理我们说什么,也不回应。”因此目前的这种非面对面的、非直接的、非及时反馈意见的协调会不属于协商的范畴。

6.2.2.4　共同决策原则考量

上海控规实施过程受各个规划主体的影响,到底谁在行使话语权?公众意见是否可以影响决策结果?通过建设项目方案的发展演变过程及最终结果可以获知。

案例1是招拍挂项目,区规土局在拍挂土地前依据控规、政府其他各部门条件设定了规划设计条件附于土地出让条件中。开发商拍挂成功后根据出让条件设计了规划方案。广中路600号总用地面积3.67公顷,容积率2.64,拟建8栋24—27层的高层住宅,1栋15层的老年公寓和一组2层、局部3层的商业建筑。方案经区规土局组织专家评审稍作修改后进行了公示。格林蓝天小区居民提出意见,反对相邻建筑的高度,反对垃圾站的位置。经区规土局与开发商协调,开发商在建筑高度上不肯作大的让步,仅同意降低一层高度,垃圾站向变电站方向挪动一些。格林蓝天居民认为没有满足自己的要求，继续采取上访、围堵道路的激烈方式维权。迫于压力，区规土局进一步和开发商、居民协调。然而开发商认为自己的拿地价非常高，大幅度降低层面会影响自己的经济收益，影响小区整体功能布局，始终不同意再改变建筑高度。区规土局最终协调结果是临格林蓝天小区住宅的建筑高度降一层，建筑间距由 41 米增加到 43 米，垃圾站调整到其他地方。

案例 2 属于自有土地审批项目，建设方需向区规土局申请规划设计条件，并依据条件进行设计。区规土局根据控规调整最终方案的指标确定了二号科研楼地块的规划设计条件——教育科研设施，用地面积 42 893 平方米，计容建筑面积不大于 34 000 平方米，建筑高度不大于 24 米。复旦大学依据条件设计了方案，2 栋 5 层大体量建筑，总建筑面积 63 910 平方米，其中地上计容面积 32 946 平方米，建筑高度 24 米。方案一经公示就引起了周边居民的反对，四季园小区居民认为建筑体量过大，且建筑排风口竟然正对着四季园小区，这严重破坏了小区的生态环境。居民到市、区规土局上访，区规土局一位领导认为居民有些无理取闹，随后在其公众意见回复中，以方案符合上海城乡规划相关技术规定为由拒绝再次修改方案。居民认为让区规土局修改方案的可能性不大，转向环境评价阶段参与，希望通过这一阶段的参与实现不建科研楼的目的。

案例 3 属于划拨项目，建设方须向区规土局申请规划选址意见书，在获取选址意见书的同时获取规划设计条件。本项目选址依据相关控规，但是离居民区较近，基地围墙距居民住宅围墙仅 10 米。周边居民担心电磁波辐射影响健康，反对在此处修建变电站，希望能将变电站放置得稍远些。他们多次到村委会、电力公司表达反对意见，但均以符合法规要求，符合控规选址为理由予以拒绝。更为荒谬的是，在项目未获得建设工程规划许可证的情况下，先动工修建。

从以上 3 个案例可以看出，上海控规实施过程中规划主体均有一定的话语权，政府负责建设项目的行政许可，话语权最大；开发商其次；公众的话语权有限。政府的主要作用是确保开发项目符合城乡规划相关法规，协调公众与开发商之间的矛盾，他们的宗旨是希望在开发商自认为能承受的范围内尽量满足公众的需求。也就是说，当公众的要求符合相关法规要求，同时被开发商认可时，公众的意见可以影响规划决策结果；当公众的要求符合法规，但最终不被开发商认可时，公众的意见就很难影响决策结果。

6.2.2.5 中立原则考量

控规实施(行政许可)过程是规划行政管理部门依据法定规划——控规进行执法的过程。作为仲裁者，规土局在开发商和受项目影响的居民之间具有中立的地位。但是当开发商的背景是政府部门时，规土局的中立身份就会受到影响。规土局也属于行政管理部门，隶属于政府领导和管理，因此，在进行决策时不可避免地受上级政府或同级部门的牵制，为了部门利益，不采纳公众的意见。如案例3的快乐变电站项目，在周边居民强烈反对的情况下，电力公司强行施工，而且是一边办建设工程规划许可手续，一边施工，区规土局相关工作人员竟然支持了这种行为。在居民看来，规土局和电力局是属于同一立场的，由规土局来决定公众意见是否采纳是不公正的。还有些招拍挂的项目，例如案例1的广中路600号建设项目，规划指标调整时没有征求公众的意见，待土地卖出后，公众对新建建筑高度提出反对意见，由于开发商为开发量支付了高额的费用，他们不肯妥协降低层高，此时规土局会不得已地站在开发商的立场，以开发商的要求审批规划，毕竟，开发商的要求是合法律性的。可以说，虽然多数情况下，规土局可以按照中立原则进行裁决，但是由于制度环境的问题，迫于压力有些时候还是会出现偏私行为，导致程序行为不公正。

6.2.2.6　及时原则考量

上海控规实施(行政许可)过程中的公众参与制度规定公众意见必须在意见收集截止日后的第五天告知公众处理结果，但是根据实际案例调查，很少项目可以做到这一要求。很多项目公众反映了意见之后就无下文了，公众也不知道情况到底如何。在“C18-06公寓式酒店项目”中，作者调查到超过二分之一的周边居民曾向居委会表达了反对建设项目的意见，并联名签署反对信，但是事情过后，究竟规土局的意见如何，建设项目是否还在进行都不置可否，居民曾去居委会询问过情况，均未有答复。另外，公众在参与过程中提出的一些问题也存在难以及时回复的情况。案例1的广中路600号项目，第一次座谈会上规土局曾许诺5月19日给予答复，但是直到同月26日才就公众的意见进行了答复。案例2的复旦大学枫林校区二号科研楼项目居民就规土局回复意见进行了质疑，但是规土局再无回复。可以说，程序正义及时原则没有有效满足。

6.2.2.7　理性原则考量

根据上海控规实施(行政许可)过程中公众参与2013年5个区的案例分析，上海区县规土局在进行公众意见回复时，均可以将不予采纳的意见进行专门的解释。但是大多数的解释内容太过原则，公众很难理解，如公众较为关注的日照问题，规土局均以“建筑间距符合相关法规”作为回答。法规的具体名称是什么，条目是什么，公众还需要花费很多精力来了解。再进一步分析，由于我国目前关于日照的规定过于粗略、刻板，忽视了相关的物权问题，规土局遵照法规在合法律性问题上虽然不存在问题，但是在合理性的问题上却略有欠缺。有些案例中公众长久以来享受的日照突然被缩减至很少，相信哪个人都无法接受和理解。

除了意见回复需要给出解释，程序内容也要符合形式理性，根据上海控规实施(行政)过程中公众参与实际案例，我们发现，除了网上和现场公示，对于其他参与方式的选择完全凭借公众参与组织者——政府的偏好，如有的项目规土局采用座谈会形式和居民进行交流，有的项目即使居民意见很大，规土局也没组织居民进一步交流，有的项目组织开会宣布公众意见回复，有的项目选择网上公示公众参与回复，有的项目组织了听证会，有的项目即使公众强烈要求也不组织听证会。可以说政府组织公众参与的行为太过自由，程序对行为的限制性严重不足。但从形式理性的其他方面分析，我们发现公众参与程序按照信息发布、信息收集、信息回复三大阶段进行公众参与制度设计，符合合理顺序的要求，也能保证在相同条件下产生相同结果，但是程序的操控除了由规土局全面负责，某些时候规土局会委托建设者承担意见收集的工作，这既不遵循职业主义原则，也不公正。如快乐变电站的案例中，区电力公司承担了公众意见收集工作，公众把反对意见表达至电力公司，但是电力公司并没有给予解决。在调查过程中，大多数公众都不知晓意见需要反映至规土局，也没有规土局的工作人员前来交涉。总之，上海控规实施（行政许可）过程中公众参与制度程序正义之理性原则无法满足。

6.2.3 程序正义之外围标准考量

6.2.3.1 救济原则考量

救济原则的实现需要考察两个标准。公众参与权的保障是否存在司法救济程序。控规实施（行政许可）是一种具体的行政行为，目前按照我国的行政法的规定，公众不仅可以对行政行为提出行政复议，还可以申请司法救济。可以说在形式上公众参与权的保障和其他权利的维护都有救济通道。但是从救济的实际效果看，却不那么理想。首先看行政复议，在2009—2013年之间，上海市规土局受理行政复议案件219起，其中有明显问题并纠正的有18起，行政诉讼133起（为行政复议结束后的行政诉讼），判定有明显问题的9起①。对比这两组数据，我们可以发现行政复议后一半的公众对结果不满意提起行政诉讼，其中有些案例确实存在问题。根据学者②研究，目前公众对行政复议很不信任，从2012年全国15个省市的调查中发现行政复议的案例数已经远远低于行政诉讼及信访案例。其次看司法救济，司法审理以法规为评判标准，只要行政行为没有违反法规要求，基本都会判定规土局胜诉，但是从实际过程来看，目前还存在一定的问题。例如很多提起诉讼的居民认为自己没有得到规划相关信息，没有参与协调会，认为规土局没有进行听取意见的程序，但是只要规土局拿出“有一人得知规划信息的证据”，司法机构就会判处规土局听取公众意见的行为成立，而实际的情况是，确实不少公众并不知情，司法机构如此评判合法理但不合情理，公众会认为不公。可以说目前的救济形式符合标准，但在实质内容上还未达到真正的公平正义。

至于救济内容的其他方面，通过调查我们发现目前还缺少这些相关内容，公众参与缺乏知识救济，资金支持，技术平台也比较薄弱。

---

① 资料来自上海规划与土地管理局网站信息公开年报，2009—2013。

② 杨海坤，朱恒顺. 行政复议的理念调整与制度完善——事关我国《行政复议法》及相关法律的重要修改[J]. 法学评论，2014(4)：18－32.

6.2.3.2 监督原则考量

依据程序正义的监督标准,研究从以下两方面展开:

(1) 公众参与权力的监督问题

目前上海控规实施(行政许可)过程公众参与权力的监督缺乏相关机制的明确规定,导致公众参与权监督缺失,决策者出现违法行为,公众参与效力低。首先看公众参与组织权的监督缺失问题。以快乐变电站为例,规土局在未进行项目审批时,就默许了建设单位抢先施工,在组织参与时采取建设单位听取意见的方式组织公众参与,最后在公众不同意建设的情况下又审批通过了建设方案。其次看公众参与意见处理的监督问题。在理性原则的分析中,我们已经发现目前控规实施(行政许可)的实际案例中存在决策者对公众意见回复理性不足,公众不满意见回复现象较多,甚至还有个别区缺乏意见回复的内容,然而这些项目也都顺利地通过了审批,由此可以判断,没有监督权,公众的参与权利只能是形同虚设。

(2) 行政行为实施主体对行政行为过程及结果承担责任的能力

《城乡规划法》明确规定了行政行为实施主体的相关法律责任:"超越职权或者对不符合法定条件的申请人核发选址意见书、建设用地规划许可证、建设工程规划许可证、乡村建设规划许可证的;对符合法定条件的申请人未在法定期限内核发选址意见书、建设用地规划许可证、建设工程规划许可证、乡村建设规划许可证的;未依法对经审定的修建性详细规划、建设工程设计方案的总平面图予以公布的;同意修改修建性详细规划、建设工程设计方案的总平面图前未采取听证会等形式听取利害关系人的意见的。"由本级人民政府、上级人民政府城乡规划主管部门或者监察机关依据职权责令改正,通报批评;对直接负责的主管人员和其他直接责任人员依法给予处分。"对未依法取得选址意见书的建设项目核发建设项目批准文件的;未依法在国有土地使用权出让合同中确定规划条件或者改变国有土地使用权出让合同中依法确定的规划条件的;对未依法取得建设用地规划许可证的建设单位划拨国有土地使用权的。"由本级人民政府或者上级人民政府有关部门责令改正,通报批评;对直接负责的主管人员和其他直接责任人员依法给予处分。同时,《中华人民共和国行政诉讼法》(以下简称《行政诉讼法》)也明确了行政行为实施主体要对行政行为过程及结果承担相应的法律责任。可以说,在控规实施阶段,一系列的相关法规能保证行政行为实施主体对行政行为过程及结果承担责任。

6.2.4 程序正义之实质正义标准考量

6.2.4.1 公共福利原则考量

与大范围的控规相比,建设项目方案很难判断或计算公共福利是否有所增加,而基于帕累托最优理论,要实现资源分配的最优状态,必须实现在没有使任何人境况变坏的前提下,使得至少一个人变得更好。因此可以个体利益的损失程度来衡量公共福利的实现。分析案例 1,开发商通过较高的容积率、建筑面积获得大量的经济利益,但是由此支付的公共福利费用(如土地出让金、税收)却没有相同比例的增加,反而使得全部格林蓝天的居民损失了日照,相当于损失了经济及健康利益。从这一点来说,案例 1 没有实现帕累托最优。案例 2 中,二号科研楼的设计虽然满足了复旦大学的科研教学要求,有利于提升整体复旦大学枫林校区的环境优化、功能布局。但是对于四季园小区的居民而言不仅日照、通风、视觉景观受到影响,而且存在环境、健康危机,经济利益也由此大打折扣。复旦大学可以适当调整二号科研楼的位置,可能会影响校园整体功能布局,也可能会影响校园美好的环境,但是起码可以照顾周边居民的安全和健康,从整体看,更利于帕累托最优的实现。

6.2.4.2　可接受性原则考量

经过调查,5 个案例的 218 位受调查者中,接受规划结果的有 36 人,占总人数的 16.5%,不接受规划结果的有 182 人,占总人数的 83.5%。除了世纪大道项目认可的人较多外,其余项目中大多数公众没有接受规划结果。

表 6-6　典型案例中公众对规划的认可度

案例名称	不接受人数及比例		接受人数及比例		调查人数
广中路 600 号建设项目	65 人	100%	0 人	0%	65 人
复旦大学枫林校区二号科研楼项目	62 人	88.6%	8 人	11.4%	70 人
35 kV 快乐变电站项目	9 人	100%	0 人	0%	9 人
世纪大道 SB1-1 项目	9 人	39.1%	23 人	60.9%	32 人
周浦镇 15 号地块 2 期项目	37 人	88.1%	5 人	11.9%	42 人
合　计	182 人	83.5%	36 人	16.5%	218 人

6.2.5　小结

经过上述数据分析可以得知,上海控规实施(行政许可)过程公众参与制度的程序正义在主体标准、透明标准、开放标准、协商标准、共同决策标准、中立标准、及时标准、理性标准、救济标准、监督标准方面都存在问题。这些程序正义存在的缺陷也在一定程度上影响到了实质正义的实现。

首先,看实质正义之"公共福利"的失效。根据"广中路 600 号建设项目"案例,由于项目在招拍挂阶段缺乏利益相关者的参与,因此可以说此项目的决策过程存在非正义现象。而开发商为高容积率付出了一定的成本,因此很难根据居民的意见进行建筑高度调整,居民的日照受损无法弥补。复旦大学二号科研楼项目虽然居民有一定程度的参与,但是在参与过程中信息不透明,以及某些时候区规土局出于压力无法保持中立,复旦大学在环评过程中造假,都使得居民的意见无法实现,居民的自身利益面临受损。

其次,看实质正义之“可接受性”的失效。上海控规实施过程的项目与公众自身利益息息相关,在信息告知情况较好的时候,居民均能参与到建设项目审批的过程中。虽然居民参与其中,但是我们可以看到居民的参与处于一种不完全正义的环境中,居民参与决策的权力有限,决策过程信息透明度较差,部分决策过程的组织者不中立,都导致居民的意见难以影响决策结果。居民在决策过程中受到的非公正待遇,以及决策结果非居民性目标,都导致居民对决策结果难以接受。例如,快乐变电站建设项目中区规土局任命作为项目利益方的电力公司组织公众意见听取活动,电力公司为了自己的利益而无视居民的要求,居民的意见难以被倾听并采纳。居民上访,抵制变电站的建设,均没有结果。电力公司在基地周围建了高高的围墙,隐蔽施工。虽然居民心里十二分的不愿意,但建设已成事实,他们也没办法了。

上海控规实施过程中程序正义存在的缺陷说明上海控规实施(行政许可)过程公众参与制度目前存在问题,需要进一步详细分析和论证。

6.3 控规运行过程公众参与制度的制度要素缺陷分析

6.3.1 基础性制度存在问题

上海控规实施(行政许可)过程中公众参与制度无法满足程序正义的透明及主体标准,主要在于公众参与制度的基础性制度——信息公开制度存在一定的缺陷,其主要内容如下:

6.3.1.1 信息公开范围及主体内容有限

控规行政许可包含“两证一书”,即土地选址意向书、建设用地规划许可证及建设工程规划许可证。每一个证书的获取又包含很多阶段及内容,相应地包括很多信息。在土地选址意见书阶段,需要建设单位提出选址意见申请,规土局同其一起进行选址、审查、决策,其间产生的相关信息有拟选基地现场踏勘信息、规土局审查信息、必要时召开专家论证会信息等等;申请建设用地规划许可证的阶段,需要建设单位向规土局申请规划条件、报审规划总平面方案,其间产生的相关信息有规土局核发的规划设计条件、项目设计总平面图、环评意见、政府各部门相关意见、规土局组织审核方案的相关会议信息及决策依据等等。申请建设工程规划许可证阶段,需要建设单位向规土局报审建筑方案、向政府各部门征询意见、向建委报审建筑施工图等,其间产生的相关信息有各部门审核意见、建筑设计方案图、施工图、图纸审核意见等等。这些信息或是和公众利益直接相关,或是公众需要了解的,影响公众参与的效果。然而目前上海控规实施(行政许可)阶段规划信息公开的内容仅限于三大证书的许可结果、规划设计条件、方案总平面图及主要指标、部分施工图,范围非常有限。

对于参与公众而言，控规实施(行政许可)阶段的信息，最为重要的莫过于规划设计总平面方案，目前规土局主张要公布的内容包含："建设单位、建设工程的名称；建设项目的地址、建设用地范围、规划用地性质、建筑工程性质；组织公示的单位、公示期限、收集意见的截止期和途径等。其中，总平面图中标注以下内容：用地面积、建筑面积、容积率等规划设计指标；各单体建筑的主要高度、层数，建筑物退界、与界外相邻建筑的间距；项目总体布局中涉及的停车场(库)、绿化用地、交通出入口、公共厕所、运动场地、垃圾房、泵房、变电房和调压站等公共建筑、市政配套设施；如建筑设计外立面采用玻璃幕墙的，还要采用图例、文字说明等方式明确标注采用玻璃幕墙的建筑立面位置。"①虽然规定的内容很多，但是我们从实际案例中发现，这些内容还不能满足公众的需求。很多公众最为关注的就是自己住宅的日照被新建项目影响了多少，由于目前日照分析报告还属于保密内容，公众无法得知。还有一些案例中，公众想了解建设工程的详细内容，比如复旦大学枫林校区二号科研楼项目，公众想了解科研楼的使用功能及级别以此判断建筑可能产生的污染物，由于目前关于"公布建筑工程性质"的规定没有详细定义，区规土局只公布了建筑性质是教育科研，公众无从得知，只能进一步申请。区规土局虽然回复了实验室的名称，但是公众进一步要求公布实验室等级时，却没能得到回复。这些事关公众利益的信息，如果没有传达给公众，甚至存在隐瞒迹象，会引起公众的怀疑和猜测，使公众对政府产生不信任感，有时即使建设项目不存在威胁，也会引起公众的反对。这对于城乡规划的实施是大为不利的。

表 6-7　规划实施过程公开信息目录

公开类别	公开内容	公开属性	公开形式
建设项目选址意见书、核定建设项目规划条件、建设用地规划许可证(含临时)、建设工程设计方案审查意见	申请表	依申请公开	部分公开
	批复	主动公开	全文公开
	许可及附图	主动公开	全文公开
建设工程规划许可证(含零星、临时，除市政管线类)	申请表	依申请公开	部分公开
	建设工程规划许可证、建筑工程项目表、建筑工程总平面图、建筑工程位置地形图	主动公开	全文公开
	建筑工程建筑施工图	依申请公开	部分公开
一书两证的延期	请示	依申请公开	部分公开
	通知	主动公开	全文公开

(资料来源：宋煜. 上海信息公开制度对于规划管理的启示[C]//2013 年规划年会论文集，2013：1-10.)

① 宋煜. 上海信息公开制度对于规划管理的启示[C]//2013 年规划年会论文集，2013：1-10..

6.3.1.2　信息发布时间较晚，时长受限

从调查结果可以发现，控规实施(行政许可)阶段很多公众没有获知或事后才得知相关建设项目信息，他们反映建设项目公示的时间太短(3天预公示+10天公示)，希望增加公示时间。建设工程公示包含在行政许可的时间内，目前审批建设工程规划设计方案的时间是20个工作日，受提高行政许可效率所限，13天的公示期已经不算短。很多行政审批人员都抱怨工作压力大：一方面必须进行项目公示，许可时间可能被延长；一方面领导又要求提高行政效率，压短审批时间。

虽然建设项目公示时间受审批阶段时间限制，建设项目信息发布晚也是主要原因。建设项目从土地获取开始到方案公示，前面包含了很多阶段，招拍挂项目拍卖政府就已经列出了地点及规划条件，划拨项目在申请规划选址中也确立了规划地点及相关设计条件，如果这时候就进行规划信息发布，就可以延长使公众知晓的时间。正因为建设项目公示阶段较后、时间较晚，公布时长又受限，导致公众产生信息接收困难。

6.3.1.3　信息发布方式不完善

虽然与控规编制(包括调整)过程相比，控规实施(行政许可)过程中公众接收建设项目信息的情况要好很多，但调查发现仍然存在公众不知情的状况，5个案例218位调查者中有58位居民不知情。他们不知情的情况在于22位居民家里没有电脑，36位居民平常不上规土局的网站，12位居民平常太忙没有去过建设项目地点，36位居民没有注意到有建设信息的公告。这说明目前“网络+现场”的信息发布方式虽然比较适应建设工程信息公示，但还是存在缺陷，不能完全胜任控规实施阶段信息的发布。这种“独白式”的信息发布方式只有在信宿形成主动接收信息的固定习惯的情况下，才会产生高效作用。而在大多公众事先没有接到通知，也没有浏览规划局网站习惯的情况下贸然发布规划信息，时间还比较短，当然会有公众收不到信息。况且根据调查，目前公众对控规实施(行政许可)过程中的公众参与制度还不够了解(有108位居民不知晓政府发布规划信息的方式，84位居民不知晓如何表达自己的意见，107位居民不知道政府如何传递公众意见处理结果)，这种情况下，“独白式”信息发布方式无法完全有效。

6.3.2　核心制度存在问题

6.3.2.1　参与阶段太落后，参与事项单一

上海控规实施(行政许可)阶段公众参与限定在建设项目规划方案审批阶段，时机较晚，事项单一。前期的选址阶段、设定规划条件阶段、规划方案初步审查及征询政府各部门意见阶段均未有公众参与。这些阶段与公众利益直接相关，没有让其参与相当于剥夺了公众的参与权。另外，这一阶段，规划方案已经经过了多次的利益博弈，是一个集中了开发商、政府等多方利益和共识的成果，因此即使公众有不同的想法和建议，面对已经达成妥协的政府、开发商、专家等各方，也明显处于弱势，很难对方案产生很

大的影响。这样的公众参与其实并没有实际效果。

招拍挂项目中(如案例1),在准备阶段政府依据控规设定了规划设计条件,这些条件本是建设项目开发的上限,并不意味着开发就照此标准设计,但开发商以较高价格获得了土地,为了保证经济利益,他们必会严格以设计条件为标准尽可能获得建筑面积。另外法规规定,规划设计条件属于国有土地使用权出让合同的组成部分,开发商认为这些条件就是和政府签订的契约,为这些条件自己才付出了那么多出让金,不可能因为公众反对就降低标准。案例1中,无论公众如何采取激烈手段进行反对,开发商都毫不妥协。区规土局也很矛盾,一方面开发商已经签订了土地出让合同,付出了较高的出让金,且建设工程规划方案符合法规基本要求,实在没有理由继续让开发商降低层数;另一方面居民的日照确实受到很大影响,经济利益损失。最后迫于城市建设效率的压力,只能以开发商意愿为主,尽量安抚居民,减缓矛盾。

土地出让项目中(如案例3),建设单位首先需要向区规土局申请项目选址意见书,电力公司根据现实需要结合专业条件选择变电站建设地点,区规土局进行现场踏勘、技术审查、最后决定选址;接着区规土局核发用地规划条件,建设单位依此进行规划方案设计并进行报审,征求政府各部门相关意见。变电站项目属于公益设施项目,政府部门实施,此前的一切阶段的讨论都是在政府部门之间进行,主要依据各专业技术知识。方案公示后,变电站周边居民认为电磁辐射会影响周边居民的健康,坚决反对此项目。然而,项目已经经过多次讨论,经政府部门之间利益协调后的"契约关系"已经形成,况且属于公益项目,并无违反国家法规,区规土局认为公众意见无法采纳,不顾公众反对,颁发了建设工程许可证,建设单位为了避免更大纷争,在建设用地周边修建围墙,隐蔽施工。

6.3.2.2 参与方式缺乏规范,协商及公众决策机制不明确

目前公众参与制度的形式理性不足,与公众参与制度程序层次设计不足息息相关。如前所述,公众参与方式是公众参与顺利进行的装置。公众参与的方式如何设计以及各种方式的法效力如何安排,以促使其在进行理性决策和共识形成、保障人民基本权利和增进民主等方面达至最佳平衡,实现最佳效益,一直被理论界和实务界视为公众参与程序构造的最核心也是最为棘手的问题之一,这将直接关系到公众参与的功能发挥和边界划定。目前参与方式的规定不规范,有些阶段参与方式缺乏约束性规定,由参与组织者自行裁量。如收集意见阶段,组织者可采取的参与方式有书面问卷、信函、电子信箱;公众处理意见回馈阶段,可采取的参与方式有"对于无法采纳或难以采纳的意见规土局要向提议人书面说明,或采用听证会、现场公告等方式予以告知","公众意见处理结果可以在现场公布,也可以委托建设工程所在地街道办事处、乡镇人民政府召开会议"。按照制度经济学理论,人都有机会主义行为,参与方式缺乏程序性规定,政府往往会选择有利于自己的参与方式,如对于无法采纳的意见,行政人员为了

节约时间,很少采用向提议人告知的方式说明,大多进行现场公告一起说明。很多提议人由于错过了公告时间没收到意见回复,会认为自己的参与不起作用,失去参与的信心。再如,法规规定"如需召开听证会的,处理时限按有关规定执行",那么什么时候是"需要"?什么时候又不需要?由于参与方式缺乏这些参与方式的启动程序,政府在现实中担心听证会影响行政效率、不好控制结果往往不予采纳。

另外,目前参与程序仅包含了公众意见收集、公众意见处理与回馈两个阶段,缺失在居民反对意见很大时,居民、开发商及政府三者之间的协商和共同决策的程序。虽然制度没有规定协商机制,现实中行政人员经常会采取座谈会、沟通会的方式协调居民、开发商之间的矛盾。如前所述,座谈会和沟通会未能实现规划主体之间面对面的交流,公众的提问未能及时在会上得到回应,甚至公众的意见有时也未能被平等地对待,也就是说这些参与方式未能完全实现协商目的。

公众参与制度成熟的国家如美国是采用听证会的形式实现协商的目的。听证是指政府作出行政决策前,给利益关系人提供发表意见的机会,对特定事项进行质证、辩驳的程序,它实现了利害关系人充分表达意见、地位平等、意见平等对待的"协商"特征,其按照会议记录进行裁定的形式也赋予了参与各方共同决策的权利。由于其程序规定的严谨、正当,因此作用明显。我国的《行政许可法》中也规定了"行政许可直接涉及申请人与他人之间重大利益关系的,行政机关在作出行政许可决定前,应当告知申请人、利害关系人享有要求听证的权利"。但是《上海市建设工程设计方案规划公示规定》(以下简称《上海建设工程公示规定》)中对听证会的规定却与《行政许可法》不同,它规定公众意见"无法采纳或者难予采纳的,规划土地管理部门应当向提议人书面告知说明或采用听证会、现场公告等方式予以告知",即将听证会作为信息发布的一种方式了,这不仅歪曲了听证会本来的作用,也弱化了其被要求的作用。本来听证会就缺乏组织程序,再加上其成本较高,越发被规土局轻视、弃之不用,形成摆设。

6.3.2.3　公众意见处理机制不完善,反馈机制缺乏规范

公众意见处理理性原则的缺失,公众意见难以影响规划结果,公众对规划结果的难以接受都与公众参与意见处理机制息息相关,说明这一机制存在很多问题。

(1) 公众意见处理机制不完善

首先,公众意见效力不明确。目前《上海建设工程公示规定》中明确规定管理部门在处理公众意见时的原则是"符合法律法规规定和强制性标准要求的,予以采纳;有利于改进设计方案的合理化意见或建议,予以充分考虑"这两条原则的规定不能保障公众意见的效力。第一条原则的规定确立了建设工程审批的基本技术标准,即建筑工程必须满足城乡规划的相关法规;第二条原则规定了公众意见的效力,但是概念则比较含糊。什么是"合理化"意见?如何"充分考虑",采纳还是不采纳?是采纳"减少对公众利益影响,不管是否会减少开发商的利益"的建议?还是采纳"减少对公众利益影

响,但不影响开发商利益"的建议?如果是后者,那就意味着"只有不影响开发商利益的意见"才可以被采纳。开发商逐利的本质决定了他对方案设计的要求以规划条件的限制上限为标准,新建项目的建筑层数升高总会影响基地周边的居民日照,如果以开发商的意愿为标准,那么实际受到建设项目影响的公众利益就不能得到保障,公众与开发商的矛盾无法解决,则公众参与就不具有存在的价值了。

如前所述,基于公共选择理论,政府也有自己的利益,转型期我国政府承载了发展经济的任务,为了较快的发展经济,促进城市建设,政府往往会支持开发商建设,在不触犯城乡规划法规的前提下,尽可能地保障建设单位的开发要求和建设速度。在建设项目行政许可过程中政府往往在开发商认可的范围内采纳公众的意见,可以说只要政府的功能以发展为主,就很难保证政府能在行政许可中保持中立的位置。如果要政府能公平地对待开发商和受影响居民的意见,必须通过明确公众意见效力的制度来确保政府的行为。

其次,公众意见处理过程比较封闭。目前,政府的"处理原则"是在封闭的状态中处理公众意见,仅限于内部行政人员。公众对于意见结果的产生的过程及处理缘由不能知晓,有时会产生抵触及不信任的心理。

最后,缺乏参与过程中公众意见的处理机制。参与过程有时会是一个漫长的阶段,公众会持续地提出意见和问题,目前的机制仅限于最后阶段的意见回复,在一些中间过程公众意见和提问缺乏回应,这会影响公众参与的效果,使公众对政府产生怀疑和不信任态度。

(2) 公众意见反馈机制缺乏规范

首先,公众意见反馈内容缺少规范。目前《上海建设工程公示规定》(2010)对公众意见反馈内容的构成、格式、方式缺乏相关规定,规土局在回复意见时仅汇总主要意见类型,没有意见频率,没有详细论述理由,这大大影响了公众对意见的接收。其次,公众意见反馈方式宣传面窄。《上海建设工程公示规定》规定反馈意见可以在现场公示,也可以委托建设工程所在地的街道办事处、乡镇人民政府组织召开会议公布。反馈方式不确定,现场及会议都无法将公众意见处理结果直接、确定地传达给提意见的公众,影响参与效果。再次,公众意见反馈时间规定与现实情况存在矛盾。《上海建设工程公示规定》规定"处理公众意见的时限,不得超过收集公众意见期限截止后的七日"。如果公众无意见,规土局可以做到按时回馈;当公众反对意见较多时,区规土局还需要进行矛盾协调,很难保证按规定时间公示反馈信息,使得这一规定形同虚设。最后,缺乏参与过程中公众意见反馈机制。参与过程中公众的意见处理结束后,也需要及时反馈给公众。采取哪些方式?如何做到透明,保证参与效力,目前制度还缺乏相关内容。

6.3.2.4　参与书面归档机制不健全,缺乏审查机制

孟德斯鸠说过:"一切有权力的人都容易滥用权力,这是万古不易的一条经验。有

权力的人们使用权力一直到遇有界限的地方才停止。"①规划管理部门是否会遵循公众参与制度的相关规定，还要一定的机构进行监督审查。目前上海建设工程公众参与制度规定中缺乏对公众参与审查的机制，这意味着规划管理部门组织建设项目行政许可公众参与的过程有机可乘，不论公众是否参与，或参与是否有效，规划管理部门都可以审批行政许可。例如案例3，规土局可以在公众反对意见仍很强烈的情况下，通过工程规划许可证，建设单位通过建围墙强行施工。

除了缺乏审查机制，目前参与书面归档制度不规范，也造成了审查的困难。《上海建设工程公示规定》规定"规划土地管理部门应当将方案规划公示材料、公示后反馈的意见和建议以及相应的处理意见整理汇总，作为审批方案及建设工程规划许可证的材料留存归档"。然而这一规定缺乏相应规范条件的制约，以至于在现实中很难被规土局执行和操作。例如，有的区仅在办理意见表格的审理一栏中简单提到公示期间产生意见及解决结果（见方框内容），如果召开协调会还会在归档文件中附录协调会的会议记录，但是公众参与过程中公示情况照片、公示图纸内容、公众的意见信及回复、经过、意见汇总及处理结果都没有归档。如前所述，审查制度有效性需要完备的行政执法档案制度和行政证据制度，目前这些制度的缺乏，也造成审查的困难。

> 该项目位于宝山区杨行镇盘古路南，土地已签订了出让合同，出让条件：容积率2.8，出让的土地面积为13 699.2平方米，设计方案前期我局组织了专家评审并形成会议纪要，设计方案在我局的公务网上及现场进行了公示，公示期间周边居民有异议，后经协调，现已基本解决(详见居委会说明)。在此基础上我局以沪宝规土许方〔2014〕9号决定对详细方案予以了批复，此次送审的施工图总图上符合我局核定的规划方案及规划控制要素，建筑间距、建筑退界及日照分析均符合技术规定要求。

项目目前已经取得上海汇中工程咨询有限公司及区卫生、环保、绿化民防等部门的认可，为此拟同意核发该项目的建设工程规划许可证。

6.3.2.5　问责内容与标准不完善，缺乏异体问责

《关于城乡规划公开公示的规定》(2013)不仅规定了城乡规划编制过程，也规定了规划实施过程未按规定进行规划公示的，依据《城乡规划违法违纪行为处分办法》对有关责任人员给予相应处理。《城乡规划违法违纪行为处分办法》特别规定：未依法对经审定的修建性详细规划、建设工程设计方案总平面图予以公布的；未征求规划地段内利害关系人意见，同意修改修建性详细规划、建设工程设计方案总平面图的。地方人民政府城乡规划主管部门及其工作人员没有履行上述行为之一的，对有关责任人员给

---

① ［法］孟德斯鸠．论法的精神(上册)［M］．张雁深，译．北京：商务印书馆，1982．

予警告处分;情节较重的,给予记过或者记大过处分;情节严重的,给予降级处分。这种行政问责对规划管理部门进行公众参与的行为产生一定的约束作用,但是它的规定是不完善的,因为城乡规划实施(行政行为)过程中的公众参与制度不仅包含以上两项内容,还包括其他的程序性内容。如果规划管理部门违反了公众参与其他的程序性规定,那么该如何追究责任呢?另外,如前所述,这种问责方式属于同体问责,难免存在官官相护、大事化小、小事化了的情形,特别是在上级领导有可能承担连带责任的情况下,使得行政问责难以落实。更为重要的是,同体问责从根本上讲是"上问下责",有可能导致上级的行政责任没有人追究的状况。因此,行政问责中既需要同体问责,也需要异体问责,而关键是异体问责,这是行政问责得以实现并持续下去的保证,也是问责制有效的重要保障。

6.3.3 支持性制度存在问题

6.3.3.1 参与的组织结构太过行政化,职能安排不合理

目前上海市除重点地区外由各区县的规土局建筑管理科完成上海控规实施(行政许可),会同建设项目所在地的街道办事处或者乡镇人民政府进行建设工程设计方案公示,另外《上海建设工程公示规定》规定,"方案规划公示过程中引起较大争议的,规划土地管理部门应当与建设工程所在地的街道办事处或者乡镇人民政府共同做好宣传解释工作,建设单位应当积极配合做好相关工作。"街道、居委会属于官方性质,这也就是标明公众参与的组织及意见处理归行政部门全权负责。如前所述,政府也有自己追求的利益,在项目审批中很难保持中立地位。如果政府需要开发某个项目,则规划管理部门会偏向开发商的利益,为了避免矛盾他们可能会创造条件尽量让公众不知情,也可能无视公众的意见。因为对于行政人员来讲,只要建筑方案总平面符合城乡规划法规的要求,完成项目审批的相关程序,无论公众进行行政复议还是行政诉讼,都很难改变行政许可的结果。另外,由于街道和居委会属于行政机构,受上级政府压力,他们很难在公众利益矛盾调解时保持公正的立场,因此也难以得到居民的信任,甚至和居民关系水火不容;有时街道和居委会工作人员也是利益相关者,难免会站到自己立场上说话,难以保持中立场合,因此他们不能在调节建设矛盾中发挥有效的作用。调查的几个案例中,其居委会被明确规定成员不能参与到维权的活动中。广中路600号案例中,居委会的人员都是派家里的其他家属进行参与,复旦大学枫林校区二号科研楼项目也存在这种情况。

除了公众参与的组织和公众意见处理机构行政化外,公众参与的监管也存在过于行政化,监管部门难作为的问题。首先,《上海建设工程公示规定》规定了监管的主体为市规土局,由于区规土局与市规土局属于同一系统的上下级,彼此之间存在紧密的利益关系,在某些情况下会存在相互包庇的现象。其次,《上海建设工程公示规定》仅

规定了监管主体,却没规定监管的机制,市规土局的监管作用很难得到保障,主要是因为区规土局公众参与归档文件不规范,在不参与整个过程的情况下,市规土局难以了解详细过程及原因。

6.3.3.2　组织参与的行政人员偏少,社会力量不规范

与控规编制(包括调整)过程相比,控规实施(行政许可)过程中的项目多出了很多,如有时宝山区一年的建设项目审批就超过了上海市全市的控规编制(包括调整)审批数量。在这样高强度的工作压力下,规划管理行政人员的工作量还需要包揽听取公众意见的任务,因此他们倾向选择方便自己的方式,如采取电话听取意见,或解答公众的简单疑问,而很少去现场面对面地对公众解答和交流,一般都是在矛盾很难解除的情况下才会出面。有时实在忙不过来,行政人员会要求建设单位承担收集公众意见的职能。通过实际案例的调查,我们发现这对于公平、公正地收集公众意见非常不利。公众参与需要大量的人力资源,目前区县规土局承担建筑工程审批的工作人员仅有5个左右,确实难以应付,需要增加更多的援助。

6.3.3.3　公众的利益组织缺乏规范化,参与效力无法保障

目前,上海控规实施(行政许可)过程公众参与实践活动中,在一些矛盾不突出的案例中公众多是采取个体参与的形式,而在一些公众反对意见强烈的案例中,公众会自发组织形成维权小组参与活动。前文探讨了控规编制过程常见的个体参与问题,研究其对公众参与效力的影响问题,本章重点论述临时维权小组对公众参与效力的影响。

顾名思义,临时维权小组是一种临时的组织,没有相应的规范化组织章程和运作模式进行制约,因此它对公众参与的影响在于:首先,缺乏政治保障,参与力量薄弱。被政府承认的规范组织会获得相应的政治地位,而不规范的组织很难与政府进行有效沟通。其次,缺乏资金保障,组织难以维持。组织成立和运作都需要一定数量的经费支持。临时组织没有稳定的经费来源,一般在组织成员中筹集。维权活动需要大量资金,所需费用对有些居民来说可能构成不小的压力,此外,居民组织的维权行动同样要承担一定的风险,抗争结果具有不确定性。部分居民在面临权益受损之后不愿再额外负担组织所需要的费用。这就造成居民不愿参加维权组织,而参加的人数越少,组织所需经济资源的汇聚就越困难,成为居民组织成立的一个难题。再次,缺乏领导和行动纲领,组织成员行动散漫,非正常渠道化明显。缺乏相关人员及规章规范组织成员的行为,很多重要信息没有被广泛传达,案例1中区规土局召开多次会议内容都没有形成会议纪要广为传播,严重影响了信息透明性。另外,被侵权的居民往往情绪激动,他们很少采取规土局提供的参与渠道,总是大规模地组织起来到政府各个部门进行上访,然而行政人员往往很难应对紧急场面,只能采取安抚的态度要求居民先回去,公众意见难以得到有效回应。最后,无规范的临时组织经常会陷入自我解散的困境。公众

的自利性使得其在没有固定组织规范约束的情况下往往采取对自身有力的行为，如果外界存在诱惑可能导致这些临时组织成员放弃约定，造成维权组织瓦解。对开发商来说，项目审批的尽快完成意味着资金的快速回笼和升值。单个的居民对项目不满，开发商会进行私下沟通解决，对自身利益不致造成重大影响。但当受影响居民形成维权组织后，组织成员间相互沟通、协调，学习拆迁相关的法律、政策，无论是进行集体上访、诉讼，还是集体抗拒，都会产生单个居民无法产生的社会影响，使开发商受到来自各方面的压力，包括舆论压力，除非其让出部分利益给受影响居民，否则时间的拖延本身也妨碍其利益的谋取。在瓦解受项目影响居民维权组织的过程中，收买领头人和对住户进行不等额补偿是开发商运用最多的手段。一方面领头人往往拥有更多的法律政策知识，或者拥有一定的社会关系网络资本，在组织中发挥组织成员、协调决策的重要作用。对领头人进行收买笼络，给予他超过其他居民的好处，使其退出，组织便群龙无首走向瓦解。另一方面，针对居民各自的特殊情况，提供给被拆迁居民不等额的补偿，以此作为居民退出组织的条件，引发居民之间的互相猜忌，从而达到瓦解组织的目的。案例1中，在公众认为无法改变规土局审批方案的情况下，楼房底层居民认为新建项目楼层无论高低都会对自己造成影响，于是放弃了"要求开发商修改方案"，转向经济赔偿。开发商利用不同居民的心理，采取了经济补偿的方式，使得部分居民退出了维权小组。

6.3.4 保障性制度存在问题

6.3.4.1 公众参与救济制度存在缺陷

城乡规划实施(行政许可)过程公众参与的救济制度主要有行政复议及行政诉讼，然而它们均存在一定的问题，使得公众参与的救济不那么有效。

首先，看行政复议制度。《上海市城市规划管理行政复议工作规程》规定行政复议的内容包含程序合法的内容，这就确保了控规实施(行政许可)公众参与的救济，即如果公众认为行政机关在作出行政行为时，没有履行相关的公众参与规定，即可申请行政复议。然而，事实是由于公众参与制度规定过于概括，行政机关的执法依据就不会很严格，只要行政机关按规定时间进行了现场和网上公示，或者只要有一人表示知情，过程中的其他不好的行为如涉嫌欺骗或公众意见没被采纳，复议结果就是"没问题"。《上海市城市规划管理行政复议工作规程》还规定对于违反法定程序的行为，决定撤销该具体行政行为的，可以责令被申请人在一定期限内重新作出具体行政行为。这样的规定对于不履行公众参与程序的行政机关惩罚力度太小，导致行政机关机会主义行为。另外，行政复议制度本身存在缺陷，使得制度对行政机关的行为约束性不强。一般来说，纠纷解决机构需要一定程度的独立，由于行政复议机构没有独立性，缺乏严格的程序保障以及存在偏颇的书面审理，导致复议过程与结果公正性差，权威性欠缺。

其次,看参与权力的司法保障。《行政诉讼法》将司法审查的对象设定为"具体行政行为",对于行政主体的程序性行为不能单独提起行政诉讼。在我国,公民许多程序性权利被侵犯时不能单独提起法律救济,而只能在对行政主体的行政行为提起救济时,作为一个否认行政行为合法性的理由附带出来。当公众认为自己的参与权利受到规划机关的侵害时,不能直接对规划机关的程序性行为提起诉讼,而只能待规划机关作出具体行政行为以后,以程序违法为由对这个具体的行政行为提起诉讼。所以公众的参与权能否得到司法机关的保障关键是看规划机关所为的行政行为能否成为法院审查的对象。若规划机关所为的行政行为能够为法院所审查,那么在这个行为过程汇总的参与权利就能获得司法保障,反之则得不到司法保障。当然,这个司法保障也是很有限的。

6.3.4.2 缺乏规划建筑知识救济保障

公众参与控规实施过程是保障自己利益的重要机会,然而要了解建筑方案是否对自己的权益造成影响是需要一定知识和能力的。公众具备的知识越多,参与的深度和提意见的准确度越高。如果公众了解建筑技术规范,就可以明白建筑工程方案是否会影响法规,影响自己日照、通风等条件,如果了解建筑结构,看懂施工图,就可以清楚新建建筑结构是否会影响自己的住宅。反之,如果公众对这些都不清楚,那不仅会影响自己权益的保障,也会不利于和规划行政部门交流。从目前的调查看,公众对建筑面积、建筑高度、绿地率有了初步的概念,但是对于其他内容则不甚了解(对于建设工程的相关概念,有 60 位居民选择了解一些,158 位居民选择不了解)。这对于实现良好的公众参与效力大为不利,需要政府提供相应的知识救济。但是,目前我国还缺乏对这方面的考虑,需要采取相应的机制。另外,上海控规实施过程中公众参与也存在资金缺乏和技术保障缺乏的情况,这在第 5 章已经论述。

6.4 本章小结

本章通过上海控规实施(行政许可)过程中的 2 种类型的 5 个典型案例对公众参与制度进行解析。

运用程序正义评判标准对上海控规实施(行政许可)过程中的 5 个典型案例进行分析,发现其在核心标准、外围标准方面均存在缺陷,程序结果的实质正义也存在问题。由于建设项目与公众自身利益关系紧密,因此上海控规实施(行政许可)过程中公众参与的积极性较高,项目对周边存在明显负面影响而公众却"无意见"的案例较少,也存在公众"不知情"的情况,但总体情况与控规编制(包括调整)过程相比要好。规划过程的开放性、透明性及协商程度较低,公众意见难以对规划结果产生实质影响,公众对建设项目规划方案接受度低。

上海控规实施(行政许可)过程中程序正义及实质正义危机说明其公众参与制度存在一定的缺陷,研究运用制度设计分析的方法对其进行分析,结果发现公众参与制度结构中四个方面的内容均存在一定的问题:① 信息公开的范围有限,难以满足公众参与需求;信息发布时间较短,信息发布中也存在机会主义行为,影响公众对信息的接收;② 公众参与时机较晚,缺乏协商机制和详细的操作规程,公众意见处理制度不公正,缺乏审查机制;③ 公众参与组织职能和机构设置不公正,公众组织设置存在缺陷;④ 缺乏司法、资金、知识和技术保障。

第7章　基于程序正义视角的上海控规运行过程中公众参与制度设计优化

依照前面的研究，控规运行过程中公众参与制度优化设计要基于程序正义的目标准则，修正目前制度存在的缺陷。同时考虑我国政治、经济、文化、社会及法制的环境特征，进行适应性设计。

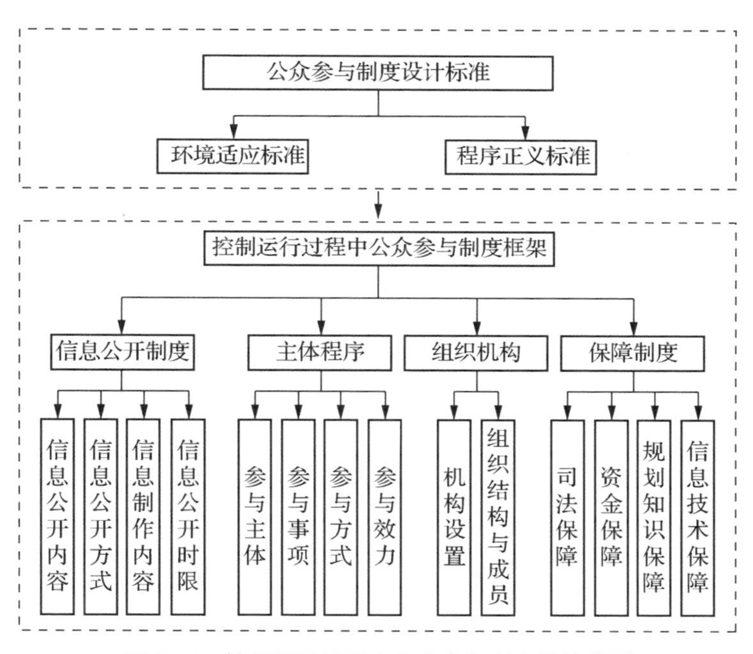

图7-1　控规运行过程中公众参与制度设计模型

7.1 信息公开制度设计

7.1.1 设计策略

7.1.1.1 制定以"信息公开为原则,不公开为例外"的信息公开机制

"以公开为原则,以不公开为例外"[①],这是世界各国政府信息公开制度共同的建设理念[②],也是我国政府信息公开内容制度建设应该遵循的最基本的原则。政府信息公开制度的目的就是最大限度地公开政府信息,以保障公众知情权的实现和民主政治的发展。"以公开为原则"是指对于公开义务人所拥有的政府信息,除非法律法规明确规定不予公开的,都应当对公众公开。在政府信息公开活动中,公开政府信息应该是主要的行为,应当公开的政府信息无论在数量上还是在范围上都要占有主导地位。"以不公开为例外"是指在一些特殊情况下,法律法规可以对一些特定政府信息作出例外规定,允许不将这些信息向公众公开[③]。但是,这些不予公开的政府信息同应当公开的政府信息相比,无论在数量上还是在范围上都只应处于次要地位。在政府信息公开活动中,不公开政府信息的行为只能作为例外情况,严格按照法律的规定谨慎处理。

在这条原则下,各国政府信息公开条例的具体策略也是不同的。英国和日本崇尚信息的完全公开,他们仅规定了免于公开的内容,除此之外均为可以公开的信息。由于我国政府信息保密的传统由来已久,目前相关司法救济制度欠缺,如果仅规定免于公开的信息,那么政府的自由裁量权过大,有可能抑制主动信息的公开,因此我国的规划信息公开具体机制应该效仿美国比较合适。

(1) 对不公开的事项要明确列举

不予公开的例外信息的范围宽窄直接决定了公民知情权的保障程度。因此,虽然它在数量上比应当公开的政府信息少得多,但它往往成为衡量一个国家政府信息公开程度的重要标准。各国对于不予公开的政府信息范围的规定都十分详细,往往采用列举式的描述方式,其用语篇幅和详尽程度远远超过对应当公开的政府信息的规定。例

---

① "以公开为原则,以不公开为例外"是指政府信息公开的范围在"量"上遵循的最大化原则。

② 瑞典现行《出版自由法》第二章"官方文件的公开性"中规定,政府文件必须向社会公开,公民有查阅政府所持有的官方文件的权利;对于公民查阅文件的请求,除非法律有具体、明确的规定,不得拒绝,申请人有权查阅的文件并不限于那些与其本人有关的文件。美国的《情报自由法》规定,除了国家机密、公民隐私等豁免公开的 9 种信息以外,所有信息不允许被行政机关拒绝或限制提供。英国《信息自由法》规定,除了公共机关拥有的信息、例外信息,其他信息都应该公开。日本《行政机关拥有信息公开法》第 5 条规定,"有公开请求时,除被公开请求的行政文件中记载有下列各项不应公开的信息的,行政机关的首长应向请求人公开该行政文件。"这意味着法律只明确规定不应公开的政府信息的具体内容,而对此之外的所有政府信息都应当向公众公开。

③ 王少辉. 迈向阳光政府——我国政府信息公开制度研究[M]. 武汉:武汉大学出版社,2010.

如日本的《行政机关拥有信息公开法》和英国的《信息自由法》都没有明确规定应当公开的政府信息的具体内容，而是通过详细规定不予公开的政府信息范围，以排除式的立法方式确定了应当公开的政府信息的范围。这样规定的目的就在于最大限度地减少政府机构在判定政府信息公开范围时的自由裁量权，只要法律没有明确规定不予公开的信息，都属于可以公开的政府信息范围。

（2）对主动公开的事项采用分类概括式规定

我国现有的规定都对政府主动公开的城市规划事项作了详尽列举，这一技术虽然有一定的优点，但也存在消极影响。城市规划运行过程信息很多，若没有对主动公开事项的一般规定，而仅仅列举免于公开的事项，势必造成不同地方、不同级别的政府在信息主动公开方面的随意性。但对应予公开事项的列举越明确细致，越可能带来抑制新的应当主动公开的事项的后果，因为从逻辑上讲，如果列举的信息应予公开，有可能推导出"未列举的信息"就无需公开，这就违背了公开为原则的精神，也为政府不公开新的、应当公开的事项提供借口。而当出现新的、应当公开的事项时，虽然可以走依法申请公开的途径，但是政府的主动公开却是最好的方法，因为其成本最小。所以对政府信息类型化划分，并概括式地规定应当主动公开的事项，然后再规定一个兜底条款，既可以避免无法涵盖所有的新的、应当公开的信息的缺陷，又可以发挥明确列举的优点。

（3）特殊情况下，采用"利益平衡原则"①确定信息是否最终公开

当政府信息公开与不公开的边界出现模糊、不容易确定时，应当通过利益平衡原则，根据对社会的损害与效益分析，决定是否应该公开政府信息。利益平衡的目的就是既要保证政府信息最大限度地公开，也要保证与公民知情权相冲突的其他利益不受损害。我国利益平衡原则的规定只是表明，除国家秘密外的其他免于公开的信息都不是绝对不可以公开的，这实际上赋予了行政机关很大的自由裁量权和"选择性公开"的裁量权。美国信息公开内容的确定并不是来自条文规定本身，而是法院的判决。在制度运作中，法院会权衡政府的保密利益和公众的知情权利益，或者权衡个人隐私或商业秘密与公共利益的轻重，并在判例中形成更确切的衡量标准。例如，美国法院在判断私人提供的商业信息是否具有秘密性质时，采取哥伦比亚特区上诉法院 1974 年在国家公园和自然保护协会诉莫顿判决中所确定的标准：① 是否妨碍政府以后取得必要的信息的能力；② 是否严重损害信息提供人的竞争地位。再如，联邦最高法院认为如果要求公开的内部文件，公开的结果可能帮助逃避政府的控制和执法时，行政机关

① "利益平衡"作为一项原则，是法律制定和执行过程中必不可少的一项原则，该原则的宗旨是全面考虑一项规则的制定或适用可能引起的各方面的利益变动，借用边沁的功利主义法学理论，就是要做到"保护最大多数人的最大利益"。

可以拒绝公开。法院遇到这类案件,必须衡量政府的保密利益和公众了解的利益①。

7.1.1.2　对信息传播方式进行结构优化

如前所述,目前规划信息传播方式的设置只考虑到信息提供方的便利,而忽视了信息能否真正到达公众,实现信息的有效传达需要对信息传递方式进行结构优化。

(1) 增加"点对点"的信息传播方式

目前"网络+现场"的信息传播方式是一种"点对面"的信息传播方式,这种方式的特点是信息传递的成本低,但是信道分布范围有限、受众对象性差,信息的到达率受信宿特征的影响,信息是否被信宿接收不能被保证。"点对点"是由信源到特定信宿的传播方式,它需要明确信宿的个体,可以保证信息的到达率。因此要提高规划信息的到达率,必须增加"点对点"的信息传播方式。

"点对点"的信息传播方式很多,而要获得较高的信息到达率,参考行政法的一般原理,通知形式除非有法律明确规定,否则应当一律采取书面形式通过直接送达的方式进行通知。这是因为书面形式具有一定的客观性,如因通知行为而发生争议,容易确定行政主体和行政相对人之间的法律责任。直接送达即"点对点"的信息传播模式,按照葡萄牙《行政程序法典》规定包括以下方式:"① 以邮寄方式,只要在居住或住所所在地存在私人邮寄服务;② 直接向本人作出,只要该通知方式不会影响快捷或无法以邮寄方式为之;③ 以电报、电话、专线电报或图文传真作出,只要因其急迫性而有必要为之。"②

根据上海控规编制(包括调整)过程几个案例的调查发现,公众平常获知其他信息的主要方式是通过直接传达的方式,包含"电话通知(19.0%)、信件通知(6.8%)及上门通知(46.0%)"共三种方式。根据上海实施(行政许可)过程的几个案例的调查发现,公众平常获知其他信息的主要方式除了小区的信息宣传栏外,主要是通过直接传达的方式,包含"电话通知(4.5%)、上门通知(62.0%)"两种方式。因此,基于公众的行为特征,也需要增加"点对点"直接传达信息传播方式。

(2) 对信息传播方式进行层次划分

书面文件直接送达的信息传播方式虽然可以提高信息的到达率,但是其制作需要考虑成本因素,如果信息量太大,会给政府带来很大的经济压力,因此需要合理规划其与网络、现场信息传播方式的信息传播重点,发挥组合的最大功效,控制信息传播的成本。网络传播的优势在于容量大、展示方式多样,且成本低,因此可以设定网络为规划信息主展示地,将全面的规划信息以多种表现手法进行展示。现场信息传播由于展示地点所限,篇幅不能太大,展示信息不能过多,因此可以选择重点的规划信息进行展示。而书面文件直接送达的传播方式主要优点在于信息传达率高,可以选择其作为规

① 冯晓青. 知识产权法的利益平衡原则:法理学考察[J]. 南都学坛,2008,28(2):88-96.

② 应松年. 行政程序法[M]. 北京:法律出版社,2009.

划信息发布的通知单，即仅包含规划简要背景及内容介绍、规划信息展示网址及现场地点、参与阶段时间安排等简要信息。

(3) 对信息传播辅助方式进行多样化

信息传播方式除了硬性规定的几种方式，还需要其他辅助方式来丰富和促进信息传播，主要是基于弱势群体的参与要求，增加公众的参与率。辅助方式是指由公众参与组织者自由裁量行使的，形式丰富、组织灵活的信息传播方式。如针对盲人群体可采用盲文发布信息，对于语言障碍者采取会议通知；对于少数民族地区，还要根据民族习惯和语言方式制作信息、发布信息；另外还有包含对于青少年如何参与的内容。根据发达国家的经验，这些辅助方式包括利用大众传媒，如电视、电台、报纸等；召集会议，如宣讲会、公众代表大会、座谈会等；还有其他更为先进或方便的方式。

7.1.1.3　提高机会主义行为实施成本，规制信息制作和张贴的制度内容

如前所述，城市规划行政管理部门在处理信息时存在一些机会主义行为，严重影响了信息传播的效果，导致信息可达率较低。在参与活动中，公众参与组织者实施机会主义行为的最根本的动机是追求自身效用最大化，其实施动机是预期收益大于预期成本。公众参与组织者通过对投机行为预期收益和预期成本的估计和比较来决定是否实施该行为，即机会主义行为实施动机的产生是源于成本收益的计算。当投机行为产生的收益高而成本低的情况下，投机行为的实施就是一种必然的结果。而要抑制这种机会主义行为，从“成本收益”角度分析，解决的途径主要是：① 提高机会行为的成本，主要有增大处罚力度，提高投机行为惩罚成本，即如果一旦发现投机行为就给予严厉惩处，严重者甚至诉诸法律，则投机行为的预期成本就会大大增加，被管理者也就不敢轻易实施投机行为。② 控制投机行为实施条件，增大实施成本。实施成本的大小与实施投机行为的条件有关，实施条件越是对机会主义行为的实施有利，实施成本越小，实施条件越是对机会主义行为的实施不利，实施成本越大。例如，对于官员来说，之所以出现贪污、受贿等机会主义行为正是由于手中握有权力这个客观条件的存在而造成的，可通过限制其权力，使其在实施投机行为时难度加大，即在一定程度上增加实施成本。当被管理者感到实施投机行为难度非常之大，甚至根本实现不了时，就会知难而退，自动打消实施投机行为的动机。前一种方式涉及问责制度，将在后面章节论述，本节主要论述如何通过进行信息制作和张贴制度设计，提高机会主义行为的实施成本，减少机会主义行为的发生。

对城市规划信息制度和张贴制度进行规制，其内容包括：① 规范信息制作的内容，即明确罗列出不同信息传播中规划信息的内容，如控规图纸的种类、控规图纸中表达方式，说明书内容及文本内容。② 规范现场控规图纸展示的形式，包括图幅的尺寸大小、精确度，图幅中文字大小，图纸材质。③ 规范信息张贴地点。地点的选择原则基于居民可达性较好的、认知度较高、稳定性较强的位置。采取两种策略：一是每个区

选择一处固定位置张贴规划信息，二是在居民步行舒适的条件下按照一定的服务半径在规划区内划定多处位置张贴规划信息。具体地点还应考虑人流量和暴露率，在人流量大及易被人注意的地方张贴。

7.1.1.4　实行规划信息尽早发布和及时回馈原则

信息尽早发布原则是指在规划立项之初，就将相关信息通报给相关公众，使公众能尽早地、较全面地了解规划的来龙去脉，更好地做好相关准备参与规划，提高参与的效力。根据弗里得曼的理论，规划编制过程公众参与是一个学习的过程①，尽早发布规划信息，有助于公众较早地接触规划相关知识，理解规划编制过程的相关制约要素，有利于帮助公众理解政府和专家的立场和主张，从而更好提高规划编制的质量。信息尽早发布原则在英国城市规划公众参与中占有重要的地位。公众越早知道规划信息，参与率就越高，参与就越有效。这虽然增大了规划文件在制定过程中的成本，却大大增强了规划过程的透明性和结果的可接受性。

及时回馈原则是指在公众提出问题后很短时间内，规划行政主管部门向公众回复相关问题，其目的是尽快满足公众对信息的需求，帮助公众进一步参与，提高参与过程的效率，避免引起不必要的猜测，增加公众对政府的信任感。具体内容是参考信访制度的相关做法，规范规划行政主管部门回馈公众信息的时间，时间不能过长，并在公众提交信息后在规定时间期限内进行答复。对于要回复的公众意见，应该包含在规划运行全过程中，只要公众提出意见，规划行政主管部门就要在规定期限内进行回复。如果规划行政主管部门认为公众意见不能及时回复，也需要进行情况说明，提前通知到提意见的公众。

7.1.2　制度设计

7.1.2.1　控规运行过程信息公开内容的制度设计

（1）总则

以公开为原则，不公开为例外，即除了法律明确规定不能公开的信息外，其他的信息都应当向公众公开。

（2）主动公开的内容

① 控规编制文件

关于控规编制过程，政府应该主动公开的信息包含三大类：一是控规编制结果性文件，有控规编制申请书，申请书的批复文件，控规规划研究/评估结果文件，控规的图纸、文本、政府审批文件；二是控规编制过程性文件，有控规编制年度计划、控规规划研究/评估讨论稿主要内容、控规编制草图；三是控规编制过程中的公众参与文件，有公

① Friedmann J. Planning in the Pubic Domain: From Knowledge to Action[M]. Princeton: Princeton University Press, 1988.

众参与的程序、控规规划研究/评估过程民意调查和征求意见内容及结果、控规草案编制阶段公众意见汇总及意见反馈、政府各部门及专家意见。

② 控规实施(行政许可)文件

关于控规实施(行政许可)过程，政府应该主动公开的信息也包含三大类：一是规划行政主管部门进行行政许可的依据，有许可的依据、许可的程序、许可的时限及救济途径和时限；二是规划行政许可结果文件，有建设项目选址意见书及批准文件、附图，建设用地规划许可证及批准文件、附图，建设工程规划设计方案的批准文件、总平面图，建设工程规划许可证(零星)及建设工程项目表、总平面图，建设用地规划许可证(临时)及批准文件、附图，建设工程规划许可证(临时)及建设工程项目表、总平面图；三是规划行政主管部门进行行政许可的过程文件，有选址意向书阶段的申请文件、规划行政主管部门审查文件及专家评审结果、公众参与意见，还有建设工程方案的规划设计所有图、施工图、公众参与意见汇总及回馈、政府各部门审查结果、审图公司审查结果。

(3) 免于公开的内容

免于公开的内容包括：一是规划工作中产生的国家秘密属于免于公开信息。规划工作中产生的国家秘密是指符合《上海市城市规划管理局国家秘密项目一览表》的内容。主要有：党政军首脑机关、党和国家领导人寓所和经常性活动场所的地下专业工程的规划设计和管线综合图文资料；不对外开放的国防科研生产、试验、训练基地的城市现状图、规划总图的图文资料；城市电力、电讯、给排水、供热、供气、防洪、人防各专业工程的整体规划、现状图及管线的综合图文资料；国家建设工作的长远规划。二是测绘部门产生的带有密级的测绘成果属于免于公开信息。带有密级的测绘成果是指按照《测绘管理工作国家秘密范围的规定》确定密级的测绘成果，具体项目名称及秘密等级在《测绘管理工作国家秘密目录》中有明细叙述。经过技术处理(即隐去比例尺、图幅号和坐标等要素)，已不再涉及军事、国家安全等保密要害部门点位、名称信息的规划所用测绘背景图，不在免于公开信息之列。三是规划工作中涉及其他行业规定的国家秘密属免于公开信息。所谓其他行业规定的国家秘密，是指中央国家机关各部门分别会同国家保密局依据《中华人民共和国保密法实施办法》制定的各行业工作中国家秘密及其密级范围的规定。四是规划工作中遇到的建设工作商业秘密属免于公开信息。五是政府机关工作过程中产生的工作秘密属免于公开信息。工作秘密是指“内部文件”“内部资料”“领导重要批示”等属于“在一定的时间内，只限于一定范围的人员知悉的事项”。

(4) 通过申请公开的信息内容

不在上述第2款(主动公开的内容)范围内，且未经第3条(免于公开的内容)排除的所有信息，都可以经当事人向政府机构申请而公开。

7.1.2.2 控规运行过程信息公开方式的制度设计

规划行政主管部门在组织公众参与进行规划信息发布时应该采取三种主要的方式：

(1) 直接送达的方式，即公众参与组织者应将规划信息直接送至直接利害关系人手中。其包含：① 以邮寄方式，只要在居住或住所所在地存在私人邮寄服务；② 直接向本人作出，只要该通知方式不会影响快捷或无法以邮寄方式为之；③ 以电报、电话、专线电报或图文传真作出，只要因其急迫性而有必要为之。

(2) 网上发布，即各个区规土局建立专门的信息公开平台，发布规划信息。

(3) 现场公示，包含两种现场类型：一是各个分区内的固定的专门发布规划信息的地方——规划展示馆；二是规划基地内，控规编制过程现场公示采取一定的服务半径(考虑到人步行距离的舒适性，以学校的服务半径为标准计算较为合适，1 平方千米内按小学服务半径 500 米，1 平方千米以上的按中学服务半径 1 000 米)，计算出需要张贴的数量，并选择人流较多、醒目的地段进行规划信息张贴。控规实施(行政许可)现场公示应当在建设基地现场主要出入口一侧，及所有临街围墙上。

各种信息发布方式所包含的规划信息不同，直接送达的书面信息内容包含简要的规划背景信息，告知参与内容、目的、方式、时间，信息发布地点；网上发布应尽量包含该阶段的所有的规划相关信息；现场公布应包含重点的规划图、简要说明及相关数据。

除以上三种必须采取的信息发布方式，规划行政主管部门在组织公众参与进行规划信息发布时还可以采取其他方式进行补充，如座谈会、政策宣讲会，借助报纸、电视、广播等传媒。

另外，对于弱势群体要针对不同的要求采取相应的参与方式帮助其参与，制定专门的参与方案。

7.1.2.3 控规运行过程信息制作内容的制度设计

目前控规实施(行政许可)阶段信息制作比较规范，不仅对图纸大小，还对图纸比例以及公示材料进行了限定，另外登在网上的图纸精度也很高，字迹清晰，易于读解，控规评估及编制过程信息制作也应如此，需要对相应内容进行限定，具体包含：① 图纸的大小，以 A1 纸张规格为限，不小于 118.9 厘米×84.1 厘米；② 图纸的比例，1—2 平方千米以内的 1∶2 000，2 平方千米以上的 1∶4 000；③ 网上图纸的精度；④ 现场图纸的材料，防风防雨，利于展示。

7.1.2.4 控规运行过程信息公开时限的制度设计

控规运行过程信息公开时限反映在三个方面：

(1) 首次发布规划信息的时间

按照尽早发布信息原则，控规运行中信息首次发布的时间应该尽量提前，合适的时间段应该是：① 控规编制过程中规划信息首次发布时间：规划立项申请书经规划行政管理部门审批后，即已经明确需要进行控规编制了，此时应该将规划立项申请书与批复书一同发表。② 控规实施(行政许可)过程规划信息首次发布时间：土地出让类型中规划行政管理部门征询相关部门意见阶段、土地划拨类型中规划行政管理部门在审核选址意见书阶段、自有土地项目类型中规划行政管理部门审核规划设计要求阶段，将相关信息进行公布。

(2) 公众参与过程中信息发布的时长

借鉴香港地区经验，控规实施过程建设项目相关资料和信息的公布应该从项目由区县规土局接受日的第二天开始，直至项目通过建设工程许可。中间方案的信息的变动，都应该及时公布出来。这样方便公众随时可以了解和参与。

(3) 信息反馈的时限及时长

信息反馈需要及时，但有时也需要给规划行政人员必要的思考时间，7 天工作日较为合适，因此控规运行过程中所有需要反馈信息的时间确定为 7 日。特殊情况下，如果规划行政部门无法作出合适的答复，可参考浦东新区的做法，发布信息回复延时通知书，告知公众，避免引起其不必要的猜疑和焦虑。

7.2 程序设计

7.2.1 设计策略

7.2.1.1 运用利益相关者分析明确参与主体的概念、确定各方权责

利益相关者理论源于国外，是在对传统股东中心理论的质疑和挑战的基础上产生的。1927 年，通用电气公司的一位经理在其就职演说中最早提出为公司利益相关者服务的思想。1984 年，弗里曼率先把该理论运用于实践，并认为："一个组织的利益相关者是指任何可以影响组织目标的或被组织目标影响的群体或个人。"该定义得到众多学者的一致认可和推广。该理论的核心思想是：一方面，在经营管理等活动中要充分考虑和体现各个利益相关者的利益；另一方面，只有通过协调和整合利益相关者的利益关系，才能达到整体效益最优化。利益相关者理论最重要的作用是对利益相关者进行界定和分类，分析不同利益相关者的利益诉求，进而实行相应的对策研究。明确上海控规运行过程参与主体的概念及其权责，需要借用利益相关者分析方法。首先要界定谁是利益相关者，其次分析利益相关者的利益诉求及利益相关者与项目的利益关系，以此为依据确定利益相关者的角色定位，明确其在参与中的权责①。

(1) 参与主体的分类

规划主体合法性分析中已经明确了规划主体包括政府、专家、规划基地内的居民、

---

① 王身余. 从"影响""参与"到"共同治理"——利益相关者理论发展的历史跨越及其启示[J]. 湘潭大学学报(哲学社会科学版)，2008，32(6)：28－35.

相邻地块内居民、规划基地内单位和组织、相邻基地单位和组织及开发商七大类，这一定义比较概括，具体到上海控规运行过程中的规划主体有所不同。根据实际案例进行利益相关者分析，上海控规编制过程中参与主体包括市、区级政府，市、区级规划行政管理部门，政府其他各相关部门，规划地块内人大代表及政协委员，规划地块内的居民，规划地块内的社会团体，相邻地块内居民，相邻地块内社会团体，专家。上海控规实施（行政许可）过程中参与主体包括市、区级政府，政府各个部门，市、区级规划行政管理部门，相邻地块内居民，相邻地块内社会团体，专家及开发商。其中，市、区级政府，市、区级规划行政管理部门，政府其他各相关部门规划地块内人大及政协属于政府组织，其他主体属于“公众”概念范畴。

表 7-1　控规运行过程中的利益相关者

组织类型		具体细分
政府部门（G）	各级土地管理部门（G_1）	乡（镇）级土地管理部门（G_{11}），县级土地管理部门（G_{12}），市级土地管理部门（G_{13}），省级土地管理部门（G_{14}），国土资源部（G_{15}）
	各级人民政府（G_2）	乡（镇）级人民政府（G_{21}），县级人民政府（G_{22}），市级人民政府（G_{23}），省级人民政府（G_{24}），国务院（G_{25}）
	其他行政部门（G_3）	城建部门（G_{31}），环保部门（G_{32}），交通部门（G_{33}），水利部门（G_{34}），农业相关部门（G_{35}）
个人及团体（P）	规划区居民（包括其后代），用地企业（P_2），社会公益团体及协会（P_3）	

（2）参与主体的利益诉求

城乡规划过程是政府决策者运用手中所掌握的政治权力，对社会各利益需求进行折中和平衡，进行社会价值权威性分配的过程。转型时期，如何推动城市经济发展是政府关注的焦点，经济发展包括以下几个内容：扩大经济总量以增加税收；增加就业岗位以减少失业；投资城市建设以改善市容。只有经济发展了，政府收入、就业、城市建设才会改善，才能体现政府的政绩。城市空间就成为政府发展经济的重要控制手段。一方面，政府更关心那些与城市经济发展密切的规划议程和规划内容，以及涉及城市形象方面的“标志性建筑”，通过这些显示自己的政绩。另一方面，由于城市土地有偿使用制度的实行，城市土地使用权转让费成为地方政府预算外收入的重要来源，地方政府具有不断扩展城市空间规模，增加财政收入，获取更多建设基金的利益动机。政府各部门利益诉求在于追求各部门利益、促进效益最大化，保证城市正常运转。规划行政管理部门由于受体制影响向政府利益妥协。人大及政协的利益诉求在于谋求地区发展，维护公众个人利益，维护自己个人利益。地块内及相邻地块的居民及社会团体的利益诉求是保障与自己直接利益相关的居住、工作、交通、绿化等空间内容。开发商的利益诉求在于通过空间开发最大化实现利润。专家受职业教育和学科传统的影响，其利益诉求表现为维护公共利益、构建美好社会。

(3) 参与主体角色定位

由以上分析可知，参与主体中，市、区级政府，政府各部门，地块内及相邻地块的居民，地块内及相邻地块的社会团体，开发商与控规编制与实施的利益息息相关，他们应该是核心利益相关者，涉及利益分配，公平地参与利益博弈。规划行政主管部门履行其职业要求，负责组织控规的编制和审查，依据审批后的控规实施项目管理。专家与大众最重要的区别是利益和技术的差别，也就是说，城市规划中的技术性事项的参与者应当为专家，专家的优势在于发现事实，提供科学的解决方案。在价值判断方面，专家较之普通公众并无优势，因为价值问题在大多数情况下没有真伪对错的标准，而更多的是个体的偏好或是取向的问题。因此，专家的角色定位应该是在经各核心利益相关者进行利益协调完后，对方案进行技术把关。人大、政协按照国家的政策，即1995年1月14日中国人民政治协商会议第八届全国委员会常务委员会第九次会议通过的《政协全国委员会关于政治协商、民主监督、参政议政的规定》，应该起参政、议政及监督的作用。

表7-2 上海控规运行过程规划主体分类及定位

<table>
<tr><th></th><th>参与主体</th><th>利益诉求</th><th>角色定位</th></tr>
<tr><td rowspan="4">官方</td><td>市、区级政府</td><td>获得土地增值、部门收益
实现城市土地资产效益最大化
改善城市形象，提升城市品位
为城市建设积累资金、储备土地</td><td>参与利益博弈</td></tr>
<tr><td>规划行政管理部门</td><td>提升城市建成环境</td><td>组织控规编制、审查、项目审批</td></tr>
<tr><td>政府其他各相关部门</td><td>追求部门利益，维持城市运转</td><td>参与利益博弈</td></tr>
<tr><td>人大、政协</td><td>维护公共利益</td><td>建议及监督</td></tr>
<tr><td rowspan="6">公众</td><td>规划地块内居民</td><td>追求个人利益</td><td>参与利益博弈</td></tr>
<tr><td>相邻地块居民</td><td>追求个人利益</td><td>参与利益博弈</td></tr>
<tr><td>规划地块内社会团体</td><td>追求个人利益</td><td>参与利益博弈</td></tr>
<tr><td>相邻地块社会团体</td><td>追求个人利益</td><td>参与利益博弈</td></tr>
<tr><td>专家</td><td>维护公共利益</td><td>技术审查</td></tr>
<tr><td>开发商</td><td>追求最大化的利润</td><td>参与利益博弈</td></tr>
</table>

7.2.1.2 尽早参与原则和全程参与原则

尽早参与原则的目的是使公众的想法尽早被知道，公众能尽早参与利益博弈，对规划结果产生实质影响。此原则表现在控规编制过程中：在控规编制计划阶段，公众就拥有动议权，即公众可以提出控规编制计划，报规划行政主管部门审批，在控规立项后规划研究和评估阶段听取公众意见，在规划目标制定阶段就同公众一起协商制定。

因为规划编制是基于理性主义的方法，所以在规划初期纳入公众的意见，规划方案才能很好地体现公众的想法。此原则表现在规划实施阶段：在土地出让类型的项目中，规划行政主管部门设定招拍挂条件时，就应该征求公众的意见，将公众的意见作为招拍挂的条件之一；在土地划拨类型的项目中，规划行政主管部门审批选址意见书阶段，就应该征求公众的意见。尽早参与原则在各国的规划公众参与制度建设中都占有重要的地位，是实现公众参与有效性的重要条件。

全程参与原则是指公众参与规划的全过程体现在两个层面：一是持续性地参与控规运行过程中的每一个阶段，即包含控规评估、控规编制、控规实施全过程；二是每一个阶段的每一个步骤中公众都有机会参与，例如控规编制阶段的规划目标确认、规划草案制定、规划方案评审等一系列的过程公众都有机会表达意见或参与协商，只有这样，才能真正实现规划输入合法性的透明和开放。

7.2.1.3　实现参与程序结构化，建立完全程序化的规范流程

参与程序的结构化是指按照程序不同功能"模块化""层次化"，形成一系列纵向结构与横向结构搭配合理，适宜操作的结构内容。首先，确定参与程序的功能板块，如发布信息、听取公众意见、处理公众意见等；其次，确定不同功能板块内的横向程序内容，如可将听取公众意见阶段的横向结构分为听取公众意见的方式，听取公众意见的时间、地点等；最后，确定听取公众意见参与方式的程序性内容，如确定座谈会的启动程序及正式程序内容，包括参与人选择、发言顺序、结果反馈等。对于某些复杂的内容，可能程序结构层次还要更多。

参与程序的结构化不仅指将参与程序层次化，更指所有的参与过程都要经过严格的程序性内容进行规范。规范的程序化流程首先是可以减少交易成本，提高参与的效率。按照新制度经济学观点，制度会降低交易成本。程序是制度的重要组成部分，合理的参与程序，即经过设计的，已经减少了行为过程中可能出现的重复或多余环节，把环节简化到尽可能少但又保证有效的程序，节约时间、精力，节省资金，程序规定了行为先后次序排列、衔接关系和时限，有利于行为有条不紊的进行。其次，规范的程序化流程可以有效约束政府的行为，防止机会主义行为的发生。目前公众参与制度设计中缺乏详细的程序，政府自由裁量权大，尤其为了追求自己的利益，他们会利用制度设计上的漏洞采取不利于公众参与的行为，而程序化的操作规则可以严格控制政府的行为。最后，规范的程序化流程有利于监督。公众参与制度程序是监督参与行为和决策合法性的重要依据。程序的存在会给监督者判断规划决策活动是否违法或不当提供切入点，也就是说，有了程序的规定，监督者就可以在决策过程中及时发现违反程序的问题，避免决策失误。

7.2.1.4　调整参与机制，建立均衡化的博弈规则

前文分析了目前公众参与程序结构导致政府与公众之间参与力量不对等，是一种

不均衡博弈规则，严重影响了公众意见对规划决策结果的实质性影响，为了实现“理想语境”下的程序正义，必须对目前的参与机制进行调整，建立均衡化的博弈规则。

所谓均衡博弈，是指博弈各方力量对比相对均衡的博弈过程。与力量对比悬殊的非均衡博弈相比，它有几个明显的特点：一是均衡博弈的参与各方在资源、权利的占有上相对平等，而非均衡博弈的各参与方则存在明显的（甚至是严重的）不平等；二是均衡博弈中不同利益集团的博弈能力不存在过大差异，而非均衡博弈各方的博弈能力则严重不均等，由此形成强势群体对弱势群体明显的博弈优势；三是均衡博弈中的各博弈主体能够与其他博弈主体形成多向互动，其博弈策略在作用于他方的同时，也受对方博弈策略的制约，而非均衡博弈中，强势群体的博弈策略对弱势群体利益的实现存在“强势”的制约，而后者则很难对前者产生有效的影响。

如何建立均衡的博弈规则，即如何实现公众的话语权与政府话语权的对等。通过西方各发达国家的经验，我们可知公众与政府获得对等的途径有两种：一是通过代议制民主中公众的投票权赋予公众实质上的话语权，代议制民主中官员对人民负责，官员必须随时倾听民众的意见，并要证明自己政策的合法性，因而促使官员有动力去进行公众参与，并保证公众的意见能够得到应有的尊重。如英国，虽然城市规划公众参与制度结构也倾向于政府权力独大，但是由于有代议制民主做基础，因此公众的意见可以得到政府的尊重。二是通过某些参与机制赋予公众和政府相等的话语权。如美国，通过听证会、动议制度及复决制度赋予公众很大的参与权，政府不得不采纳公众的合理建议。我国的选举制度不是严格意义上的普选制，很多官员都是通过上级直接任命，官员主要对上级负责。也就是说，公众很难对政府产生实质上制约。在我国，公众在参与过程中要想获得与政府平等的话语权必须通过设置特定的参与机制，使公众与政府之间实现平等的话语权。这些机制要能够使参与博弈的不同群体享有相对平等的地位和权利，能够充分表达各自利益，其多元利益诉求都能得到应有的重视，能实现良性互动、充分协商，使博弈各方的策略能够相互影响、相互制约，避免“单向最优”的博弈结局。

以“权利制约权力”，要赋予参与的公众多种权利模式，形成均衡的博弈规则。这些权利有以下几种。

（1）动议权

控规编制动议权是指一定数量的公众依法向法定有规划编制立项权的行政主体提出有关制定、修改控规的请求或建议权[①]。给予公众动议权是提高规划合法性的重要条件。首先，动议权是使公众参与城乡规划权范围内的权利，在享有动议权的情况下，公民不再是被动地接受规划，而是主动地提出规划议案，发表自己的看法，保障公

① 陈蕊. 相对人的行政立法动议权[J]. 行政法学研究，2004(4)：37－41.

众的动议权可以使其从源头保障自己的权利。其次，赋予公众控规动议权，可以平衡社会公众弱势社会阶层与强势社会阶层之间的利益。为不同的社会阶层开辟健全的利益诉求机制，有效保障弱势阶层的参与权利，使得不同社会阶层都能够将其利益诉求反馈给规划部门，从而平衡社会各阶层之间以及行政机关与社会公众之间的利益。最后，赋予公众控规动议权，可以帮助政府更好地了解公众真实的偏好。虽然规划行政主管机关对自己管辖范围内的事项比较熟悉，了解需要解决的问题和解决的途径，但是他们也容易受到本部门主客观条件的限制。行政机关和一些专门机构提出的规划动议，未必能够体现广泛的民意，很多公众关心的涉及切身利益的问题行政机关并不了解。将行政立法动议权赋予行政相对人，可以最大范围集思广益，给行政立法机关开通一条广泛收集信息的渠道，可以使行政机关了解公众的真实利益偏好，而使得规划真正体现广大人民的意志。伍德罗·威尔逊曾给立法动议权很高的评价，认为它是"门背后的枪"，尽管不经常起作用，但在关键时候还是大有用处的。

（2）协商权

根据《韦伯大辞典》的解释，协商是指"冲突的双方，为了解决某些事情，双方面对面沟通、讨论，并互相让步、妥协的行动过程"。相焕伟认为，"协商内含理性、平等、互动、妥协、合意等特质，它是指具备不同偏好的双方或多方，通过信息的释放、交换与协调，促使各方的偏好妥协、让步，达到彼此间均能接受之结果的交叉互动过程，其核心要素是主体的平等性、过程的交互性、结果的合意性。"[①]协商权是公民的一项基础性权利，它直接体现了人民主权原则，是对代议制民主的有益补充，同投票选举方式一样是直接民主的表现形式。赋予公众参与控规的协商权可以从以下几个方面进行。

① 扩大规划决策过程中的信息量，提高决策的质量。一是当协商在开放的公共集会上进行的时候，协商环境提供了更多关于社会中所有不同团体人们利益的信息。大量的人和团体有机会来审查这些事实并检验彼此的看法，可使公民通过借鉴彼此的知识、经验和能力来扩大他们有限的视野，纠正易犯错的观点，产出单个参与者未曾想到的各种方案。贺伦认为这样做可以增加出现良好判断的机会。二是所有成员都参与讨论和争论过程的社会至少能够发现那些基于脆弱偏见的政策，而且那些关于这些事物的更荒谬和更迷信的推理形式总会受到削弱。三是理性会更具有公共性，公共舆论更可能基于所有视角、利益和信息而形成，反映了所有受到影响的协商者更为广泛的要求，而不大可能将合法利益、相关或适当的反对意见排除在外。在充分获得那些对于实现社会目标而言的重要事实的信息基础上，通过把政治正当化和决策置于多种备选方案中，公共协商普遍地改善了决策的质量，提高了民主政治中的决策质量。

② 提高决策结果的合法性。协商的合法性是指每个参与者都愿意接受公正协商

① 相焕伟. 协商行政：一种新的行政法范式[D]. 济南：山东大学，2014.

产生的结果。因为"同意"是协商决策的核心。公共协商就是公民借以证明自愿接受的、具有集体约束力的法律和政策正当性的工具。协商结果的政治合法性不仅建立在广泛考虑所有人需求和利益基础之上，而且建立在利用公开审视过的理性指导协商这一事实的基础上，即不仅仅出于多数的意愿，而且还基于集体的理性反思结果。因此，其成员有义务遵守这些结果。一方面，这种集体的批判性反思过程预先假定参与者将争取超越自身观点的局限而理解别人的观点、需求和利益：不是通过任何可利用的劝说机制将自己的观点强加给别人，而是真诚地通过相互理解和妥协的过程达成一致。另一方面，协商过程的政治合法性是通过在政治上平等参与和尊重所有公民道德及实践关怀的政策确定活动而完成的。

③ 公共协商过程能够产生道德效应、培育公民美德、形成共同体。具体表现在以下三个方面：第一，公共讨论能产生道德效应。米勒认为陈述理由和回应挑战的要求将会消除基于错误经验偏见的非理性偏好，消除没人愿意在公共场合提出的道德上令人厌恶的偏好，以及消除狭隘的自我中心主义的偏好①。第二，协商有助于培养公民美德。人们通常将密尔和阿伦特看成是这种教育观点的支持者。虽然他们在运用各自概念方面存在重大差异，但都认为参与公共事务本身是好事，个人可以在参与公共事务中获益，理解、自主与尊重他人等政治中的这些重要品质将会在一个鼓励所有公民进行协商的社会中得到更大改善。第三，公共协商过程有助于形成公民认同或共同体的意识。主体间的谈话的共同根据具有推动性力量，产生阿伦特所谓的"交往力量"，而且这种实践需要的"扩展的智力"本身就是一种团结的形式。

(3) 听证权

听证(hearing)一词的产生，源于英美普通法中的"自然公正"原则。它要求行政机关权力的行使必须符合自然公正原则，其内容包括听取对方意见和任何人不能做自己案件的法官②。开始是司法领域中对被审判的当事人一种辩护权的设置，后来发展为今天的审判形式。接着，行政领域尝试使用这种制度，即行政行为的相对人在行政主体作出影响其合法权益的决定时，行政行为的相对人有权利要求得到行政机关自然公正的处理。后来，美国在1946年的《联邦行政程序法》中进一步深化了这种原则，发展为美国的"正当法律程序"的形式。在大陆法系国家，尤以德国的行政法所确立的行政合法性原则，为听证制度的建立奠定了一定的法理基础，从而使行政听证制度在许多国家建立起来。

关于听证的概念，有各种不同的表述，但本质大概相同，即"听证是行政主体在作出影响行政相对人合法权益的决定前，由行政相对人表达意见，提供证据的程序以及行政主体听取意见、接收证据的程序所构成的法律制度"。政法学界将行政听证分为

① 罗维. 寻求不一致的一致——中西协商民主制度比较研究[J]. 江汉论坛，2012(11)：43－48.

② 王文娟，宁小花. 听证制度与听证会[M]. 北京：中国人事出版社，2011.

正式听证和非正式听证。正式听证，又称“审判型的听证型”，意指“行政机关在制定法规时和作出行政决定时，举行正式的听证会，使当事人得以提出证据、质证、询问证人，行政机关基于听证记录作出决定的程序。”非正式听证，又称“咨询型的听证型”，是指“行政机关在制定法规或作出行政裁决时，只需给予当事人口头或书面陈述意见的机会，以供行政机关参考，行政机关无须基于记录作出决定的程序。”非正式听证类似于公示制度，在此不作讨论，本研究主要考察正式听证制度对公众参与控规运行过程的作用①。

正式听证属于协商型程序，但是与协商性不同的是它的准司法性。在正式听证程序中，借鉴了司法程序中两造对抗、法官居中裁判的构造模式，由主持人居中听取矛盾双方作为控辩双方的陈述，询问证人，控辩双方在听证过程中有权向主持人提交证据，询问证人，展开辩论。这样控辩双方的证据在听证程序中都得到充分的展现，并就其真实性、关联性和合法性进行了讨论，有利于主持人发现案件真实，为行政机关作出行政决定提供基础。另外，程序中的案卷排他性效力，即只能以案卷所记载的证据为根据确定事实，不能在案卷以外以当事人不知道或者未经质证的证据作为确定事实的根据，可以说正式听证中公众意见也具有举足轻重的地位，它可以直接影响决定的作出。整体上说，这种方式更适合于矛盾冲突的裁决。在美国，正式听证是行政裁决的主要程序，体现了程序正义的精神，其结果更易被公众接受。

(4) 复决权

从法学角度说，所谓复决权是指议会通过的议案须交由人民表决方能决定是否生效的制度设计。从一般意义上讲，公众复决权是指公众对享有投票权的公民依法得以赞同或否决特定法案或重大事项决策的权利②。公众复决权的理论基础在于人民主权理论③。人民主权，是指国家的一切权力属于人民，国家最高权力掌握在人民手中，全体人民具有平等地参与政治决策过程的权利。当政府作出的决策违背人们的意志时，人民有权复决之。公众复决是直接民主的一种形式，拥有很多优点：第一，它可以获得最大的民主，可以直接明确了解人民的需求，帮助人民实现自己利益。第二，有助于增强公众参与的效能感，培养公众的政治责任感。公众可以通过复决权赞成或否决政府的决策，保障自己的利益，参与的效力明显，这激励公众继续参与。第三，它是公民对政府机构进行监督的有力武器，可以防止政府机构的决策偏离和背叛民意，侵夺人民的权益。

复决分为强制性复决和选择性复决两种，前者指政府将决策交付公民进行复决，此类复决权的行使实行双重多数原则，即只有获得大多数投票才能通过决策。后者指

① 王文娟，宁小花. 听证制度与听证会[M]. 北京：中国人事出版社，2011.

② 杜钢建. 全民公决理论和制度比较研究[J]. 法制与社会发展，1995(2)：26－32.

③ 魏春洋，牟元军. 试论全民公决[J]. 山东省青年管理干部学院学报，2004(2)：14－16.

政府决策形成后不必交由公众表决，而是在一定时间内如果有一定数目的公众联合签名反对，则决策不通过①。控规运行过程赋予公众一定的复决权可以真正实现公众的意志对规划结果产生实质影响。

7.2.1.5　运用多策略完善公众意见处理和反馈机制

(1) 采取中立机构处理公众意见

从程序制度安排层面而言，程序中立的核心要素是不偏不倚的决定制作者。几个世纪以来，作为西方法律程序基本原则的“自然正义”，一直将公正、独立的裁判者作为一项最基本的要求，即任何人不得作为自己案件的法官。这一要求的实质就是为了保障程序主持者和裁判者的中立性。它要求裁判者：① 对于裁判结果不得有某种利益；② 在程序的进行过程中不得存在偏见；③ 不能既是控诉者又是法官；④ 不得行偏私②。基于这样的理念，公众参与意见处理公正性在于需要选择一个非政府和非公众的中立的机构组织进行裁决，还需要一定的城市规划专业和技术能力，并且与项目之间不存在利益关系。中立的组织更有助于发现真相、作出客观的决定。从价值的角度看，中立可以使当事人相信他们能够通过中立的程序进行“公平的竞赛”，从而拥有对法律程序制度的信心和积极性。

(2) 采取公众意见处理旁听机制

众所周知，无论是在东方还是在西方，信息公开透明正逐渐成为现代政府的行为准则和目标。公开原则是指权力运行的每一阶段和步骤都应当以相对人和社会公众看得见的方式进行。这样可以有效地预防、控制权力的滥用，正如王名扬先生所说：“公开原则是制止自由裁量权专横行使最有效的武器。”③建立公众意见处理公开原则，即是需要将公众意见处理过程暴露在公众的监督之下，目前合适的方式是旁听制度。

旁听是民主政治发展到一定阶段的产物。它最早并不是出现在立法领域，而是在司法领域，是公开审判原则的基本内容。我国旁听制度源于全国人大常委会 1988 年 7 月 1 日通过的《七届全国人大常委会工作要点》决定的“要积极创造条件，建立常委会和专门委员会会议的旁听制度”，及 1989 年 4 月 4 日第七届全国人民代表大会第二次会议通过的《中华人民共和国全国人民代表大会议事规则》第十八条规定的“大会全体会议设旁听席。旁听办法另行规定”。旁听制度需要明确几个原则：一是事先告知，旁听程序的开始阶段必须向旁听人员公开有关的材料；二是旁听人自由原则，即正常情况下任何人都可申请旁听；三是完整程序原则，即程序内容要包括公告，确定旁听人实质参与环节、整理反馈环节、监督与救济环节等各项内容。

---

① 刘佩韦. 论立法复决权[J]. 湖南医科大学学报(社会科学版)，2009,11(5):34－36.

② 陈瑞华. 程序正义理论[M]. 北京:中国法制出版社，2010.

③ 王名扬. 美国行政法[M]. 北京:中国法制出版社，2005.

(3) 建构公众进一步申诉的通道

对于程序公正的要求来说，当事人应当享有通过申诉而请求有关的主体对公众意见处理决定进行审查的权利，即申诉权。申诉的目的主要是为了使行政决定更加准确和合理；基于对接受申诉的机关的信赖，人们可能会在心理上相信经过申诉而作出的决定具有更多的正当性和合理性，即当事人认为某个行政决定实体或程序上不公正时，他们应当拥有一种制度化的途径来表达他们的意见，即使通过行使申诉权而没有改变原来的决定，当事人也有理由认为这要比根本没有这样的途径好得多。因此，申诉也有助于体现程序的正义。公众如果对公众意见处理的过程和内容不满，有权进行申诉，这相当于是对监督进行监督，为了避免陷入无休止的境地，本研究建议此处的申诉权仅限于内部机构复议。

(4) 对公众意见处理与反馈进行时间限制

程序经济原则并不仅仅意味着法律程序越简化越好，而是要求程序在满足一些基本条件的前提下，尽可能地减少程序直接成本，其基本目的就是使法律程序成为一个经济的、人们愿意去接受和运用的制度性装置。公众参与意见处理及回馈机制的经济性在于明确程序进行阶段的时间，保证其顺利有效的进行。

(5) 规范公众意见反馈内容的形式，真实明晰地反映信息

王锡锌在程序正义要素体系中没有提及真实原则，但是真实原则是一切信息传达的根本，明确、详细的公众参与意见的内容使公众对公众意见的实际状况有清晰的了解，帮助其与政府之间达成反映公众真实偏好的意见，提高规划的合法性。

7.2.1.6　优化审查制度，建构合理的审查主体、审查标准和审查程序

(1) 建构第三方审查主体

参考世界各国审查主体的研究，目前存在三种形式，即本机关内的相关机构进行审查模式、上级机关相关机构审查模式、本级人民政府法制机构统一行使审查职能的模式。从本质上讲，这三种审查方式实际上完全属于政府方审查模式。选择政府方作为审查主体优点是其对政府内容行政行为和业务比较了解，知根知底，缺点是容易相互包庇。那么是否可以选择公众方作为审查主体？从理论上讲，其优点可以限制政府的权力，但是由于公众追求自身利益的限制，也可能会将结果完全导向个人利益方，损失公共利益。那么是否可以选择专家方组成审查主体？从理论上分析，专家会从技术的角度考虑问题，很难站在公众的立场考虑，无法考察参与实质的有效性。结合以上审查主体的优点，研究建议可建立由政府方、公众方和专家方共同组成的第三方审查主体，类似陪审员制度。

(2) 建构实体审查和程序审查双重标准

程序性审查标准是指审查机构严格按照公众参与制度规定的程序内容进行审查，实质性审查是指审查机构按照公众意见是否被采纳，采纳的合理性进行审查，这两方

面审查标准都有自己的优缺点，仅审查程序有可能忽视结果不公正的问题，陷入形式主义，仅审查实质性内容也有可能忽视过程不公正的问题。因此，公众参与执行情况的审查标准应该将实体合法性审查和程序合法性审查相结合，对公众参与的实体和程序是否都符合规定、具有合理性进行审查。

（3）构建审查程序，规范化操作流程

确定了审查主体和标准，审查制度的有效实施还在于建构完整的审查程序。首先，为了保证一定的规划审批效率，审查机构应当在规定的时限内完成对公众参与内容的审查任务，为此必须对合法性审查的期限作出明确规定。其次，为了保证过程的透明性，还需要将审查过程和结果予以公开，允许公众质疑和申请救济。最后，对于审查结果的处理需要作出明确规定。

7.2.1.7　加强程序性问责，明确问责标准，实行异体问责

（1）加强违反程序规定的问责内容

确定了城乡规划公众参与程序，需要考虑程序如何被遵守的问题，权利对应相应的责任，因此必须建立履行城乡规划公众参与程序的组织者违背程序的问责机制。针对目前我国《城乡规划违法违纪行为处分办法》的缺陷，需要改进的是：首先，需要明确违反法定程序需要承担法律后果的行为，这应该包括步骤违法、方式违法、顺序违法、时限违法。其次，需要明确的是违反的法定程序的法律后果不仅是指实体程序，还包含了程序的价值。如行政主体在违反程序规定中存在着重大过错，严重缺乏必要的形式要件，还有如案例展示中的欺骗、造假行为，即使结果并未对行政相对人造成任何实际的损害，但其仍然要承担否定性的法律后果，因为那是对法律权威性的极大破坏，会使人们丧失对法律的信任，扭曲对法律的认识。因此，否定性的法律后果除了实际的损害事实之外，还包括了对程序价值的损害，而不论是造成了实际的损害，还是对程序价值的损害，都必须承担否定性的法律后果。

（2）明确问责标准

建构详细的问责标准，按照违反程序的行为及后果情况列出处分的类型。如违背听证程序，进行什么样的处分；违背信息公开程序的，进行什么处分；违背其中几条原则，又该如何处分；同理，产生了什么样的后果的要给予什么样的处分等等，都应该给予详细的规定。

（3）实行异体问责

行政异体问责的主体主要包括以下几类：各级人大、新闻媒体、社会公众、司法机关、人民政协和民主党派等。实行异体问责首先要确定选择什么样的异体做问责主体。异体能不能进行问责涉及两个基本的问题：一是异体是否具有问责的职责和权力？对此，宪法和法律等已经明确了它们问责政府及其官员的职责和权力。二是异体是否具备实现问责的能力。执行城乡规划公众参与制度监督和问责需要一定的城乡

规划专业及法规知识，以上类型的主体全部缺乏。由此可知，不能选择以上的任何一种作为异体问责的主体。研究建议建立联合异体问责主体，即选择以上类型中的几个组成问责联盟，执行对规划行政机关履行公众参与制度行为的监督和问责。通过进一步分析，新闻媒体和司法机关属于特殊类型的异体问责，不宜进入联盟组织，建议选择由人大代表、政协委员及具有城乡规划相关知识的专业社会人士组成问责小组。

7.2.2 制度设计

7.2.2.1 参与程序要素设计

从法学的角度看程序，一个完整的参与程序应该包括以下几个要素：主体，即谁参加协商；客体，即参与什么；方式，即如何参与，具体又包括协商的时间、步骤等；效力，即参与的结果具不具有约束力，具有什么样的约束力。进行参与程序设计首先要确定参与的程序要素。

(1) 参与主体的选择

参与主体指规划主体，包含政府、政府各部门、规划行政主管部门、专家、居民、社会团体及专家。但是本书研究的主要对象是“公众”的参与，因此，此处参与主体的选择特指与规划项目有利害关系的“公众”的选择。如前所述，信息的传达首先要明确参与的公众，而与规划有利害关系的公众不仅包括规划地块内的居民、团体，还包括规划地块外的居民、团体，究竟该如何确定这个范围呢？

美国区划公众参与制度中明确规定了利益相关公众的范围，如纽约市规定区划调整“通知其所属土地位于变更范围内的产权利益相关人，其所属土地位于变更范围直接相邻的100英尺内的产权利益相关人，以及其所属土地在变更范围对街的100英尺内的产权利益相关人”。波特兰市规定项目申请通知的范围为“如项目位于城市发展边界内，则项目的150英尺范围内的物业产权人；项目位于城市增长边界外，则项目的500英尺范围内的物业产权人，以及项目场地内与场地外400英尺范围内的组织”①。可以看出，美国区划运行过程中包含了所有的利益相关者，但也尽量避免扩大参与者数量。基于此原则，我国控规运行过程公众参与者的范围宜确定为地块内所有居民、团体，包括产权人、承租人、组织团体，以及其所属土地位于规划地块对街的100米范围内的所有居民、团体。

(2) 参与事项的确定

通常学者将我国控制性详细规划编制过程划分为立项、评估/规划研究、控规方案编制。技术审查及决策五个阶段，但是这种划分方式比较概括，无法清晰界定公众参与每一个阶段的特征和内容，尤其是在方案编制阶段。因此研究进一步细化，按照尽

① 徐旭. 美国区划的制度设计[D]. 北京：清华大学，2009.

早参与与全程参与原则，将公众参与控规编制过程的阶段分为：立项阶段、评估/规划研究、目标设定、草案、评议、审查、决策共七个阶段。

同理，目前我国控规实施的许可过程一般意义上按照许可的证件类型分为选址意见书、建设用地规划许可证及建设工程规划许可证阶段。《上海市建设项目规划管理事项办理指南》中将有关阶段分为：建设项目选址意见书、建设工程规划设计要求、建设工程规划设计方案、建设用地规划许可证及建设工程规划许可证阶段。以上阶段划分主要依据规划行政主管部门审批事项进行，与公众参与阶段内容不重合。本研究打破审批事项的划分阶段，按照实际审批的建设项目内容，按照尽早参与与全程参与原则，将公众参与控规实施（行政许可）过程的阶段划分为建设项目选址意见书、建设工程规划设计要求、建设工程规划设计方案、建设工程建筑方案阶段、建设工程施工图阶段。

(3) 参与方式的选择

① 动议方式的程序

动议方式的构成分为四方面内容：

一是确定动议人的条件。首先，公众行使这种动议权必须具备相应的条件或资格。这里的公众，可以是居民，也可以是法人或其他组织，但它们都必须具备相应的权利能力和行为能力。其次，提议的公众应当是与动议控规有利害关系的公民、法人或其他组织。最后，公众提出控规修编建议也应达到一定人数。一定人数的联名不仅是可能的，而且也是必要的。

二是对公众行使控规动议权程序的规定。首先，应确定动议的时间点。我国控规立项计划在年底，可以规定每年年底编制计划的前一个月，公众集中向规划行政部门提出动议，这主要是出于保障行政效率的考虑，同时也防止大量散乱动议积压最终不能合理应用。其次，确定动议的提出方式。鉴于控规动议是控规修编的启动程序，而任何一项控规申请所涉及的理由都不是简单几句话可以讲清楚的，为了控规动议权的严肃性，不宜采用口头形式，笔者建议控规动议的提出方式必须采用书面形式。动议应包括哪些内容则可以在考虑动议主体的需要和动议权人的便利两方面情况的基础上再加以确定，一般应当记载以下几方面内容：拟动议的用地范围、控规修编的理由、可行性分析。对于上述内容，应当附具相关的材料，以支持上述相关论点。

三是对规划行政机关处理程序的规定。首先，要明确负责处理公众动议的机构，在我国应以规划行政主管部门为主。其次，对于动议，规定一个受理的程序，即应当对其进行分类等级备案，留待立项前统一审查时进行内容查看。再次，设定动议审查程序，行政机关对动议内容进行审查，内容包括动议的必要性和可行性，动议内容与相关规划的一致性。然后，由规划行政主管部门决策动议是否成立。最后，规划行政主管部门必须说明不采纳的理由，并将结果送达动议者手中。为了保证规划行政机关对动议人提出的动议给予必要的重视和考虑,应当要求规划行政机关指出不予采纳的理由,以使动议人能够信服规划行政机关如此处理是合适的,从而对规划行政机关作出的规划立项结果的权威性和民主性产生信服感,并保持行使规划动议权的积极性。

四是对公众动议权的救济程序。就保障公众控规动议权而言,除了权力机关立法赋予公众权利,可以规划行政机关严格的程序义务以外,完善的救济途径、对行政立法权的事后监督是至关重要的。目前,对控规动议权的救济可以先从非诉讼方式入手。首先要发挥权力机关的制约作用,作为民选的代议机关,人大对行政立法的监督是最根本的监督方式。公众认为规划行政机关应当采纳其动议而不予采纳的,可以向同级人大提出书面的审查建议。对于确有价值而未被采纳的动议,人大可向该规划行政机关提出建议,若该机关仍不予采纳,人大应直接作出决定责令其启动动议程序;人大认为无须采纳的动议,应通知动议人。其次作为行政机关内部自我纠正错误的一种监督机制,行政复议制度在保障动议人动议权方面也应当发挥其重要而不可替代的作用。

② 协商方式的程序

关于协商的程序,不同的学者研究的角度不同,设计内容不同。有的学者按照基本步骤将协商程序内容分为准备程序、意见表达程序及成果的采纳与反馈程序三个方面,有的学者从协商主体、协商内容、方式与效力四个角度进行设计。前者分类较粗,后者无法阐明程序进行的顺序,在前者分类的基础上,融合刘红明的“准备材料—陈述偏好—进行辩护—筛选偏好—达成共识”的步骤内容,阐述协商程序的设计内容与要点①。

首先,是协商的准备程序阶段。准备阶段应该做的工作是信息的整理、送达和初步收集。协商的组织方应该将协商的议题、时间、内容以及相关材料送达各利益相关人,并采取书面形式初步收集各方代表意见。组织者研究问题的矛盾点,同时将意见交由控规设计人员准备问题解答。

其次,是正式协商阶段。第一,需要明确参与人的选择。按照美国行政立法中协商程序的经验,协商程序的有效性需要限制一定的人数。为了保证公平,我国控规协商程序参与者除了保证各方利益相关人必须有代表外,各方代表的人数需要限定且要平均,即官方代表和公众代表人数要均等,不同公众利益团体的人数也要均等,且参与公众代表由其利益组织选择产生。第二,需要明确协商会议主持人。在开展对话与协商中,一个较为关键的角色就是协商对话的主持人,其主要是负责对话与协商组织工作的调节和控制,以切实保证协商与对话的顺利进行。在政府掌握着公共权力的前提下,政府与公民处于严重不对称的等级关系模式中,要使参与对话协商的双方平等、理性地开展对话与协商需要一定的艺术。因此,作为参与对话与协商的主持人要具备一

① 刘红明. 中国政党制度框架内的协商民主要素构成[J]. 中国社会科学研究论丛,2013(2):172-174.

些必要的素质。第三，明确具体的方式。按照目前较为普遍的会议方式，通过一定的会议形式组织协商程序较为合适。第四，明确程序的基本步骤和内容。基本步骤包括：陈述偏好——要让参加协商的代表充分发表意见和看法，明确发言规则，如顺序、时间，同时将各代表的偏好罗列在某处方便所有代表看到。进行辩护——各利益方代表对自己和他人的偏好进行质询和辩护，其间有关技术问题，规划设计人员配合予以解答。对话中不能进行人身攻击，更不能有暴力行为；参加者应该心平气和，倾听不同的意见；陈述自己的观点。反驳他人的观点都应该有充分的理由。筛选偏好——辩护程序结束后，各利益方代表就偏好内容进行选择，确定最后的偏好问题。其中，票数过半的偏好问题才能作为"共识"偏好。此时协商会议已经结束。达成共识——设计人员按照偏好问题修改完成控规内容，由组织者再次递交各利益相关方查阅，并给予书面答复是否通过。如果各方仍有很多反对意见，则由组织者决定再次召开协商会议；如没有反对意见，则决策通过，进入下一步程序。

最后，需要明确协商的效力，即协商后的结果作为草案的最后成果再进行公众评议程序。

需要明确的是，所谓"共识"是指各利益相关方一致赞同，共识的形成并不意味着各参与方对草案的所有细节均持赞同态度，它只表明各方认同的是文本的整体。协商机制使各利益相关方或其代表有机会参与到控规文本的形成过程中，各参与方对不同事项的权重和利益偏好也在这一过程中得以体现，最终的共识所体现的正是各方偏好的综合体。它可能不会全然遂了某一方或某几方的心愿，但一定会是各方在彼此沟通与讨论后最能接受或容忍的方案。

③ 听证方式的程序

正式听证程序包含四个阶段的内容：首先是听证的提出。目前城市规划公众参与制度规定了可以召开听证会，但其裁量由规划行政主管部门决定。由于担心听证会会影响行政决策效率，规划行政主管部门往往选择不召开。因此要保证公众的听证权，必须将听证的提出权赋予公众，即只要公众提出召开听证会，则由相关部门组织召开。需要说明的是，听证会的提出也要进行一些限制，同一地区不允许召开两次。其次是听证会的公告。当事人的听证权利包括得到听证通知的权利在内。听证通知权包含两个内容：通知程序上的权利，通知听证本身及听证所涉及的问题，即行政机关对于根据宪法和法律规定需要听证的事项，应把听证的时间、地点和问题通知当事人。关于听证通知的首要要求是通知必须"及时"，以便受通知人能够适当地对听证问题作出准备。另外，需要确定时间期限及送达方式。再次是听证会程序的主要内容。第一，要明确听证人的资格及参与人的选择。控规听证会的参与人包含规划行政部门及有反对意见的公众，按照一定人数予以确定，实行先来后到原则，或由反对公众自行选择代表。第二，要明确听证会的主持人。按照回避原则，与控规存在利害关系的人不能担任听证会的主持人，同时听证主持人在生活和编制上是非规划行政主管部门的职员，在任命、工资、任职方面，不受规划行政主管部门的控制，这样才能保障其独立行使职权，不被行政机关的压力影响。第三，确定听证会抗辩程序，即明确矛盾双方代表发言顺序及时间限制，明确当事人的举证和质证权利。第四，确定听证记录原则。听证会必须形成一个完整的会议记录，听证参加人发完言后形成的书面意见应当作为会议记录的附件。第五，确定旁听规则。确定听证会要满足公开原则，安排尽可能满足旁听人员需要的会场，必要时可采取电视直播的方式尽量满足听证人的需求。最后是听证会后公众意见处理的作出。第一，明确案卷排他原则。全部听证的记录和文件构成案卷的一部分，除听证的文件和记录以外，案卷还包括下章所述裁决程序中作出的和收到的各种文件和记录。公众意见的裁决只能以案卷作为根据，不能在案卷以外，以当事人所未知悉的和未论证的事实作为根据。第二，公众意见采纳与否的结果和理由。组织听证的机关根据听证会笔录作出公众意见采纳与否的决策，必须附加理由和依据。第三，结果的送达。

④ 复决方式的程序

公民复决虽然存在很多优点，但其使用也不是随意的。城乡规划是政府进行资源配置，最大化实现公共利益，解决市场外部性问题的重要手段，所以公民复决在城乡规划公众参与制度中的使用必须按实际需要量力进行。公民复决的程序在设计上包含的要点：首先，需要确立公民投票通过的门槛，即确立公众复决成立的投票数目，规定一人一票。其次，需要明确公民复决的效力，即公民复决的结果可以达到什么样的结果必须由法规确定。最后，需要明确公民复决的时机和时限，即在城乡规划运行过程的什么阶段允许公民复决。

(4) 参与效力的斟酌

前一小节论述了参与方式的程序内容，那么该如何设置这些参与方式，才能实现“以权利制约权力”，实现公众意见能对决策结果产生实质影响呢？陈顺清[①]认为权利空间可以从以下几种途径来制约权力：“广泛分配权利——扩大权利的广度，以抗衡权力的强度；集体行使权利——把分散行使的公民权利集中为人民的权力；优化权利结构——建立健全与结构相平衡的权利体系；强化权利救济——发挥抵抗权利与监督权的作用；提高全民意识释放权利的功能以抗衡权利的“势能”；掌握制衡的度——以不妨碍合法权利的正当行使为度。”关键在于“通过建立与权利结构相当的权利结构来制衡权力，这是最有效地控制权力的方法”。“相当”的意思为“两方面差不多，配得上或能够相抵”。研究以此为原则设计上海控规运行过程中公众参与的权利结构。

① 陈顺清.论以公民权利制约国家权力[J].武陵学刊，2005，30(3)：41－43.

① 控规编制过程中公众参与权利结构设置

控规的编制过程是一个理性规划的过程。理性规划的方法主要为界定规划的对象和目标，分析对象和目标，并将其分解为一组问题和目标；提出若干选择方案，选择相对最佳方案；实施最佳方案；不断对结果进行检查；反馈实施检查建议，调整方案。可以说，每一个阶段的内容受前一阶段决策的影响，并影响后一阶段的决策。因此，每一阶段的公众参与权利的设置都需要与政府权力相当，并产生制衡作用。在控规立项阶段，赋予公众控规动议权，从"源头"上保障公众的需求，反映公众的偏好。在规划评估、目标确定及初步方案这三个阶段赋予公众"协商权"，和政府合作共同完成。因为这三个阶段从本质上讲是控规从现状问题、规划目标到解决方案的完整的理性规划过程，只有公众同政府共同协商、合作，达成结果"共识"，才能从根本上保证规划体现公众意见。当然，协商阶段不可能包含所有的利益相关者参与，为了防止公众代表发生偏离公众利益的情况，需要在规划评议阶段对控规方案进行公示，扩大参与公众的范围，确保每一个公众的正当权益被考虑到。除了知情权和提意见权，关键还要赋予公众听证权，公众可以同政府方进行面对面的抗辩、质询，从而保障公众的权益可以在公开、公正的环境中得到处理。这一阶段对于保障弱势群体的利益尤为关键。审查机关对控规及公众参与内容审查后进行决策时，赋予公众复决的权利，即公众可以联名表达对规划的意见，如果反对意见超过一定人数，规划将不被通过。为了防止"多数人的暴政"，政府也拥有否决公众意见的权力，但其权力的行使需要相关部门制约。

这一系列公众参与权利的设置类似于美国行政立法过程中的协商—评议程序，能在最大限度上实现公众的"权利制约权力"，保证公众正当意见对规划决策结果产生影响。

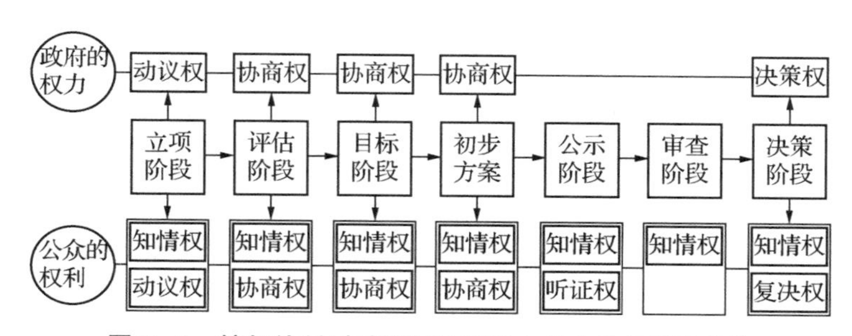

图 7-2　控规编制(包括调整)过程中公众参与权利结构

② 控规运行过程(行政许可)中公众参与权利结构设置

由于土地出让方式不同，我国建设项目审批分为三种模式：一是协议出让土地项目审批流程，首先核定规划设计条件，通过出让获得土地后，报批规划设计方案，报批建筑方案、审核施工图。二是划拨出让土地项目审批流程，首先确定用地选址意见，获得土地，然后规划局核定规划设计条件，报批规划设计方案，报批建筑方案、审核施工图。三是自有土地项目审批流程，包括核定规划设计条件，报批规划设计方案，报批建筑方案、审核施工图。一、三项目类型的项目审批流程大致相同，其公众参与权的设置相同。首先，基于参与前置原则，规土局在审核规划设计条件时应该赋予公众知情权；其次，在规划方案审批阶段赋予公众协商权，选举公众代表参与规土局、政府各部门及开发商之间的利益博弈过程，使各方尽早知晓公众的偏好，建立“共识”，而不是等项目稳定成熟后再征求公众意见。待初步方案获得各方“共识”后，由规土局组织方案公示，赋予公众相应的听证权，使公众能与开发商有机会进行抗辩、质询，基于听证记录作出公众意见效力的判决。这一阶段可以保障公众的权益在公开、公正的环境中得到处理，这对于弱势群体尤为关键。对于类型二的建设项目审批，项目在用地选址阶段公众就应该积极地参与，这一阶段公众对用地选址的接受性是后期项目方案的基础，对项目后面决策至关重要。应赋予公众听证权及复决权，保障利益相关人的权益。

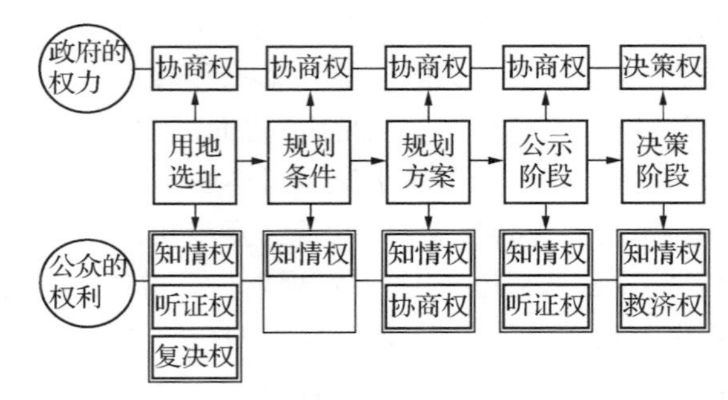

图 7-3　控规实施(行政许可)过程中公众参与权利结构

7.2.2.2　流程设计

(1) 控规编制过程公众参与制度流程设计

① 控规立项阶段

上海控制性详细规划编制项目依据前一年的由市规划行政管理部门审批通过的控规年度编制计划，通过这一阶段公众参与，政府可以很好地了解并满足公众的需求，使规划从“源头”开始就能体现公众的意志和偏好。这一阶段公众的主要权利是动议权，整个参与过程包含公告—意见收集—审查—意见回馈—公布—救济六个步骤。

A. 规划行政管理部门发布控规动议通知

每年 10 月 1 日，规划行政主管部门采用网站形式，向本区、县所有居民发布控规动议启动通知，同时采取邮寄形式向本区、县内所有居住小区规划小组、单位发布。通知时间为一个月。

B. 利益相关者动议内容的反馈与收集

控规动议启动通知发布后一个月，各区、县居住小区规划小组、单位可以向规划行政管理部门递交要求进行控规调整的书面意见。规划行政管理部门对书面意见进行初步审查，符合动议书面内容要求的，且动议人(主要是业主，动议资料要包含业主房产证明)数达到要求动议地块的业主总人数的50%以上的,规划行政管理部门会对动议进行登记。

C. 动议内容的审查

动议审查由规划行政主管部门详细规划处负责。详规处首先依据动议内容对各个动议项目进行现场调查,确认动议内容的真实性。存在欺骗行为的动议将被拒绝,符合真实性要求的动议进入正式审查程序。审查依据包括动议的必要性和可行性,动议内容与相关规划的一致性。按照审查依据,详规处会同编审中心决定动议是否成立。

D. 动议意见回馈与结果公布

详规处采取书面形式,将动议结果邮寄至动议来源处,其中不被采纳的动议要附具不采纳理由说明书。同时,控规编制计划的结果于每年1月初公布在网站上。

E. 动议救济

公众认为规划行政管理部门应当采纳其动议而不予采纳的,可以向规划行政机关请求行政复议,如果复议结果维持原行为,公众还可以向同级人大提出书面的审查建议。对于确有价值而未被采纳的动议,人大可向该规划行政机关提出建议,若该机关仍不予采纳,人大应直接作出决定责令其启动动议程序;人大认为无需采纳的动议,应通知动议人。

② 控规评估阶段

规划评估本质上是一种评价行为,有评价的主体与客体。评估主体是组织方和实施方,其最终主体是公众;评估的客体是规划对城市空间发展所起的作用。然而城市空间的发展最终目的是为了满足人的发展,因此,规划的评估需要了解公众的感受,需要公众参与规划评估。

评估按照对象阶段不同存在几种类型,目前上海控规评估主要是针对规划实施后评估。其主要目的是了解目前规划区域存在的现状问题,为新的控规调整寻找方向,相当于规划现状分析阶段,因此通过问卷调查公众感受、确认现状存在的问题是公众参与的主要目的。这一阶段包含公告—评估文件编制—评估文件评议—评估文件审查—评估文件公布五个步骤。

A. 控规评估启动公告

区县规土局领取《规划编制基础要素底板》后正式启动控规评估工作。启动后区县规土局应将控规编制范围、现状用地地图等基础资料和评估的相关内容及公众参与的目的、程序发布在网站上,同时采用邮寄方式送达至各利益相关规划小组及各单位。

B. 控规评估文件编制

控规评估文件编制中采取调查问卷方式调查利益相关人对城市发展状况的满意度进行满意度评估,同时采取座谈会形式征求所有利益相关小组及单位的意见。

座谈会的要求:会议由区县规土局相关人员组织,评估文件编制人员列席,各利益相关组织代表1—2位。会议开始由组织人员对规划评估作简要介绍,对控规编制范围、现状用地地图等基础资料和此次座谈会需要了解的内容作简要介绍。接下来各个代表发言,同一议题同一人不能发言两次。由组织人员安排会议记录,会议记录完成作为附件放入评估编制文件中。

C. 控规评估文件评议

控规评估文件初稿完成后进入利益相关主体的评议环节,协商程序正式启动。首先,将控规评估文件评议启动的时间、参与方式、参与人员安排等信息连同前阶段完成的评估文件、座谈会会议记录、问卷调查结果一起在网上公开,同时通过邮寄方式将参与程序安排、意见反馈表、评估文件主要内容及网上公示地址一同送至各小区规划小组及单位处。其次,由各小区规划小组及单位召开规划议事会将相关信息告知利益相关人,收集反馈意见,并形成最终结果填写至意见反馈表上寄还规划行政管理相关部门。规划行政管理相关部门初步汇总意见内容,准备问题解答。最后,召开利益相关代表协商会,对规划评估文件形成基本"共识"。

评估阶段的协商会程序:评估阶段协商会的参与人有区县政府代表、区县政府各部门、各小区规划小组代表、各单位代表及评估文件编制人员,规定各利益代表一位。由区县规土局相关人员组织并主持会议。会议首先由主持人说明本次协商会的目的及基本程序;其次由评估文件编制人员简要介绍评估文件的内容;接下来会议代表轮流发言表达自己的意见,规定同一议题同一人不能发言两次,所有议题将马上记录下来公布在屏幕上,使所有代表均可看到;接着开始辩护程序,所有代表均可就所有议题进行质询,提议人需要运用证据、道理进行辩护,评估编制人员可参与问题解答,规定同一议题同一人不能发言两次。最后,所有代表对各个建议进行表决,确定票数过半的才能作为最终意见。

协商会后一周内,区县规土局将表决结果以书面形式发至评估文件编制人员,作为修改的依据。待评估文件修改完成后,由区县规土局邮寄至参加协商会的代表机构由其签字确认。签字文件需寄回区县规土局相关部门。

D. 控规评估文件审查

市局详规处会同编审中心、组织专家、市级相关部门和局内相关处室审议。审查内容包括评估文件内容及公众参与情况。根据审议意见,区县规土局会同编制单位整理和网站发布《专家和市级部门意见汇总和处理建议》,完善评估文件。

E. 控规评估文件公布

完成后评估文件发布在网站上,同时将文件简本及发布信息邮寄至各规划小组及单位处。

③ 控规目标确立阶段

规划评估是基础，目标是方向，决定了规划方案的实质内容。规划目标能反映公众的偏好，才能说明公众意见影响规划决策。这一阶段包含公告—目标评议—目标公布三个步骤。

A. 控规目标公告

规划设计人员依据评估文件中的现状问题和上位及相关规划、政府文件的相关要求编制完成规划目标文件后，由区县规土局公布在网站上，一同公布的还包含此阶段公众参与的目的及程序内容，同时将目标文件简本、参与内容及意见反馈表邮寄至各利益相关规划小组及各单位。由各小区规划小组及单位召开规划议事会将相关信息告知利益相关人，收集反馈意见，并形成最终结果填写至意见反馈表上寄回规划行政管理相关部门。规划行政管理相关部门初步汇总意见内容，准备问题解答。

B. 控规目标评议

控规目标评议阶段协商程序再次启动，由区县规土局召集各利益代表主持召开协商会议，确定各方“共识”。

目标确立阶段协商会程序：目标确立阶段协商会的参与人有区县政府代表、区县政府各部门、各小区规划小组代表、各单位代表及控规编制人员，规定各利益代表一位。由区县规土局相关人员组织并主持会议。会议首先由主持人说明本次协商会的目的及基本程序；其次由控规编制人员简要介绍控规目标确立的原则及内容；接下来会议代表轮流发言表达自己的意见，规定同一议题同一人不能发言两次，所有议题将马上记录下来公布在屏幕上，使所有代表均可看到；接着开始辩护程序，所有代表均可就所有议题进行质询，提议人需要运用证据、道理进行辩护，控规编制人员可参与问题解答，规定同一议题同一人不能发言两次。最后，所有代表对各个建议进行表决，确定票数过半的才能作为最终意见。

协商会后一周内，区县规土局将表决结果以书面形式发至控规编制人员，作为修改的依据。待控规目标文件修改完成后，由区县规土局邮寄至参加协商会的各代表由其签字确认。签字文件需寄回区县规土局相关部门。

C. 控规目标公布

完成后评估文件发布在网站上，同时将文件简本及发布信息邮寄至各规划小组及单位处。

④ 控规草案编制（调整）阶段

控规草案编制内容包含各地块的实际用途及相关指标，与利益相关人的利益息息相关，需要各利益相关人共同制定。同时由于规划的专业技术性，需要专家提供技术支持。这一阶段包含公告—草案评议两个步骤。草案的公布作为下一阶段的开始不包含在本阶段中。

A. 控规草案公告

规划设计人员完成控规草案编制后，由区县规土局公布在网站上，一同公布的还包含此阶段公众参与的目的及程序内容，同时将草案编制的简本、参与内容及意见反馈表邮寄至各利益相关规划小组及各单位。由各小区规划小组及单位召开规划议事会将相关信息告知利益相关人，收集反馈意见，并形成最终结果填写至意见反馈表上寄回规划行政管理相关部门。规划行政管理相关部门初步汇总意见内容，准备问题解答。

B. 控规草案评议

控规草案评议分两个阶段：第一阶段是区县规土局组织下的区内各利益相关群体评议，第二个阶段是在市规土局组织下的市局行政领导、专家、政府各部门的评议。前者是直接利益关系人之间进行利益博弈，采用协商会议方式组织参与；后者相当于市级部门审查，一般情况下公众不参与，只有在市级部门审查不通过的情况下，才会再启动协商程序，各利益群体共同参与达成共识。

草案编制阶段第一阶段协商会程序：由区县规土局召集并主持，协商会的参与人有区县政府代表、区县政府各部门、各小区规划小组代表、各单位代表、控规编制人员及相关专家，人数选择各方要均等。会议首先由主持人说明本次协商会的目的及基本程序；其次由控规编制人员简要介绍控规草案的相关内容；接下来会议代表轮流发言表达自己的意见，规定同一议题同一人不能发言两次，所有议题将马上记录下来公布在屏幕上，使所有代表均可看到；接着开始辩护程序，所有代表均可就所有议题进行质询，提议人需要运用证据、道理进行辩护，控规编制人员可参与问题解答，规定同一议题同一人不能发言两次。最后，所有代表对各个建议进行表决，确定票数过半的才能作为最终意见。

协商会后一周内，区县规土局将表决结果以书面形式发至控规编制人员，作为修改的依据。待控规草案修改完成后，由区县规土局邮寄至参加协商会的各代表由其签字确认。签字文件需寄回区县规土局相关部门。确认后的方案由区县规土局提交市规土局。

草案编制阶段第二阶段协商会程序与第一次内容相同，不同的是第二次协商会由市规土局组织和支持，参与代表由参加第一阶段协商会的区县直接利益相关人与第二阶段市级部门共同组成。

⑤ 控规方案公示阶段

控规初步方案完成后，正式进入公示阶段，这次控规方案参与直接面对大众群体，可以给某些可能会被忽视的群体，或是前一阶段意见没被采纳的群体再一次参与的机会。这一阶段包含公告—意见收集—意见处理三个步骤。

A. 控规初步方案公告

区县规土局按照信息公开的要求将控规初步方案在网上、现场公示，同时将公示通知信息以邮递方式送至利益相关人手中，公示时间为三十个工作日。

B. 公众意见收集

公示期间内，公众可以通过书面形式、邮件、电话等方式将意见表达至区县规土局相关部门。收集公众意见的截止日，除另外有约定外，一般为规划初步方案展示结束后第五日。另外，公众表达意见后需留下联系方式，便于进一步联系。

C. 公众意见处理

区县规土局应对收集到的公众意见进行整理，如公众无意见，则填写公众意见处理及反馈表，直接进入下一程序。如公众有意见，则区县规土局在收集意见十日内须将公众意见交付公众意见专门处理机构进行处理。公众意见处理机构收到公众意见后第三日，向表达意见的公众寄出意见处理通知单，表明公众进一步参与的程序安排，及听证会的相关内容。如公众要求召开听证会，则在收到通知五个工作日内向公众意见处理机构发起申请，公众参与处理机构应在十五个工作日后组织听证会，并在会后十个工作日后发出公众意见处理相关内容。如公众放弃听证(即公众反馈不要求听证的证明或为在规定日内进行答复)，则公众意见处理机构按照相应程序在发出通知后二十五个工作日内完成公众意见处理，并将结果通过邮寄方式送至个人，同时在网上发布。公众对意见处理不满意的可以向公众意见处理机构的上级部门规划委员会申请复议。

听证会程序：听证会由公众意见处理机构组织和主持，主持人的选择依据回避原则。听证会参与者包含要求听证的利益相关人(如人数超过五个则选举代表参与)与区县规土局代表。听证会组织者须在听证会召开前十日将听证的时间、地点和问题通知参与人。听证会上由要求听证的利益相关人首先发言表达意见，每人发言不能超过十五分钟，然后区县规土局代表发言，时间不超过十五分钟。发言完后进入抗辩程序，采取一问一答式，每人时间不超过五分钟，依照举证原则，同一人同一问题不能问答两次。抗辩完成后，主持人进行简短总结，表明意见处理原则及回馈时间安排。会上安排专人记录，公众可旁听。听证会结束。会后公众意见处理机构按照案卷排他法原则依据听证记录作出公众意见处理结果。

公众意见处理程序：公众意见处理机构人员组织召开公众意见处理会议，当场讨论及表决各个公众意见处理结果。会前五个工作日将会议时间、地点安排通过邮寄方式送至提意见的公众，公众可于会前一天通过电话、邮件或亲自前往公众意见处理机构处进行旁听申请登记。旁听时公众没有发言权。

⑥ 控规方案审查阶段

控规方案审查存在两部分内容：一是控规公众参与制度执行的审查，二是控规方案技术标准的审查。前者由公众参与审查委员会完成，后者由市规土局编审中心完成，在此不作为讨论内容。公众参与制度执行的审查阶段包含公告—审查—公布三个步骤。

A. 公众参与审查公告

公众参与处理完成后，由区县规土局将控规方案公众参与内容交由审查委员会审查，审查委员会于第三个工作日在自己机构相关网站进行审查信息发布。审查时间为十个工作日，特殊情况下可向规委会申请延长。

B. 公众参与审查

公众参与审查分为两个内容：一是关于公众参与实体及程序的审查，二是接受公众的投诉。

公众参与程序审查标准包含：公众参与相关文件是否齐全，公众参与程序与法规进行比对。若存在问题，调查委员会派代表亲自调查，询问相关公众求证。证据显示程序执行存在问题，审查不通过；程序执行不存在问题，仅是文件交纳不全，令组织编制单位补全。公众参与实体审查标准：公示阶段公众意见处理有无明显不合理的地方。若存在明显不合理，则审查不通过，责令公众意见处理委员会重新审查。

公众投诉程序：公众认为公众参与制度执行存在问题可在审查期内向审查委员会投诉，审查委员会派相关人员进行实地调查，询问相关公众求证。证据显示程序执行存在问题，审查不通过；在参与过程中，公众认为存在程序执行问题也可向审查委员会投诉，由审查委员出面调查确认事实，若投诉成立，上报规委会由其出面责令控规组织编制单位改过。投诉审查结果由审查委员会通过邮寄方式送至投诉人。投诉人必须是控规编制地块内的直接利益相关人才具有投诉资格。

C. 公众参与审查公布

审查结果完成后第二天，审查委员会应将其公布在网站上。

⑦ 控规方案决策阶段

控规审查完成通过后，由区县规土局上报至政府进行审批，此阶段包含公告—复决及决策—公布三个阶段。

A. 控规方案决策阶段公告

区县规土局将控规方案上报至政府后第二天，政府需将控规方案名称登录至政府网站，这意味着公众复决开始受理，时间为十个工作日。

B. 控规方案决策公众复决

规划区内的公众对控规相关内容不满意，只要联名签字的人数达到相关地块内居民人数的50%，公众复决效果成立。公众需将联名反对意见书面证明送至政府相关部门，进行登记。此时政府若接受公众意见，则控规方案需返回修改。若政府不接受公众意见，由同级人大投票表决，同意公众意见的票数超过三分之二，则控规方案需返回修改；投票未达到规定票数，按政府意见审批通过。

C. 控规最终方案公布

审批通过的控规方案，由区县规土局在网站和现场进行批后公布，批后公布的时间不得少于三十日。控规最终方案在规划期内应纳入政府信息公开渠道，向社会公开。

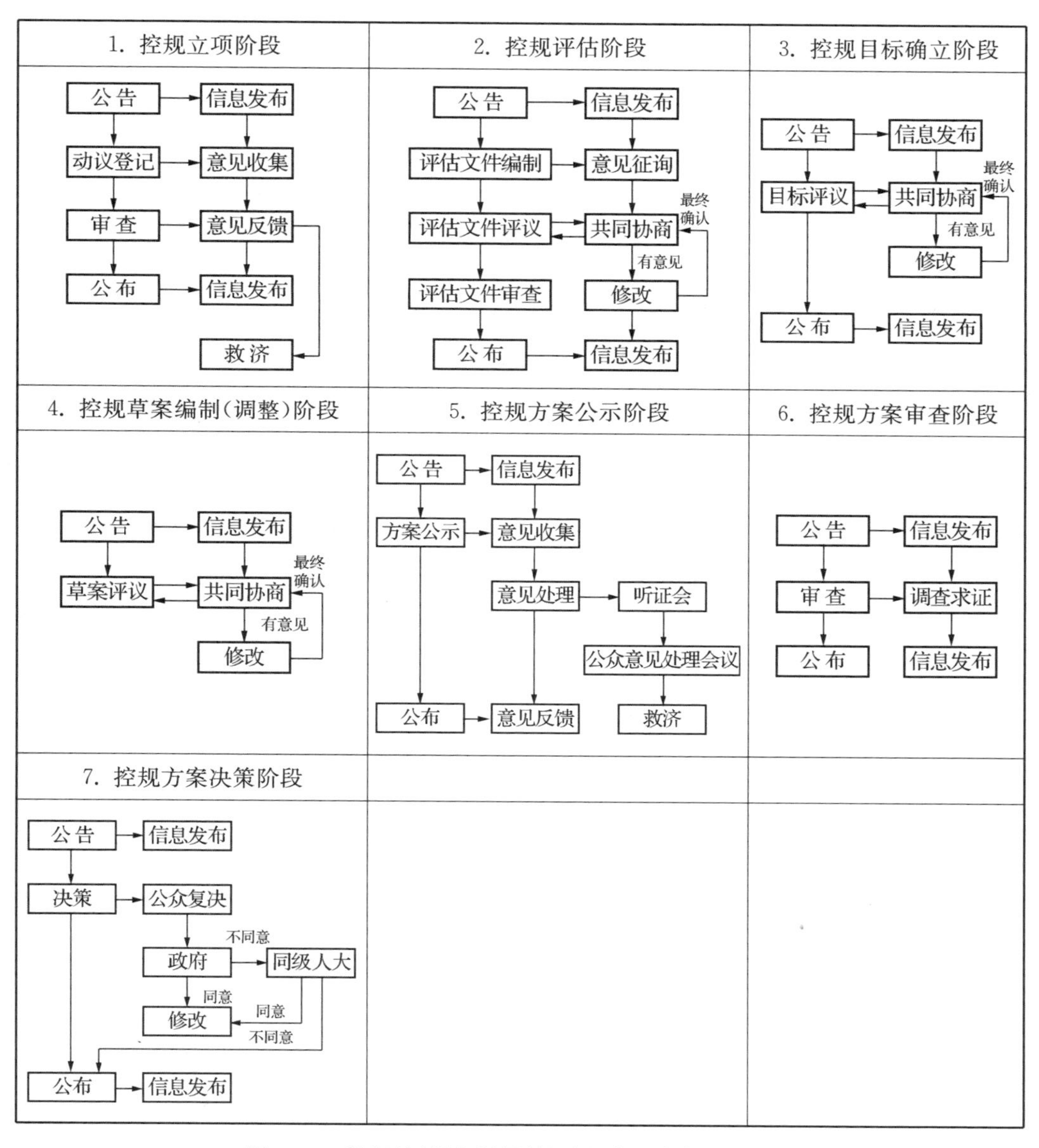

图7-4　控规编制(包括调整)过程中公众参与流程图

(2) 控规实施过程公众参与制度流程设计

① 用地选址意见阶段

建设项目选址规划管理，是城市规划行政主管部门根据城市规划及其有关法律、法规对建设项目地址进行确认或选择，保证各项建设按照城市规划安排，并核发建设项目选址意见书的行政管理工作。它关系到建设项目实施顺利与否，是一个十分重要的环节。这一阶段包含公告—选址审查—决策与结果公布三个步骤。

A. 申请公告

建设项目申请人向区县规土局递交选址意见申请，区县规土局应在收到申请的第五日将申请资料，包含已经批准的项目建议书、建设单位建设项目选址意见书申请报告、该项目有关的基本情况和建设技术条件要求、环境影响评价报告等文件连同参与程序的相关内容公布在网上，将建设项目选址申请书摘要进行现场展示，时间为四十个工作日。同时，将申请报告简本连同参与程序相关内容通过邮寄方式送至利益相关地区的小区规划小组及单位。

B. 选址审查

区县规土局组织和主持召开座谈会，听取各方意见。如果参与座谈会利益代表反对意见达到三分之一，则需组织召开听证会。

座谈会基本程序：座谈会前五天，应将会议通知、会议代表要求及项目申请信息送至利益相关地区的小区规划小组及单位。座谈会由区县规土局相关工作人员主持，参与人员为各利益相关居民代表及各单位。主持人首先说明会议规则，然后由申请单位介绍项目基本概况，接着各利益相关居民代表及单位依次发言表达意见。同一议题同一人不能发言两次。参与代表的问题，申请单位应给予回应。区县规土局相关人员进行会议记录，会后由各代表签字确认。主持人当场查看会议记录，宣布是否进行听证会安排，如未达到要求，则告知公众意见回复时间及方式安排。座谈会允许公众旁听，或采取直播方式，尽量让利益相关公众知晓。

听证会基本程序：控规许可阶段听证会的组织和主持由公众意见处理机构完成。听证会召开前十五个工作日，组织机构将听证会召开时间、地点及有关问题的信息在网上及现场公布，同时采取邮寄方式送至各利益相关人处。由利益相关人选举代表参加，并将名单于听证会召开前一日送至组织机构。听证会参与者包含要求听证的利益相关人代表、建设单位代表及规委会相关专家。听证会上由利益相关公众代表首先发言表达意见，每人发言不能超过十五分钟，然后建设单位发言，时间不超过十五分钟。发言完后进入抗辩程序，采取一问一答式，每人时间不超过五分钟，依照举证原则同一人同一问题不能问答两次。抗辩完成后，主持人进行简短总结，表明意见处理原则及回馈时间安排。会上安排专人记录，公众可旁听。听证会结束。会后公众意见处理机构按照案卷排他法原则依据听证记录作出公众意见处理结果。

C. 决策与结果公布

区县规土局审查通过后第二日，将决策结果信息公布在网站及现场，同时通过邮寄形式送至各利益相关组织。决策结果公布后三十个工作日内，如利益相关公众联名反对，人数达到所有利益相关公众总数的三分之二，则选址意见书自动作废。

② 审定规划设计条件阶段

由于规划条件在控规编制阶段已经经利益相关公众讨论，本阶段主要将规划条件予以公布，主要公布方式为网站。时间为二十个工作日。

③ 规划方案审查阶段

规划方案审查阶段是公众矛盾最为突出的阶段。这一阶段参与应分为两个过程：第一个是规划方案初步审查过程，是所有利益主体代表协商决策过程；第二个是规划设计方案公示过程，是方案面向所有公众再次参与的过程。这一阶段总体包含公告—方案协商—方案公示—方案审批四个步骤。

A. 方案公告

建设单位将方案上报区县规土局后，由区县规土局公布在网站上，一同公布的还包含此阶段公众参与的目的及程序内容，同时将方案、参与内容及意见反馈表邮寄至各利益相关规划小组及各单位。由各小区规划小组及单位召开规划议事会将相关信息告知利益相关人，收集反馈意见，并形成最终结果填写至意见反馈表上寄回区县规土局相关部门。区县规土局相关部门初步汇总意见内容，准备问题解答。

B. 方案协商

建设项目方案除了需要听取公众的意见，还需要政府各部门审查，目前建设项目总是在区县规土局、政府各部门及开发商之间讨论成熟后才进行参与，公众的意见很难起作用，因此，优化的制度设计应采用协商程序，由各利益主体共同协商形成“共识”方案。

协商会程序：由区县规土局召集并主持，协商会的参与人有区县规划局领导、区县政府各部门、各小区规划小组代表、各单位代表及建设单位，规定各方利益代表平衡。会议首先由主持人说明本次协商会的目的及基本程序；其次由方案编制人员简要介绍项目设计的相关内容；接下来会议代表轮流发言表达自己的意见，规定同一议题同一人不能发言两次，所有议题将公布在屏幕上，使所有代表均可看到；接着开始辩护程序，所有代表均可就所有议题进行质询，提议人需要运用证据、道理进行辩护，方案设计人员可参与问题解答，规定同一议题同一人不能发言两次。最后，所有代表对各个建议进行表决，确定票数过半的才能作为最终意见。

协商会后五个工作日内，区县规土局将表决结果以书面形式发至建设单位，作为修改的依据。待建设项目方案修改完成后，由区县规土局邮寄至参加协商会的各代表由其签字确认。签字文件需寄回区县规土局相关部门。确认后的方案进入公示程序。

C. 方案公示

首先，方案公布。区县规土局按照信息公开的要求将设计方案在网上、现场公示，同时将公示通知信息以邮递方式送达至利益相关人手中，公示时间为十五个工作日。

其次，公众意见收集。公示期间，公众可以通过书面形式、邮件、电话等方式将意见表达至区县规土局相关部门。收集公众意见的截止日，除另外有约定外，一般为设计方案展示结束后第五日。另外公众表达意见后需留下联系方式，便于进一步联系。

最后，公众意见处理。区县规土局应对收集到的公众意见进行整理，如公众无意见，则填写公众意见处理及反馈表，直接进入下一程序。如公众有意见，则区县规土局在收集意见七日内须将公众意见交付公众意见专门处理机构进行处理。公众意见处理机构收到公众意见后第三日，向表达意见的公众寄出意见处理通知单，表明公众进一步参与的程序安排，及听证权的相关内容。如公众要求召开听证会，则在收到通知五个工作日内向公众意见处理机构发起申请，公众参与处理机构应在十五个工作日后组织听证会。会后五个工作日后发出公众意见处理相关内容。如公众放弃听证（即公众反馈不要求听证的证明或未在规定日内进行答复），则公众意见处理机构按照相应程序在发出通知后十个工作日内完成公众意见处理，并将结果通过邮寄方式送至个人，同时在网上发布。公众对公众意见处理不满意的可以向公众意见处理机构的上级部门规划委员会申请复议。

听证会程序：听证会由公众意见处理机构组织和主持，主持人的选择依据回避原则。听证会参与者包含要求听证的利益相关人（如人数超过五个则选举代表参与）与区县规土局代表。听证会组织者须在听证会召开前十日将听证的时间、地点和问题通知参与人。听证会上由要求听证的利益相关公众首先发言表达意见，然后建设单位发言，最后区县规土局代表发言，每人发言不能超过十五分钟。发言完后进入抗辩程序，采取一问一答式，每人时间不超过五分钟，依照举证原则同一人同一问题不能问答两次。抗辩完成后，主持人进行简短总结，表明意见处理原则及回馈时间安排。会上安排专人记录，公众可旁听。听证会结束。会后公众意见处理机构按照案卷排他法原则依据听证记录作出公众意见处理结果。

公众意见处理程序：公众意见处理机构人员组织召开公众意见处理会议当场讨论及表决各个公众意见处理结果。会前五个工作日将会议时间、地点安排通过邮寄方式送至提意见的公众，公众可于会前一天通过电话、邮件或亲自前往公众意见处理机构处进行旁听申请登记。旁听时公众没有发言权。

D. 方案审批

区县规土局审查通过设计方案后，在网上和现场公布。

④ 建筑方案审查阶段

建筑方案属于技术性内容，此阶段参与要做到信息公开和透明。区县规土局审查完建筑方案图纸后，应将审查结果和相关内容公布在网站上，如果在审查过程中利益相关公众想了解相关信息，可以申请查阅。

⑤ 施工图审查阶段

与上述内容相同，施工图属于技术性内容，此阶段参与要做到信息公开和透明。相关单位审查完建筑方案图纸后，区县规土局应将审查结果和相关内容公布在网站上，如果在审查过程中利益相关公众想了解相关信息，可以申请查阅。

⑥ 许可结果公布

建设项目许可通过后，应将许可证书、方案的总平面图公布在网站、现场。时间从审批通过到建设项目规划核实合格后为止。

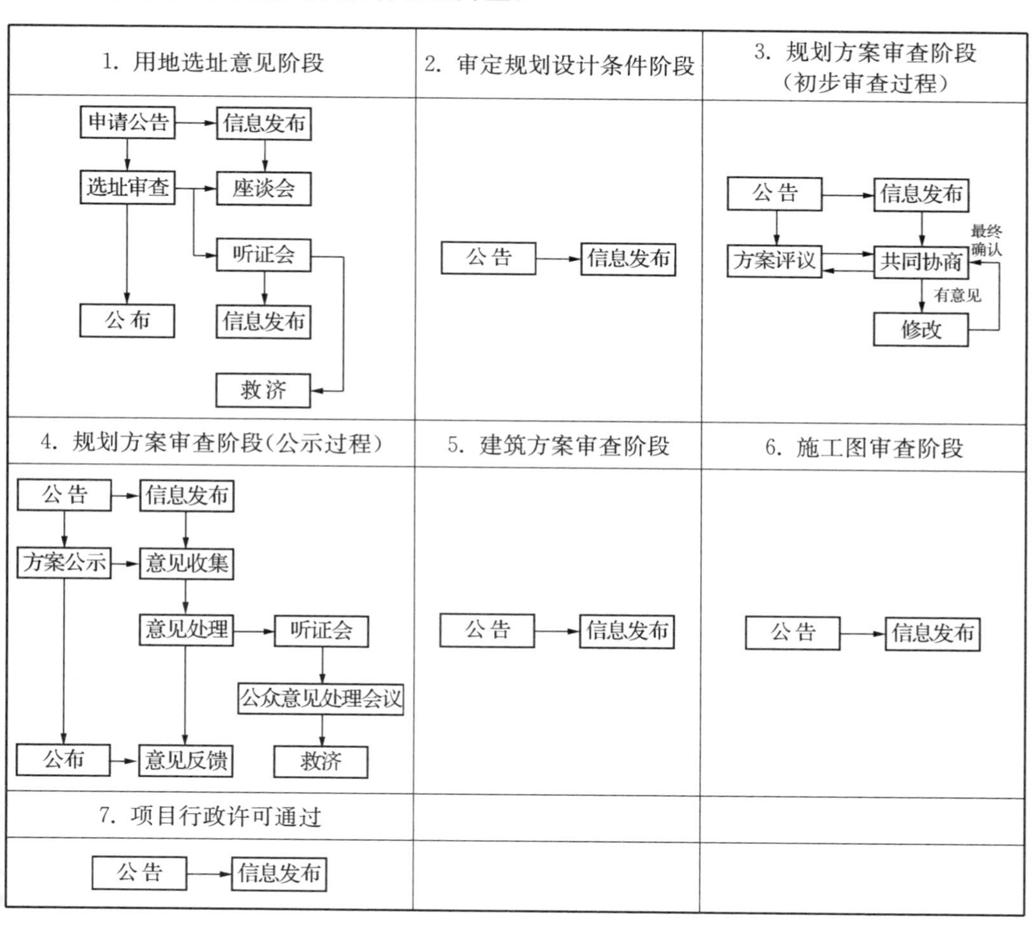

图7-5　控规实施(行政许可)过程中公众参与流程图

7.3 组织机构制度设计

7.3.1 设计策略

7.3.1.1 优化控规运行过程中公众参与的组织结构，构建分权与制衡的权力结构

目前控规运行过程中公众参与的实施权完全掌握在规划行政主管部门手中，然而受经济发展激励的政府为了发展的需要，常牵制规划行政主管部门作出违背“中立人”的行为，忽视普通公众利益的损失。因此，要使公众的意见切实影响规划决策的结果，必须对规划行政主管部门的权力进行分权制衡。

分权制衡思想是近代西方资产阶级反对封建专制统治和专制王权的利器，是近代民主人士追求自由、平等、法治的理想和防止集权、独裁的产物。其实质是在处理公民个人权利与国家权力二者把宪政秩序和规则性的制度安排引入到政府机构的正常运作之中，型构出政府各权力机关互相配合、互相牵制的平衡的宪政体制运行机制，以防止国家权力过于集中而被滥用，以此保障公民自由与权利。分权制衡原则在控规运行过程公众参与组织机构建设中的贯彻，体现为按公众参与运行中的不同功能权力设置不同的权力机关，这些权力机关之间具有相互监督、相互否决的权力。分权制衡原则包括两层含义：一是按照不同的功能把权力划分为不同的类型；二是不同功能的权力之间形成相互制约关系。

(1) 控规运行过程中公众参与的组织职能分权

控规运行过程中公众参与的功能权力从宏观层面分为组织权和监督权，中观层面分为规划信息发布权、公众意见收集权、公众意见处理权、公众参与审查权、公众参与问责权。目前这些权力全部集中在市、区政府及规划行政主管部门中。要实现公众意见对规划结果产生实质性影响，限制政府及规划行政主管部门控制公众参与的权力，需要采取的分权措施是：第一，将公众意见处理权从规划行政主管部门的权力中分离出来，采取其他组织履行这一功能。按照自然公正原则，任何人不得做与己有关案件的法官，这是避免偏私的必要程序规则。政府作为控规过程利益博弈的参与方，不应该拥有裁判人的权力，因此，需要将公众意见处理权交由其他的非行政部门履行。第二，将公众参与结果的审查权从规划行政主管部门的权力中分离出来，采取其他组织履行这一功能。第三，将公众参与的监督及行政问责从行政部门的权力中分离出来。

(2) 控规运行过程中公众参与的组织职能制约

控规运行过程中公众参与的功能权力中规划行政主管部门仅拥有公众参与一部分组织权，即进行规划信息发布、公众意见收集，及公众意见信息处理结果信息反馈。之所以仍由规划行政主管部门负责这些内容是基于其是控规运行过程的重要组织者，它需要将各方权益的需求交代给规划设计者进行方案设计，因此需要直面公众的

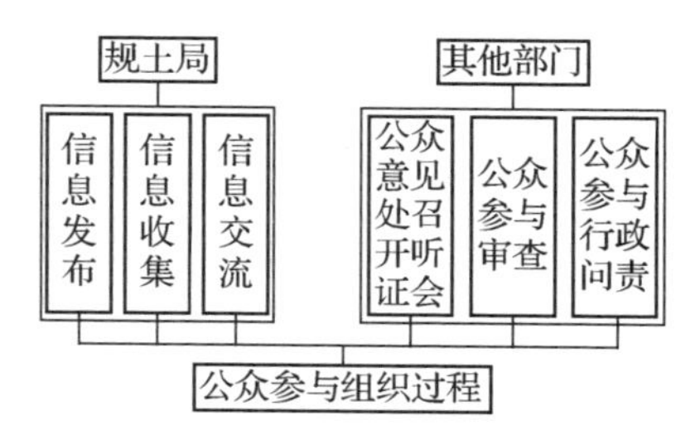

图7－6　公众参与的组织职能分权

意见。

公众参与审查机构负责公众参与组织程序及实质结果进行审查，对规划行政主管部门的组织职能及公众意见处理机构的职能进行制约。其本身的监督由本级机关上级领导完成。

公众参与问责机构负责公众参与程序执行情况的监督，并就政府及规划行政主管部门行政人员进行行政问责，也对规划行政主管部门的组织职能及公众意见处理机构的职能进行制约。其本身的监督由本级机关上级领导完成。

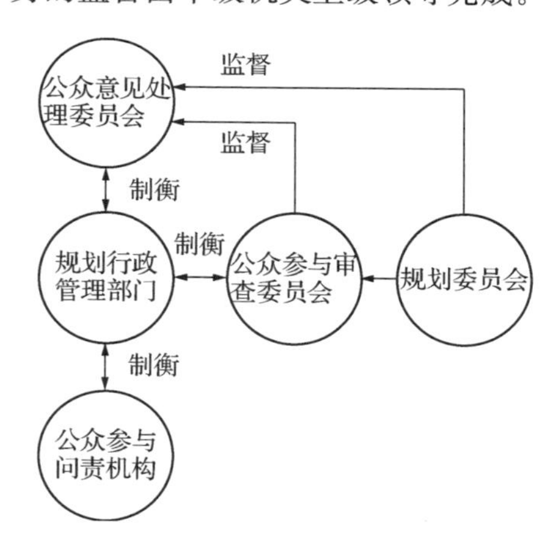

图7－7　公众参与组织之间的制衡

7.3.1.2　建立固定有效的普通公众组织，实现公众利益组织化

缺乏代表公众利益的固定组织的公众参与难以达到有效性，那么是否建立固定的的代表公众利益的组织就会有效？王锡锌的研究确定了这一论断，他认为，“固定的公众组织可以带来更多的参与资源、更丰富的信息，从而获得更强大的参与能力；可以使分散个体分担集体行动的成本，分享行动的收益，并且可以通过组织化的激励、制约机制，协调个体的行动步骤、节奏和方向。经过组织化的方式对个体利益诉求进行内部

的过滤和协商，可以使利益表达更加集中、更加有力，因此也更有可能对政策产生影响。”①

那么又该建立什么样的组织呢？目前大多居住区内常态的居民自治组织有两个，一是居委会，二是业委会。关于公众的组织化问题，有专家提出通过居委会来解决，目前上海部分区县规土局也采取这种方式，即由居委会选择合适的公众参与座谈会。社区居民委员会名义上是群众自治性组织，但由于其人员组成、经费来源等均听从政府安排，仍归街道办事处统一管理。居委会承担着政府部门下沉和扩张的行政事务，拿政府工资，做政府派的活，和老百姓的生活离得较远，无法融入社区生活之中，所以不能真正代表居民的利益，导致其自治、服务的功能很弱。如前所诉，居委会倾向于选择“好说话”的公众参与规划，这对于大多数的公众参与权是一种剥夺。另外，《中华人民共和国居委会组织法》没有规定居委会委员必须来自本居住地。换言之，法律回避了居委会成员的代表性问题，而回避的原因是现实中相当多居委会委员非本辖区居民。如果居委会委员非本辖区居民，那么则表明其缺乏代表辖区居民的代表性。

再来看业委会。业委会产生于20世纪90年代，由最初的带有浓重行政管理色彩的开发商的售后服务组织转变为业主的自治管理的组织。业主委员会的主要职能是维护小区建筑物和环境，以维护与业主在小区居住和生活有关的权益为目的。作为业委会设置与组成的业主的认定标准是与居民的认定标准不同的。只要有在小区内居住的事实就具有居民身份；但在小区内居住的事实并不必然能成为业主。业主身份的认定是以取得区分所有建筑物的专有部分的专有所有权为标准的，包括依法登记取得或者依据生效法律文书、人民政府的征收决定、继承、受遗赠或合法建造房屋等事实行为取得专有部分所有权的人，及基于与建设单位之间的商品房买卖民事法律行为，已经合法占有建筑物专有部分，但尚未依法办理所有权登记的人。然而，受控规影响的利害关系人除了业主，还包括房屋租用人、工作人、抵押人等等，他们均有权参与规划。因此目前的业委会也无法承担公众利益组织。

在公众参与的组织形式及方法上，西方发达国家有很多成功的经验。美国在小区规划层面上，成立代表公众利益的组织“小区规划理事会”。“小区规划理事会”具有法律地位，市政府通过立法规定城市规划必须征询该理事会的意见。英国在社区层面也成了相应的社区组织，由公众选举产生主要代表，代表公众和政府进行社区建设交流。我国如果也照此标准建立独立的公众参与组织，会有一些现实困难。由于规划项目并不是很多，因此单独设置会造成资金浪费，公众也会由于长期没项目参与产生疲惫，因此比较可行的方式是对目前业委会机构进行改革，扩大组织成员，将业主概念换为居民，成立居民事务委员会。因为就业委会成立的主要目的是推选物业公司来讲，

① 王锡锌．公众参与和行政过程——一个理念与制度分析的框架[M]．北京：中国民主法制出版社，2007.

除了业主，其他居民也同物业公司有利害关系，也应参与到其中。在居民事务委员会下设立专门的“规划理事会”，在居民代表大会时同期选举其代表成员，制定相应章程。平常可处于半休眠状态，需要时根据章程组织公众参与。

7.3.2　制度设计

7.3.2.1　机构设置

按照分权制衡的制度设计策略，将公众参与的某些职能进行分离，并形成制约，但要形成有效的制约，还需要将公众参与分离出来的职能安排在独立于规划行政系统的机构中。对西方发达国家公众参与组织制度进行考察和借鉴，美国的立法型规划委员会可以实现上述目的。立法型规划委员会是指规委会的权力由立法机构赋予，其所作决策代表全体人民的利益，效力高于行政决策，不仅监督行政机构，而且能对其发号施令。我国目前是行政型规划委员会，听命于行政权力，无法对其形成有效制约。因此，建立适合我国国情和制度环境的规划委员会机构，是提高行政监督的有效方法。

在我国，立法型规委会就是指由人大授权，对人大负责的规委会。虽然我国人大机构与西方国家“议会”不同，但是其根本地位和作用却赋予了人大授权建立规划委员会的合理性和可行性。宪法规定，全国人大是我国最高权力机关，拥有最高的立法权、决定权、任免权和监督权，可以制约行政机关的权力，因此建立人大授权体系下的规划委员会，并对应地建立包含公众参与转移出来的职能，可以很好地实现权力制约权力、权利制约权力的分权制衡机制。

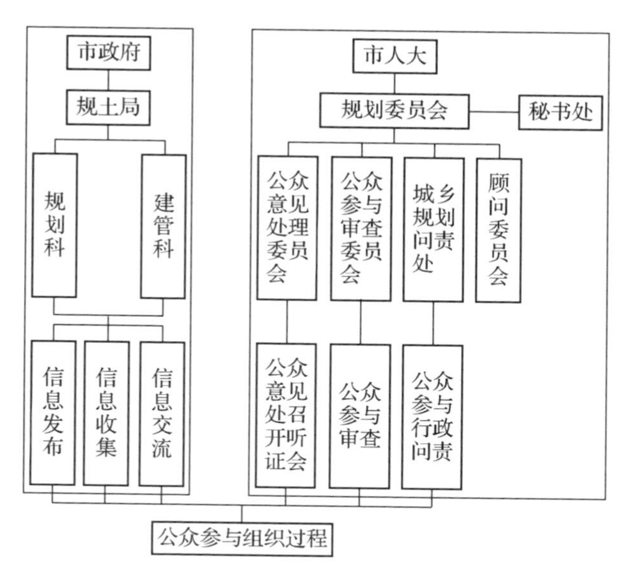

图7-8　公众参与的组织结构

将公众参与组织机构分为三大块，其中由政府—规土局—建管科/规划科组成政府系统，负责公众参与的组织工作，包括公众参与信息发布、信息收集和公众意见处理结果回馈等工作。规划委员会—秘书处—公众意见处理委员会/公众参与审查委员会/城乡规划问责处/顾问委员会组成监督系统，负责公众参与意见处理、公众参与过程审查、公众参与问责等工作。小区规划小组是公众组织，代表公众和由政府系统、规划委员会系统组成的官方系统进行联络交涉。

7.3.2.2　组织结构与成员

组织功能不同，其人员结构与比例肯定不同。政府系统各组织已经有较为成熟的人员结构，需要说明的是，目前公众参与的组织人员人数较少，需要增加。而需要详细设计的是规划委员会和小区规划小组。

规划委员会包含秘书处、公众意见处理委员会、公众参与审查委员会、城乡规划问责处、顾问委员会五个分机构，主席由人大常委会任命。其中，秘书处主要负责辅助规划委员会主席的工作，处理规划委员会的日常事务，人员按实际工作需要安排。公众意见处理委员会分为两个部门，分别负责控规编制过程和实施过程公众意见的处理。公众意见表决者必须是非行政人员，能代表公众的利益，因此建议人员由人大常务委员会推荐，每个区推选 1 名代表，即共 17 名社会人士。公众意见处理委员会需要组织召开听证会，因此也需要具备常规法律知识和修养的法律专业人士，因此，再招聘 2 名法律专业人士，5 名有十年工作经验的规划专业人士，共 24 位成员组成控规编制过程公众意见处理委员会委员。其中，7 名专业人士是聘用制，无任期限制，17 名区公众利益代表人士每 5 年选择一次。控规实施过程公众意见处理委员会委员构成也按此法进行。公众参与审查委员会主要负责控规编制过程公众参与的程序和实体审查，人员以 3 名有十年工作经验的规划专业人员及 2 名法律专业人员构成，采用聘用制，无任期限制。公众参与问责处主要负责对行政官员进行问责，应由人大常委会任命。顾问委员会与目前的专家委员会作用相同，主要由社会上的规划专业及相关专业的专家构成，按照控规涉及的专业为基数，采取每个专业 1 名专家，应选择 15 位专家共同组成顾问委员会，负责控规运行过程方案的技术审查。

小区规划小组由居民选举产生，成员以 5 名为主，负责代表居民和政府、开发商联络。规划小组成员采用任期制，每 5 年选择一次，日常如果出现问题，可召开居民大会重新选举。

7.4　保障制度设计

7.4.1　司法保障制度设计

如前所述，公众参与权司法救济存在的问题是缺乏实体权利和程序性权利的处罚规定。因此完善公众参与权的司法保障需要从以下两方面入手：

第一，扩大诉讼保护的权利范围。首先，需要《城乡规划法》明确规定公众参与权包含知情权、表达权、协商权、听证权、复决权的法律地位；其次，需要《行政诉讼法》确定参与权的法律地位。我国《行政诉讼法》规定的行政诉讼所保护的权益主要是人身权和财产权，而对于侵犯参与权的行政行为则没有明确规定是否能提起行政诉讼。因此，应该将参与权明确纳入行政诉讼的保护范围，以更好地保护行政相对人的参与权利。建议在受案范围中增加一款，以列举式与概括式相结合的方式，强调程序性权利的保障；可增加"认为行政主体侵犯相对人程序性权利如知情权、参与权等"一款，将侵犯相对人参与权利的行为明确纳入受案范围。

第二，完善程序违法的责任规定。我国现行的行政程序法律规范大都对程序违法的法律责任缺乏专门性的规定。目前作为司法救济首要依据的是《行政诉讼法》。根据《行政诉讼法》第七十条规定，在某一具体行政行为违反法定程序的情况下，人民法院可以撤销或者部分撤销该项行政行为，这种实体行政行为因违法被撤销后，行政主体不得以同一事实和理由作出与原具体行政行为相同的具体行政行为。但如果是因程序违法被撤销后，被告可以依照"新的"或者"正确"的程序重新作出行政行为，甚至结果是与原具体行政行为相同的行政行为。如此造成了原告起诉被告程序违法没有实际意义，不能解决任何实际问题，而只能解决形式问题，名义上原告是赢了官司，但是被告却可以重新作出与原行政行为相同的行政行为。对于原告来讲，赢了一场名义上的官司而并没有赢得实际结果。那么，现有法律的一大弊病就是相对人缺乏监督、纠正行政行为的积极性，这显然对行政主体遵守行政程序的制约是不够的。对于行政程序违法的救济，应借鉴其他国家和地区的经验，结合我国的实际情况，针对不同情形，设定多种责任形式，构建一个程序违法的责任形式体系。具体来说，各国有关程序违法的法律责任形式有以下几个方面。无效：指行政行为因具有重大明显瑕疵或具备法定无效条件，自始不发生法律效力的情形。撤销：对程序一般违法的行政行为，不适宜用补正的方式予以补救的，可采用撤销的处理办法。补正：由行政主体自身对其程序轻微违法的行政行为进行补充纠正，以此承担法律责任的方式。补正限于程序轻微违法的情形，对于实体违法或程序严重违法的行为，不能补正。责令履行职责：当行政主体因程序上的不作为违法且责令其作为仍有意义的情况下可采用责令履行职责这种责任形式。行政主体程序上的不作为行为有两种表现形态：一是对相对人的申请不予答复；二是拖延履行法定作为义务。对行政主体不予答复的行为，有权机关（如行政复议机关、人民法院等）应当在确认其违法的前提下，责令行政主体在一定期限内予以答复。对行政主体拖延履行法定作为义务的行为，有权机关应当在确认其违法的基础上责令行政主体限期履行作为义务。确认违法可适用于下列情形：一是行政主体逾期不履行法定职责，责令其履行法定职责已无实际意义的，适用确认违法这一责任形式。确认违法后，可建议有权机关追究行政主管人员和直接责任人员的法律责任，如给予行政处分。

7.4.2 资金保障制度设计

控规运行过程中公众参与的顺利组织和开展,需要三方面的资金保障:一是规划行政管理部门组织公众参与需要的资金;二是规划委员会中负责公众参与意见处理,公众参与审查、问责的工作人员的工资及活动开展需要的资金;三是居民代表组织规划小组成员工资及公众参与活动的费用。针对第一项内容,政府应专门设立公众参与专项资金,用于规划行政管理部门组织公众参与活动,如打印文件、组织会议、邮寄信息等等。对于第二项内容,也应由政府财政拨款至人大常委会,再由人大常委会负责规划委员会一切开支。对于第三项资金,主要采取居民代表交会费的形式实现,类似于物业费,即每年由全部居民交少量费用构成。其用于公众参与活动期间聘请专业人员及组织活动费用。对于贫困社区,还应实现社会救济资金的帮助。如通过建立社区慈善会获取社会捐赠;加强与企业的联系,合作策划企业慈善捐赠;成立由志愿者性质的会员组成的基金会。

7.4.3 城市规划知识保障制度设计

如前所述,公众缺乏城市规划知识修养,影响其与政府、开发商之间的交流,要提高公众的参与能力,需要一定的知识保障制度。从近期看,建立有效的社区规划师制度可以帮助公众提高交流能力。社区规划作为一种制度安排,伴随着 20 世纪 60 年代英、美等发达国家兴起的社区建设运动而产生,"社区规划师"随之开始出现,成为专门从事社区规划的专业规划人群或机构。近年来,许多学者开始转向关注社区规划师在公众参与城市规划(或"社区参与规划")过程中所发挥的作用,认为社区规划师可以作为"公众参与的倡导者",更好地促进居民参与到社区规划中来,进而推进社区居民的自我治理。目前上海社区规划师还没充当政府与公众连接的桥梁以及公众代言人的角色,应当对其重新进行制度设计,建立适合公众需求的社区规划师制度。社区规划师作为政府和居民的"中间人",其工作的重点主要包括以下两部分:① 社区咨询与培训。这是社区规划师与当地居民之间的联系。可以通过设立"社区规划师工作室"、建立"社区规划师咨询日"和"社区培训日"制度,为居民提供一定程度的专业咨询,同时通过"中间人"的宣传和培训讲解,使居民更加了解社区的公共需求、问题和发展前景。② 相关社区规划的公众的代言人。充当公众的顾问,帮助公众了解规划信息,提出规划要求。③ 政府与公众沟通的桥梁,收集公众意见,代表公众主动向政府咨询和沟通。从长远看,需要政府建立城市规划教育制度,从本质上提高公众的参与能力。① 进行规划知识普及。可以采取的方式有:在中学基础教育阶段加入规划知识部分,建设专业网站,制作报刊、电视传媒专题栏目,分发公益宣传册和举行规划知识竞赛等。如英国准备了专门的教材对小学生进行规划知识教育。② 结合时势案例加强宣传。政府和规划管理部门可以利用众多的规划项目正在或将要实施的机会,向公众普及、推广与项目相关的规划知识。如英国、德国都会在每年选择一定的时间进行城市规划实际案例参观学习，并由规划行政官员亲自向公众讲解。

7.4.4　信息技术保障制度设计

针对目前公众参与信息技术存在的问题，政府需要做的是：第一，加强信息平台建设。首先，上海市应建立统一界面的公众参与信息平台，即在区县规土局网站应以相同的界面，清晰明了表明公众参与信息的位置。其次，增大公众参与信息的容量，应对规划过程透明性的增加。最后，丰富信息交流的方式，除了信息展示平台，还需要增加信息互动平台。第二，运用多种信息技术，提高信息的传递和交流。首先，应对公众参与程序设计中协商会议需要的技术条件，实现信息内容能及时展现的能力，方便公众知情。其次，建立基于 GIS 技术的公众直观和方便获取基地信息的信息技术。最后，公众参与过程中可以尝试新媒体传播技术，如建立相关的微信、微博平台，方便公众及时快速地获取信息。第三，改革信息管理平台的管理方式，由单纯的信息技术人员管理信息平台的方式转变为规划管理人员与信息技术人员共同管理信息平台建设。大量的信息公布内容可由信息技术人员完成，但是那些需要与公众及时交流和回复的信息，需要规划管理人员完成。

7.5　本章小结

本章主要运用制度借鉴的方式，采用信息传播理论、程序正义理论及分权制衡理论，针对目前上海控规运行过程中的公众参与制度缺陷，结合规划合法性目标及我国制度环境特征进行制度优化设计。

对于信息公开制度的设计，为了实现参与过程透明度，满足公众的信息要求，应该制定"以公开为原则，以不公开为例外"的机制；优化信息传播方式，方便公众接收信息；严格规范信息制作内容，确立尽早发布和及时回馈信息的制度细节。

对于公众参与制度核心程序的设计，明确参与主体的权责及其选择机制；设置从立项到评审每一阶段详细的参与流程，赋予公众动议权、协商权、听证权及复议权，实现公众与政府对等的参与权利；优化参与程序结构，规范每一个步骤的详细程序内容；建立公正的公众意见处理、反馈机制及审查制度。

对于公众参与组织机构的设计，首先应对公众参与组织职能实行分离，将公众参与意见处理、审查及问责组织从行政部门分离出去，使各组织形成分权制衡的格局。其次应建立固定有效的公众组织，实现公众利益组织化。

对于公众参与保障制度设计，需要建立和完善公众参与的司法救济制度，规范和多元化公众参与的组织资金，通过"社区规划师"制度实行公众参与的知识保障制度，完善信息技术保障制度。

第8章　结论与展望

8.1　研究结论

2008年《城乡规划法》确立了公众参与制度，在一定程度上回应了学界和实务界对于公众参与制度的渴望，然而近10年过去了，这一制度的执行似乎并没有实现理想的效果。本研究以程序正义理论为工具和视角，以上海控规运行过程的实际案例为对象，运用问卷调查、访谈等社会学研究方法对控规运行过程中的公众参与制度进行详细分析，主要结论如下：

8.1.1　城乡规划公众参与制度的程序正义价值是实现规划合法性的必要条件

从行政法学视角看，行政程序具有工具性价值和正义的内在价值，从工具性价值看，程序的设置要满足实质结果的实现；而程序具有不依赖于结果而存在的内在价值，程序内在的正义价值是实现实质正义的必要条件，两者地位平等，共同构成了行政合法性的重要来源。公众参与是程序正义的要素之一，公众参与是以促进行政过程程序正义的实现来促进行政合法性的实现。从程序正义研究的心理学视角的相关理论，我们可知，公众参与制度本身也应具备程序正义的价值，其程序正义能促进参与者对决策结果的接受，实现实质正义。也就是说，不是任何形式公众参与制度都可能促进行政合法性的实现，只有那些自身能满足程序正义标准的公众参与制度才能更好地促进行政过程程序正义的实现，更好地促进行政权合法性的实现。

近现代城市规划是作为一项重要的政府行为而兴起的，起源于英国政府整治城市卫生、改善工人阶级居住环境的行动。根据城乡规划理论的发展脉络的梳理，我们可知公众参与城乡规划是城乡规划发展过程中合法性自我证成的需要，本质上表现为城乡规划过程通过公众参与实现程序正义，促进实质正义的实现。当然不是任何的参与形式都可实现上述目的，按照希利等人的研究，公众参与制度本身的程序正义是实现规划合法性的必要条件。

8.1.2 城乡规划公众参与制度具有一定的程序正义标准

城乡规划实质正义的实现应建立在受规划影响的不同利益主体之间自由平等协商，达成主体间“共识”的正义程序的基础之上，研究以理性程序主义的程序正义理论为基础，搭建了适合于城乡规划公众参与制度的程序正义标准，其系统化内容包含两方面内容：① 程序正义的核心标准，又分为主体标准和运行标准，前者指包容原则——规划过程要尽量包含一切利益相关人，尤其是弱势群体，所有主体有均等的参与机会，其参与意愿自由。后者表现在：开放原则——规划每一个阶段均可对公众开放；透明原则——规划主体之间拥有平等的知情权，规划主体之间实现信息对称，公众获取信息的成本尽可能低；协商原则——每一个成员均能自由、充分地表达自己的真实意见，交流各方可以实现相互尊重、信任及诚实，并且能得到及时回应，交流各方的法律地位完全平等，交流意见能最终形成“共识”；共同决策原则——所有规划主体都拥有决策权，公众意见要能对决策结果产生实质性影响；中立原则——裁判者与所需裁判的事实、利益没有相关性，不偏私，具有独立性；及时原则——决策者能及时向公众反应决策的结果，能及时回应参与者的问题和要求；理性原则——决策者能给出作出决定的理由，程序在结构上遵循形式理性的要求。② 外围标准：救济原则——存在公众参与权利的司法救济程序，公众在参与过程中任何权利都有获得救济的通道；监督原则——是公众有权对整个决策过程进行监督检查，存在对决策者不良行为的行政问责机制。

8.1.3 控规运行过程中公众参与制度不能完全满足程序正义标准

以上海为例对控规运行过程中公众参与制度进行程序正义考量，发现在控规编制和实施两个阶段，均存在不同程度的程序正义缺陷：第一，控规编制过程由于大多数公众“不知情”导致主体正义缺失，控规实施过程公众“知情”情况较好，但依然存在公众不知情、不参与的情况。第二，公众仅在方案阶段有权发表自己的意见，开放度较低。第三，参与过程中的信息无法被某些公众知晓，公众获取自己需要的信息难度大、成本较高，透明度较低。第四，公众可以自由充分地表达自己的意见，但是决策者回应性较差，缺乏真诚的交流，协商性不高。第五，通过强烈手段争取，公众具有了一些话语权，但是公众意见对规划决策结果实质影响效果较差。第六，控规编制阶段决策者存在偏私现象，控规实施阶段决策者较为中立，但特殊情况下也存在偏私现象。第七，决策者回应的及时性因不同问题有所不同；意见的回复基本可以满足理性要求，但也存在非理性的情况。第八，存在参与权利救济的途径，但缺乏资金、知识及技术救济；公众不能有效对决策过程进行监督。

8.1.4 控规运行过程中公众参与制度的程序正义缺陷影响了其实质正义的实现

根据调查，部分案例显示控规运行过程没有实现完全的实质正义。首先，规划结果可以促进实现公共福利，但是有时会缺乏对个人利益的保障；其次，调查的项目中无论是没有参与的居民还是深度参与的居民均显示出对规划结果的不认可。这一实质正义的失效在很大程度上源于控规编制（包括调整）过程中程序正义的缺失。由于缺乏所有利益相关者的参与，尤其是缺乏土地使用者——地方居民和政府、开发商之间进行自由、平等的协商和决策，导致很多项目的规划结果都出现了只注重整体利益，而牺牲个人利益的不公平分配的现象。另外，规划决策过程较差的透明度和公众微弱的话语权也导致规划可接受度较低。

8.1.5 程序正义视角下控规运行过程中公众参与制度设计存在缺陷

基于程序正义考量的结果，上海控规运行过程中的公众参与制度设计存在的问题是：第一，两个阶段的信息公开范围有限；信息发布方式不合理，与信宿的自身条件不相符；信息的制作和张贴缺乏规范性设计，导致决策者常采取机会主义行为规避信息有效传递；信息公布时间较晚，时效性不佳。第二，控规编制阶段参与主体概念模糊，各方权责不明确，缺乏选择机制。第三，参与时机较晚，参与事项单一。第四，参与程序层次单一，参与方式缺乏程序性规定。第五，缺乏协商和公众决策机制，参与主体之间的博弈状态不均衡。第六，公众参与意见处理和反馈机制不完善。第七，参与的审查主体设置不合理，审查方式和内容存在缺陷。第八，问责内容和标准不清晰，缺乏异体问责。第九，公众参与的组织太过行政化，相互制约性不强；公众参与组织职能安排不合理，角色混乱；缺乏固定的公众组织，公众参与的力量薄弱。第十，公众参与权缺乏司法保障、资金保障、专业知识救济，技术保障力量薄弱。

8.1.6 基于程序正义的控规运行过程中公众参与制度要结合环境设计，满足程序正义标准

按照适应制度环境、追随程序正义目标的设计路线，对控规运行过程公众参与制度设计进行优化，具体内容包括：

第一，对于信息公开制度而言，信息公开、制作方式要能使每一个利益相关者都知情，尽量使一切利益相关者都有机会参与；信息公开内容尽量满足参与者的信息需求，实现参与者之间的信息对称。具体设计指制定以“信息公开为原则，不公开为例外”的信息公开机制，对不公开的事项要明确列举，对主动公开的事项采用分类概括式规定，特殊情况下，采用“利益平衡原则”确定信息是否最终公开；对信息传播方式进行结构优化，增加

"点对点"的信息传播方式，对信息传播辅助方式进行多样化；提高机会主义行为实施成本，规制信息制作和张贴的制度内容，实行规划信息尽早发布和及时回馈原则。

第二，对于参与运行程序而言，以尽早参与为原则，包容每位受决策影响的人，实现全过程参与；设置协商和公众决策机制，使每个利益相关方都拥有平等、自由的动议权、协商权和决策权；设置公正的审查监督机制。具体设计指运用利益相关者分析明确参与主体的概念、确定各方权责，建构参与前置和全程参与的程序体系，实现参与程序结构化，建立完全程序化的规范流程，调整参与机制，赋予公众动议权、协商权、听证权以及复决权，建立以"权利制约权力"式的均衡化的博弈规则；建立第三方主持的公众参与意见处理机制和公众参与审查机制，建构实体审查和程序审查双重标准。加强程序问责，明确问责标准，实行异体问责。

第三，对于组织结构而言，具体设计指优化控规运行过程中公众参与的组织结构，构建分权与制衡的权力结构，将公众意见处理权、公众参与结果的审查权及公众参与的监督及行政问责权从规划行政主管部门的权力中分离出来，彼此之间形成有效的制约；建立固定有效的普通公众组织，实现公众利益组织化。

第四，对于保障制度，具体设计指扩大诉讼保护的权利范围，完善程序违法的责任规定，完善司法保障制度；建立组织公众参与的政府专项基金，进行社会基金募捐，实现公众参与资金救济；建立"社区规划师"制度，实现规划知识救济；加强信息平台建设，改革信息管理平台的管理方式，由单纯的信息技术人员管理信息平台的方式转变为规划管理人员与信息技术人员共同管理信息平台建设，完善信息技术保障制度。

8.2 不足与展望

研究的不足之处存在以下三点：

（1）研究分析上海控规运行体系中的公众参与制度是否实现了程序正义，必须通过详细案例过程对对象进行分析。由于笔者曾经在上海市规土局实习，编制案例均可获取，但是上海控规实施审批权放在各区县，而且由于目前规划中的公众参与内容还处于保密的状态，笔者只能以资料的可获取性为原则选择典型案例，那么势必影响对上海控规实施过程公众参与制度实施情况的整体认识，及其程序正义结果的整体判断。

（2）研究选择典型案例的详细经过是通过访谈、问卷调查获取，调查对象包括规划设计师、规划管理行政人员及受规划影响的居民。个别矛盾大的项目中，规划管理行政人员拒绝访谈，导致这些项目的内容只能从居民手中获得，过程的客观性因此可能会受到影响。

（3）上海控规运行过程包括很多内容，研究只选取了目前公众参与制度明晰的编制（包括调整）和实施中的部分阶段，还缺乏规划评估、规划执法环节公众参与制度的研究，这在下一步的研究中补充。

参考文献

[1] Abs S. Improving Consultation: Stakeholder View of EPD Public Process[Z]. Ministry of Environment Lands and Parks, Victoria, 1991.

[2] Alexander E. Public Participation in Planning——a Multidimensional Model: the Case of Israel [J]. Planning Theory & Practice, 2008, 9(1): 57 - 80.

[3] Kaufman A S. Human Nature and Participatory Politics[M]// Connolly M E. The Bias of Pluralism. New York: Atherton Press, 1960.

[4] Cornwall A. Making Spaces, Changing Places: Situating Participation in Development[J]. Institute of Development Studies, 2002, 45(1): 3 - 24.

[5] Cornwall A, Coelho V S P. New Democratic Spaces? [J]. IDS Bulletin, 2004, 35(2).

[6] Cornwall A, Coelho V S P. Spaces for Change? the Politics of Participation in New Democratic Arenas[C]. IDS Working Paper, Institute of Development Studies, University of Sussex, Falmer, 2006.

[7] Arnstein S R. A Ladder of Citizen Participation[J]. Journal of the American the Institute of Planners, 1969, 35(4).

[8] Bryson J M, Quick K S, Slotterback C S, et al. Design Public Participation Processes[J]. Public Administration Review, 2013(73): 23 - 25.

[9] Goldfrank B. Sustaining Local Citizen Participation: Evidence from Montevideo and Porto Alegre [R]. 2010 Annual Meeting of the American Political Science Association, 2010: 1 - 34.

[10] Cohen J. Delibration and Democratic Legitimacy[M]// Bohman J F, Rehg W. Deliberative Democracy: Essays on Reason and Politics. Cambridge: MIT Pres, 1997: 67 - 91.

[11] Skelcher C, Torfing J. Improving Democratic Governance Through Institutional Design: Civic Participation and Democratic Ownership In Europe[J]. Regulation & Governance, 2010, 4(1): 71 - 91.

[12] Hague C. A Review of Planning Theory in Britain[J]. The Town and Planning Review, 1991, 62(3): 295 - 310.

[13] Legacy C. Achieving Legitimacy Through Deliberative Plan-Making Process-Lessons for Metropolitan Strategic Planning[J]. Planning Theory & Practice, 2000, 13(1): 71 - 87.

[14] Davidoff P, Reiner T A. A Choice Theory of Planning[J]. A Reader in Planning Theory, 1973,

28(2):11－39.

[15] Dorcey A,Doney L,Rueggebery H. Public Involvement in Government Decision-Making:Choosing the Right Model[M]. Victoria:B. C. Round Table on the Environment and the Economy,1994.

[16] Gerardi D, Mcconnell M A, Romero J, et al. Get Out the (costly) Vote: Institutional Design for Greater Participation[J]. Economic Inquiry, 2016,54(4):1963－1979.

[17] Daley D M. Public Participation and Environmental Policy:What Factors Shape State Agency's Public Participation Provisions? [J]. Review of Policy Research,2008,25(1):21－35.

[18] Dan L,Hier S,Walby K. Policy Legitimacy, Rhetorical Politics, and the Evaluation of City-Street Video Surveillance Monitoring Programs in Canada[J]. Canadian Review of Sociology,2012,49(4):328－349.

[19] Lind E A,Tyler T R. The Social Psychology of Procedural Justice[M]. New York: Plenum Press,1988.

[20] Enck J W,Brown T L. Citizen Participation Approaches to Decision-making in a Beaver Management Context[R]. HDRU Publ,1996:92－96.

[21] Steele E H. Participation and Rules—the Functions of Zoning[J]. Law & Social Inquiry,1986,11(4):709－755.

[22] Everingham J. Questions of Legitimacy and Consensus in Regional Planning:The Case of CQ A New Millennium[C]// International Conference on Engaging Communities, 2005:1－22.

[23] Alexander E R. Institutional Transformation and Planning:From Institution Theory to Institution Design[J]. Planning Theory,2005,4(3):209－223.

[24] Peter F. Democratic Legitimacy[M]. New York:Routledge,2009.

[25] Forester J. Planning in the Face of Power[M]. Berkeley:University of California Press,1989.

[26] Fung A,Wright E O. Deepening Democracy:Innovations in Empowered Participatory Governance[J]. Politics and Society,2001,29(1):5－41.

[27] Fung A. Survey Article: Recipes for Public Spheres: Eight Institutional Design Choices and Their Consequences[J]. Journal of Political Philosophy,2003,11(3):338－367.

[28] Scharpf F. Governing in Europe Effective and Democratic? [M]. New York:Oxford University Press,1999.

[29] Foley D L. British Town Planning: One Ideology or Three? [J]. British Journal of Sociology,1960,11(3):211－231.

[30] Friedmann J. Planning in the Pubic Domain:From Knowledge to Action[M]. Princeton: Princeton University Press,1988.

[31] Abels G. Citizen Involvement in Public Policy-making:Does it Improve Democratic Legitimacy and Accountability? The Case of PTA[J]. Interdisciplinary Information Sciences,2007,13(1):103－116.

[32] Postema G J. The Principle of Utility and the Law of Procedure:Bentham's Theory of Adjudication[J]. Georgia Law Review,1977(11):1393.

[33] Rowe G. Frewer L J. A Typology of Public Engagement Mechanisms[J]. Science, Technology & Human Values, 2005, 30(2): 251 - 290.

[34] George A. Domestic Constraints on Regime Change In U. S. Foreign Policy: The Need for Policy Legitimacy[M]. Boulder CO: Westview Press, 1980 .

[35] Glass J J. Citizen Participation in Planning: The Relationship Between Objectives and Techniques[J]. Journal of the American Institute of Planners, 1979, 45(2): 180.

[36] Glass R. The Evaluation of Planning: Some Sociological Considerations[J]. A Reader in Planning Theory, 1973, 11(3): 45 - 67.

[37] Smith G. Democratic Innovations: Designing Institutions for Citizen Participation[M]. Cambridge: Cambridge University Press, 2009.

[38] Healey P. Planning Through Debate: The Communicative Turn in Planning Theory[J]. Town Planning Review, 1992, 63(2): 143 - 162.

[39] Healey P. Collaboration planning: Shaping places in Fragmented Societies[M]. Houndmills and London: Macmillan Press, 1997.

[40] Hillier J. Going Round the Back? Complex Networks and Informal Action in Local Planning Process[J]. Environment and Planning, 2000, 32(1): 33 - 54.

[41] Hampton W. Community With Public[Z]. Proceedings of The Town and Country Planning, London, 1974.

[42] Ellis H. Planning and Public Empowerment: Third Party Rights in Development Control[J]. Planning Theory & Practice, 2000, 1(2): 203 - 217.

[43] Innes J E. Planning Theory's Emerging Paradigm: Communicative Action and Interactive Practice[J]. Journal of Planning Education and Research, 1995, 14(3): 183 - 189.

[44] Ingram H M, Ullery S J. Public Participation in Environmental Decision-making: Substance or Illusion? Public Participation in Planning[M]. London: Wiley, 1977.

[45] Wallner J. Legitimacy and Public Policy: Seeing Beyond Effectiveness, Efficiency, and Performance[J]. The Policy Studies Journal, 2008, 36(3): 421 - 443.

[46] Thibaut J. Procedural Justice as Fairness[J]. Stanford Law Review, 1974, 26(6): 1271.

[47] Rosener J B. Method to Purpose: The Challenges of Planning Citizen-participation Activities. Citizen Participation in America[M]. Lexington Books, 1980.

[48] Lucas J R, On Justice[M]. Oxford: Oxford University Press, 1980.

[49] Kasperson R E, Breitbart M. Participation, Decentralization and Advocacy Planning. Commission on College Geography[Z]. Resource Paper, 25. Association of American Geographers, Washington, DC, 1974.

[50] Mcclymont K. Revitalising the Political: Development Control and Agonism in Planning Practice [J]. Planning Theory, 2011, 10(3): 239 - 256.

[51] Lindblom C E. The Intelligence of Democracy[M]. New York: The Free Press, 1965.

[52] Merquior J G. Rousseau and Weber: Two studies in the Theory of Legitimacy[M]. London: Routledge & Kegan Paul, 1980.

[53] Ministry of Housing and Government. People and Planning[Z]. Her Majesty's Office,1969.
[54] Manin B, Stein E, Mansbridge J. On Legitimacy and Political Deliberation[J]. Political Theory,1987,15(3):338 - 368.
[55] Mitchell B. Resource and Environmental Management in Canada[M]. Toronto:Oxford University Press,1995.
[56] Reed M S. Stakeholder Participation for Environmental Management:A Literature Review[J]. Biological conservation, 2008,141(10):2417 - 2431.
[57] Strobele M F. The Democratic Legimacy of Urban Planning Procedures:Public Private Parterships in Turin and Zurich[Z]. the Center for Comparative and International Studies,2009.
[58] Mascarenhas M, Scarce R. The Intention was Good: Legitimacy, Consensus-Based Decision Making,and the Case of Forest Planning in British Columbia,Canada[J]. Society and Natural Resources,2004,17(1):17 - 38.
[59] Dewey O F, Davis D E. Planning,Politics,and Urban Mega-Projects in Developmental Context: Lessons from Mexico City's Airport Controversy[J]. Urban Affairs,2013,35(5):531 - 551.
[60] Platt. I Review of Participatory Monitoring and Evaluation[R]. Report Prepared for Concern Worldwide,1996.
[61] Pretty J N. Participatory Learning for Sustainable Agriculture[J]. World Development, 1995, 23(8):1247 - 1263.
[62] Smith R W. A Theoretical Basis for Participatory Planning[J]. Policy Sciences, 1973,4(3): 275 - 295.
[63] Summers R S. Evaluating and Improving Legal Process: A Plea for "Process Values"[J]. Cornell Law Review,1974(60).
[64] Ross E G, Upshur. Enhancing the Legitimacy of Public Health Response in Pandemic Influenza Planning:Lessons from SARS[J]. Yale Journal of Biology and Medicine, 2005,78(5):331 - 338.
[65] Smith R W. A Theoretical Basis for Participatory Planning[J]. Policy Sciences,1973,4(3):275 - 295.
[66] Bennett R G. Challenges in Norwegian Coastal Zone Planning[J]. Geo Journal,1996,39(2): 153 - 165 .
[67] Sternberger D. Legitimacy,International Encyclopaedia of Social Sciences[M]. London:Free Press and Macmillan,1968.
[68] Holms S. Two Concepts of Legitimacy:France after the Revolution[J]. Political Theory,1982, 10(2):165 - 183.
[69] Smith L G. Public Participation in Policy Making:The State-of-the-Art in Canada[J]. Geoforum,1984,15(2):253 - 259.
[70] Sager T. Communicative Planning Theory[M]. Aldershot:Avebury,1994.
[71] Susskind L, Cruikshank J L. Breaking the Impasse:Consensual Approaches to Resolving Public Disputes[M]. New York:Basic Books,1987.
[72] Stout R J, Knuth B A. Evaluation of a Citizen Task Force Approach to Resolve Suburban Deer

Management Issues[C]. HDRU Publ,1994:93 - 94.
[73] Skelcher C, Torfing J. Improving Democratic Governance through Institutional Design: Civic Participation and Democratic Ownership in Europe[J]. Regulation & Governance, 2010,4(1): 71 - 91.
[74] Mckay S. Efficacy and Ethics an Investigation into the Role of Ethics,Legitimacy and Power in Planning[J]. Town Planning Review, 2010,81(4):425 - 444.
[75] Thomas H, Healey P. Dilemmas of Planning Practice:Ethnics,Legitimacy and the Validation of Knowledge[M]. Aldershot, England: Avebury Technical,1991.
[76] Hellstrom T. Boundedness and Legitimacy in Public Planning[J]. Knowledge and Policy,1997, 9(4):27 - 42.
[77] Bedford J, Clarck J, Harrison C. Limits to New Public Participation Practices in Local Use Planning[J]. The Town and Planning Review,2002,73(3):311 - 331.
[78] Vráblíkov K. Contextual Determinants of Political Participation in Democratic Countries [Z]. 2010.
[79] Schmidt V A. Democracy and Legitimacy in the European Union Revisited:Input,Output and "Throughput"[J]. Political Studies,2013,61(1):2 - 22.
[80] Wiberg,Matti. Between Apathy and Revolution:Explications of the Conditions for Political Legitimacy[Z]. Turku,1988:60 - 61.
[81] Wilcox D. The Guide to Effective Participation[M]. Brighton: Partnership,1994.
[82] Papadopoulos Y,Warin P. Are Innovative,Participatory and Deliberative Procedures in Policy Making Democratic Effective? [J]. European Journal of Political Research, 2007,46(4):445 - 472.
[83] [美]博登海默 E. 法理学:法律哲学与法律方法[M]. 邓正来,译. 北京:中国政法大学出版社,2004.
[84] 北京大学哲学系外国哲学史教研室. 古希腊罗马哲学[M]. 上海:生活・读书・新知三联书店,1957 .
[85] 周展. 试论早期希腊正义观的变迁——从荷马到梭伦[M]//杨适. 希腊原创智慧. 北京:社会科学文献出版社,2005.
[86] 孙笑侠. 程序的法理[M]. 北京:商务印书馆,2010.
[87] [英]戴维・米勒. 协商民主不利于弱势群体[C]//[南非]毛里西奥・帕瑟林・登特里维斯. 作为公共协商的民主:新视角. 北京:中央编译出版社,2006.
[88] 颜一. 亚里士多德选集(政治学卷)[M]. 北京:中国人民大学出版社,1999.
[89] [古希腊]亚里士多德. 雅典政制[M]. 日知,力野,译. 北京:商务印书馆,1959 .
[90] [古希腊]柏拉图. 理想国[M]. 郭斌和,译. 北京:商务印书馆,1986.
[91] [意]托马斯・阿奎那. 阿奎那政治著作选[M]. 马清槐,译. 北京:商务印书馆,1982.
[92] 陈瑞华. 程序正义理论[M]. 北京:中国法制出版社,2010.
[93] [德]尤尔根・哈贝马斯. 合法化危机[M]. 刘北成,曹卫东,译. 上海:上海人民出版社,2000.
[94] [德]尤尔根・哈贝马斯. 交往与社会进化[M]. 曹卫东,译. 重庆:重庆出版社,1989.
[95] [德]尤尔根・哈贝马斯. 在事实与规范之间——关于法律和民主法治国的商谈理论[M]. 童

世骏,译. 上海:生活·读书·新知三联出版社,2003.
[96] [德]约翰·穆勒. 功利主义[M]. 徐大建,译. 北京:商务印书馆,2014.
[97] [德]马克斯·韦伯. 经济与社会(上卷)[M]. 林荣远,译. 北京:商务印书馆,1997.
[98] 王锡锌. 公众参与和行政过程:一个理念和制度分析的框架[M]. 北京:中国民主法制出版社,2007.
[99] 王锡锌. 行政程序法理念和制度研究[M]. 北京:中国民主法制出版社,2007.
[100] 季卫东. 法治秩序的建构[M]. 北京:中国政法大学出版社,1999.
[101] [美]凡勃伦. 有闲阶级论——关于制度的经济研究[M]. 蔡受百,译. 北京:商务印书馆,1983.
[102] [美]约翰·康芒斯. 制度经济学[M]. 于树生,译. 北京:商务印书馆,2011.
[103] [美]道格拉斯·C. 诺思. 制度、制度变迁与经济绩效[M]. 杭行,译. 上海:格致出版社,2014.
[104] [日]青木昌彦. 比较制度分析[M]. 周黎安,译. 上海:上海远东出版社,2001.
[105] [美]科斯,诺思,威廉姆森,等. 制度、契约与组织:从新制度经济学角度的透视[M]. 刘刚,冯健,杨其健,等,译. 北京:经济科学出版社,2003.
[106] [美]戴维·L. 韦默. 制度设计[M]. 费方域,朱定钦,译. 上海:上海财经大学出版社,2004.
[107] 胡乐明,刘刚. 新制度经济学[M]. 北京:中国经济出版社,2009.
[108] [法]孟德斯鸠. 论法的精神(上册)[M]. 张雁深,译. 北京:商务印书馆,1982.
[109] 孙立平. 社会学导论[M]. 北京:首都经济贸易大学出版社,2012.
[110] 任正臣. 公共关系学[M]. 北京:北京大学出版社,2011.
[111] 蔡定剑. 公众参与欧洲的制度与经验[M]. 北京:法律出版社,2009.
[112] 石国亮. 国外政府信息公开探索与借鉴[M]. 北京:中国言实出版社,2011.
[113] 章剑生. 听证制度研究[M]. 杭州:浙江大学出版社,2009.
[114] 王万华. 知情权与政府信息公开制度研究[M]. 北京:中国政法大学出版社,2013.
[115] 王少辉. 迈向阳光政府——我国政府信息公开制度研究[M]. 武汉:武汉大学出版社,2010.
[116] 王文娟,宁小花. 听证制度与听证会[M]. 北京:中国人事出版社,2011.
[117] 应松年. 行政程序法[M]. 北京:法律出版社,2009.
[118] 王名扬. 美国行政法[M]. 北京:中国法制出版社, 2005.
[119] [美]约翰·罗尔斯. 正义论[M]. 何怀宏,何保钢,廖申白,译. 北京:中国社会科学出版社,1988.
[120][日]谷口安平. 程序的正义与诉讼[M]. 王亚新,刘荣军,译. 北京:中国政法大学出版社,2002.
[121] 鲁千晓,吴新梅. 诉讼程序公正论[M]. 北京:人民法院出版社,2004.
[122] 中共中央马克思恩格斯列宁斯大林著作编译局. 马克思恩格斯全集(第一卷)[M]. 北京:人民出版社,2005.
[123] 邓继好. 程序正义理论在西方的历史演进[M]. 北京:法律出版社,2012.
[124] [美]斯东. 苏格拉底的审判[M]. 董乐山,译. 上海:生活·读书·新知三联书店,1998.
[125] [意]切萨雷·贝卡里亚. 论犯罪与刑罚[M]. 黄风,译. 北京:北京大学出版社,2008.
[126] [美]马丁·P. 戈尔丁. 法律哲学[M]. 齐海滨,译. 上海:生活·读书·新知三联书店,1987.

[127] [美]迈克尔·D. 贝勒斯. 法律的原则——一个规范的分析[M]. 张文显,等,译. 北京:中国大百科全书出版社,1996.
[128] 陈桂明. 诉讼公正与程序保障[M]. 北京:中国法制出版社,1996.
[129] 杨一平. 司法正义论[M]. 北京:法律出版社,1999.
[130] 陈瑞华. 程序正义理论[M]. 北京:中国法制出版社,2010.
[131] 彭怀恩. 中国政治文化的转型[M]. 台北:台湾风云论坛出版社,1992.
[132] 孙施文. 现代城市规划理论[M]. 北京:中国建筑工业出版社,2007.
[133] 郝娟. 解析我国推进公众参与城市规划的障碍及成因[J]. 城市发展研究,2007,14(5):21-25.
[134] 王巍云.《城乡规划法》中公众参与制度的探讨[J]. 法制与社会,2008(1):204-205.
[135] 周江评,孙明洁. 城市规划和发展决策中的公众参与——西方有关文献及启示[J]. 国外城市规划,2005,20(4):41-48.
[136] 罗鹏飞. 关于城市规划公众参与的反思及机制构建[J]. 城市问题,2012(6):30-35.
[137] 张婷. 城市规划中公众参与问题研究[J]. 武汉职业技术学院学报,2009(3):56-59.
[138] 居阳,张翔,徐建刚. 基于话语权的历史街区更新公众参与研究——以福建长汀店头街为例[J]. 现代城市研究,2012(9):49-57.
[139] 朱芒. 论我国目前公众参与的制度空间——以城市规划听证会为对象的粗略分析[J]. 中国法学,2004(3):51-56.
[140] 纪峰. 公众参与城市规划的探索——以泉州市为例[J]. 规划师,2005(11):20-25.
[141] 罗小龙,张京祥. 管治理念与中国城市规划的公众参与[J]. 城市规划学刊,2001(2):59-80.
[142] 陈洪金,赵书鑫,耿谦. 公众参与制度的完善——城市社区组织在城市规划中的主体作用[J]. 规划师,2007,23(S1):56-58.
[143] 冯现学. 对公众参与制度化的探索——深圳市龙岗区"顾问规划师制度"的构建[J]. 城市规划,2003,28(2):78-80.
[144] 邓志云,李军,梁坤胜. 新农村规划工作"助村规划师"制度探讨——以广州市番禺区为例[J]. 规划师,2009,25(S1):71-74.
[145] 赵蔚. 社区规划的制度基础及社区规划师角色探讨[J]. 规划师,2013(9):17-21.
[146] 赵民."社区营造"与城市规划的"社区指向"研究[J]. 规划师,2013,29(9):5-10.
[147] 赵民,刘婧. 城市规划中"公众参与"的社会诉求与制度保障[J]. 城市规划学刊,2010(3):81-86.
[148] 张娟. 规范主义、经验主义、程序主义——西方政治合法性理论的范式演变[J]. 甘肃理论学刊,2008(3):21-26.
[149] 周扬明. 群众路线理论对公众参与的解释力分析——以杭州市公众参与为案例[J]. 湖北社会科学,2014(3):39-44.
[150] 孙施文,殷悦. 西方城市规划中公众参与的理论基础及其发展[J]. 国外城市规划,2004,19(1):15-24.
[151] 孙施文,朱婷文. 推进公众参与城市规划的制度建设[J]. 现代城市研究,2010(5):17-20.
[152] 江必新,李春燕. 公众参与趋势对行政法和行政法学的挑战[J]. 中国法学,2005(6):50-56.

[153] 方洁. 参与行政的意义——对行政程序内核的法理解析[J]. 行政法学研究,2001(1):10-16.

[154] 王婷婷,张京祥. 略论基于国家——社会关系的中国社区规划师制度[J]. 上海城市规划,2010(5):4-9.

[155] 王文娟,王浩先. 我国城镇拆迁补偿存在的问题及对策[C]// 中国管理学年会——公共管理分会场论文集,2009:67-72.

[156] 占志刚. 公共政策的合法性探析[J]. 探索,2003(6):40-44.

[157] 刘玲. 公共政策合法性视角下对城管的思考[J]. 大众商务,2009(5):192-193.

[158] 郭骏祥,李斌华. 公共政策的合法性研究[J]. 世纪桥,2008(11):41-42.

[159] 占志刚. 公共政策的合法性探析[J]. 探索,2003(6):40-44.

[160] 吴永生. 公共政策主体的合法性:一种基于个人基础的规范性分析[J]. 云南行政学院学报,2004(6):47-49.

[161] 吴求生,王飞. 公共政策的合法性:基于制定程序的视角[J]. 理论探讨,2006(5):139-142.

[162] 张亲培,梅顺达. 论公共政策问题的合法性建构[J]. 求索,2011(11):48-50.

[163] 生青杰. 公众参与原则与我国城市规划立法的完善[J]. 城市发展研究,2006(4):109-113.

[164] 陈瑞华. 程序正义的理论基础——评马修的“尊严价值理论”[J]. 中国法学,2000(3):144-152.

[165] 谢金林,肖子华. 论公共政策程序正义的伦理价值[J]. 求索,2006(10):137-139.

[166] 陈端洪. 法律程序价值观[J]. 中外法学,1997,9(6):47-51.

[167] 肖建国. 程序公正的理念及其实现[J]. 法学研究,1999(3):5-23.

[168] 罗海峰,李延. 法理学视野中的程序正义[J]. 长春工程学院学报(社会科学版),2005,6(4):12-14.

[169] 孙笑侠. 两种程序法类型的纵向比较——兼论程序公正的要义[J]. 法学,1992(8):7-11.

[170] 李月军. 以行动者为中心的制度主义——基于转型政治体系的思考[J]. 浙江社会科学,2007,4(4):75-80.

[171] 黄健. 论行为分析方法在公共行政学研究中的运用[J]. 社会科学论坛,2008(12):72-75.

[172] 鲁克俭. 西方制度创新理论中的制度设计理论[J]. 马克思主义与现实,2001(1):67-70.

[173] 姜晓萍. 行政问责的体系构建与制度保障[J]. 政治学研究,2007(3):70-76.

[174] 王锡锌. 公共决策中的大众、专家与政府[J]. 中外法学,2006,18(4):462-483.

[175] 王银海,楚雪娇,张亚琼. 分权制衡机制与政府预算约束[J]. 宏观经济研究,2013(7):11-17.

[176] 郭彦弘. 从花园城市到社区发展——现代城市规划的趋势[J]. 城市规划,1981(2):93-101.

[177] 斯范. 改造旧住宅的一个探索——介绍上海市蓬莱路303弄旧里改造试点工程[J]. 住宅科技,1983(6):12-15.

[178] 周广荣,肖跃林,董炽义,等. 太原市“五一”广场规划[J]. 城市规划,1987(4):15-16.

[179] 俞正声. 认真贯彻实施《城市规划法》全面推进城市规划的法制化建设[J]. 城乡建设,2000(5):4-5.

[180] 吴缚龙. 利益过程:城市规划的社会过程[J]. 城市规划,1991(3):59-61.

[181] 王富海.《城市规划法》的修改应以市场经济下城市与规划发展的特征和趋势为基础[J]. 城市规划,1998(3):21.

[182] 宏文. 应体现资源配置的公正、公平和公开原则[J]. 城市规划,1998(5):35.

[183] 刘卫明. 协调城市建设中的各方利益维护城市的公共和长远利益[J]. 城市规划,1998

(5):35.
[184] 峦峰.关于我国《城市规划法》修改的几点建议[J].城市规划,1999(9):25-29.
[185] 陈越峰.我国城市规划正当性证成机制:合作决策与权力分享——以深圳市城市规划委员会为对象的分析[J].行政法论丛,2009,12(1):380-405.
[186] 田力男.公众参与的探索——青岛市总体规划宣传引发的思考[J].城市规划,2000(1):50-51.
[187] 冯现学.对公众参与制度化的探索——深圳市龙岗区"顾问规划师制度"的构建[J].城市规划,2003(2):68-71.
[188] 姜良安,王甫亚.临沂市:广场怎么建 市民说了算[J].城市规划通讯,1999(24):11.
[189] 陈榕生.厦门市集美学村12位居民当上"编外"规划师[J].城市规划通讯,2000(24):12.
[190] 邹兵,范军,张永宾,等.从咨询公众到共同决策——深圳市城市总体规划全过程公众参与的实践与启示[J].城市规划,2011,35(8):91-96.
[191] 莫文竞,段飞.我国总体规划编制过程中的公众参与实践——以昆山市总体规划公众参与为例[C]// 转型与重构——2011中国城市规划年会论文集.2011:3752-3760.
[192] 邹丽东."公众参与"城市规划编制过程探索——以上海长宁区为例[J].规划师,2000,16(5):70-72.
[193] 李宪宏,程蓉.控制性详细规划制定过程中的公众参与——以闵行区龙柏社区为例[J].上海城市规划,2006(1):47-50.
[194] 孟庆兰.网络信息传播模式研究[J].上海高校图书情报工作研究,2007,30(4):133-137.
[195] 周恺,闫岩,宋斌.基于互联网的规划信息交流平台和公众参与平台建设[J].国际城市规划,2012,27(2):103-107.
[196] 宋煜.上海信息公开制度对于规划管理的启示[C]//2013年规划年会论文集.2013:1-10.
[197] 冯晓青.知识产权法的利益平衡原则:法理学考察[J].南都学坛,2008,28(2):88-96.
[198] 王身余.从"影响""参与"到"共同治理"——利益相关者理论发展的历史跨越及其启示[J].湘潭大学学报(哲学社会科学版),2008,32(6):28-35.
[199] 陈蕊.相对人的行政立法动议权[J].行政法学研究,2004(4):37-41.
[200] 罗维.寻求不一致的一致——中西协商民主制度比较研究[J].江汉论坛,2012(11):43-48.
[201] 杜钢建.全民公决理论和制度比较研究[J].法制与社会发展,1995(2):26-32.
[202] 魏春洋,牟元军.试论全民公决[J].山东省青年管理干部学院学报,2004(2):14-16.
[203] 刘佩韦.论立法复决权[J].湖南医科大学学报(社会科学版),2009,11(5):34-36.
[204] 刘红明.中国政党制度框架内的协商民主要素构成[J].中国社会科学研究论丛,2013(2):172-174.
[205] 熊辉.制度的自发演化与设计[D].武汉:华中科技大学,2008.
[206] 练育强.近代上海城市规划法制研究[D].上海:华东政法大学,2009 .
[207] 相焕伟.协商行政——一种新的行政法范式[D].济南:山东大学,2014.
[208] 陈振宇.城市规划中的公众参与程序研究[D].上海:上海交通大学,2009.
[209] 曾祥华.行政立法的正当性研究[D].苏州:苏州大学,2005.
[210] 张浪.行政规定的合法性研究[D].苏州:苏州大学,2008.
[211] 吴颖.公众参与城市规划决策问题研究[D].济南:山东师范大学,2009.
[212] 袁萍萍.城市规划中的公众参与研究——以南京市为例[D].南京:南京师范大学,2011.

[213] 任国岩. 公众参与城市规划编制的实践研究——以公众参与集美学村风貌建筑保护规划为例[D]. 上海：同济大学，2004.
[214] 陆晓蔚. 都江堰灾后重建规划中的公众参与研究[D]. 上海：同济大学，2010.
[215] 薛秋松. 我国公共政策合法性研究——基于公民政治参与的视角[D]. 南京：南京师范大学，2013.
[216] 袁贝丽. 中国城市规划管理听证会制度研究[D]. 上海：上海交通大学，2006.
[217] 余莉霞. 西方分权制衡理论的发展历程探索[D]. 大连：辽宁师范大学，2008.
[218] 马佳. 城市总体规划编制前期公众参与的实践与探索[D]. 杭州：浙江大学，2011.
[219] 黄睁. 温州市公共参与城市规划的研究 [D]. 上海：上海交通大学，2008.
[220] 陈义. 城市规划听证制度实施与完善：公共治理的视角[D]. 上海：上海交通大学，2008.
[221] 徐旭. 美国区划的制度设计[D]. 北京：清华大学，2009.
[222] 李俭. 城市房屋拆迁中的社会矛盾问题研究[D]. 上海：同济大学，2007.
[223] 王学辉. 论实体正义与程序正义的辩证统一[D]. 重庆：重庆大学，2010.
[224] 柯葛壮. 论非法吸收公众存款罪之构成要件——以实质的解释论为立场[D]. 上海：上海社会科学院，2012.

附录A 上海控规编制(包括调整)过程中公众参与情况问卷调查表

公众问卷调查

上海市控制性详细规划编制(包括调整)过程中公众参与情况调查问卷

亲爱的居民同志:

您们好!

我们是上海同济大学"上海市控制性详细规划公众参与情况调查"课题组的调查员(研究生),今天来了解您参与本次控规编制(包括调整)的情况。

本次调查的目的是反映上海市控制性详细规划公众参与的现状情况,研究公众参与制度存在的问题,为今后的公众参与制度设计提供依据。

本次调查不记名、不涉及单个问卷的内容,仅被用于全部资料的综合统计,因此不会对您带来任何不良影响。

谢谢您的真诚合作,祝您全家幸福!

上海同济大学建筑与城市规划学院博士研究生

2014年4月

问卷说明:

① 请在符合您的情况和想法的问题答案号码上划"√"

② 如果所列问题的答案项都不符合您的具体情况,请在问题下的空白处填写您的具体答案

③ 填写问卷时,请保持个人意见,不要与他人商量填写

一、填写人基本资料(请在相关选项前打钩或在横线处填写,本调查属于研究内容,信息不会公开)

1. 性别:

(1) □男 (2) □女

2. 年龄:

(1) □18岁以下 (2) □18—35岁 (3) □35—50岁 (4) □50岁以上

3. 文化程度:

(1) □小学及以下 (2) □初中 (3) □高中及中专 (4) □大专、本科及以上

4. 您的平均月收入:

(1) □1000元以下 (2) □1000—3000元 (3) □3000—5000元 (4) □5000元以上

5. 您的职业：

(1) □务农人员 (2) □军人 (3) □教师 (4) □公务员
(5) □学生 (6) □制造业 (7) □商业 (8) □服务业
(9) □自由职业 (10) □退休 (11) □失业 (12) □其他

6. 请问您在本地居住了多长时间：

(1) □1年(含)以下 (2) □1—5年 (3) □5—10年 (4) □10—15年
(5) □15—20年 (6) □20年以上

二、调查内容

(一) 控制性详细规划(简称控规)编制(包括调整)过程中公众参与态度调查

1.1 控规公众参与的认知情况

1. 您知道控规的具体涵义(是干什么的)吗?

(1) □不知道
(2) □知道,控规主要是对土地使用性质和开发强度进行控制
(3) □知道,控规主要是对土地使用性质、开发强度和空间环境进行控制
(4) □知道,控规主要是对土地使用性质、开发强度、空间环境、市政基础设施和公共服务设施进行控制

2. 您知道控规的主要目的是什么吗?

(1) □不知道
(2) □知道,控规主要以实现政府的经济社会发展目标为主
(3) □知道,控规主要以实现和维护公共利益为主
(4) □知道,控规主要以维护个人利益为主
(5) □知道,控规主要以维护单位和企业利益为主

3. 您对控规中的相关概念了解吗?(比如容积率、绿地率、建筑高度、建筑密度、用地性质)

(1) □了解 (2) □了解一些 (3) □不了解

4. 您认为控规是谁的事?

(1) □政府的 (2) □公众的 (3) □技术专家
(4) □政府、技术专家、公众共同完成的

5. 您知道自己在控规中拥有什么样的权利?(多选题)

(1) □知情权 (2) □表达意见权 (3) □决策权 (4) □监督权
(5) □要求政府回应权 (6) □不知道

6. 您知道下面哪些法律支持您参与控规?(多选题)

(1) □宪法 (2) □物权法 (3) □城乡规划法 (4) □政府信息公开条例
(5) □行政许可法 (6) □不知道

7. 您认为公众的参与地位与政府相比应该如何?

(1) □政府高于公众 (2) □两者平等 (3) □政府低于公众

8. 您知道政府公布规划信息的方式吗?(多选题)

(1) □不知道 (2) □网上 (3) □现场展示 (4) □居(村)委会通知我

9. 您知道通过何种渠道表达意见吗？(多选题)

(1) □不知道　(2) □给规划局打电话　(3) □网上邮件　(4) □给规划局写信
(5) □到规划局上访

10. 您知道政府处理公众意见的方式吗？

(1) □不知道
(2) □对于公众的意见规划人员会全部采纳
(3) □对于公众的意见规划人员会依据法规的要求决定是否采纳
(4) □对于公众的意见规划人员会依据法规、发展的要求决定是否采纳

11. 您知道如何得知政府对您的意见的处理结果吗？(多选题)

(1) □不知道　(2) □网上回复我　(3) □写信回复我　(4) □电话回复我
(5) □将回复公告现场展示

1.2　控规公众参与意愿调查

12. 您在什么情况下愿意参与控规？

(1) □任何控规项目都愿意参与
(2) □只要和我有点关系就参与
(3) □只有涉及我很重要的利益(如健康、安全、财产)时才会参与
(4) □不愿意参与

13. 您愿意付出什么样的成本参与控规？

(1) □不要对现状工作生活有任何影响的成本
(2) □可以对现状工作生活有一点影响的成本
(3) □力所能及的成本
(4) □可以为了自己的利益不惜任何代价

1.3　控规公众参与效能感调查

14. 您是否认为自己有能力可以对规划内容和决策进行有效的判断？

(1) □有能力　(2) □一些能力　(3) □能力一般　(4) □能力较小
(5) □没能力

15. 您是否认为自己的意见可以帮助政府进行更好的决策从而提高规划的质量？

(1) □完全可以　(2) □可以　(3) □一般　(4) □不太可以
(5) □不可以

16. 您是否觉得近几年自己了解和接触城市规划的机会比以前多？

(1) □多了很多　(2) □一些　(3) □一般　(4) □较少
(5) □没变化

17. 您是否认为自己的参与可以保障自己的权利？

(1) □完全可以　(2) □可以　(3) □一般　(4) □不太可以
(5) □不可以

(二) 参与的客观情况调查

18. 您是否参与本次规划？

(1) □围观(知道规划信息，但没有发表意见)

(2) □不知情所以没参与

(3) □对规划无意见

(选 1 的回答第 19 题,选 2 的回答第 20—22 题)

19. 为什么“知情却不参与”

(1) □不关心

(2) □自己的参与不会对结果起作用

(3) □看不懂规划图纸,无法提意见

(4) □没时间

(5) □其他原因________________

20. 为什么“不知情没参与”

(1) □不关心本社区的规划及建设,从不留意此类信息

(2) □关心本社区规划及建设,但没有获得相关信息

(3) □其他原因________________

21. 为什么没有从网站上获取相关信息?

(1) □家中没电脑,使用网络不方便

(2) □家中有电脑或使用网络方便,不知道规划信息会在规划局网站发布,平常不上规划局的网站

(3) □家中有电脑或使用网络方便,知道规划信息会在规划局网站发布,但没有特殊情况一般也不上规划局网站查看信息

(4) □其他原因________________

22. 为什么没有从现场公示(时间________地点在________)中获取相关规划信息?

(1) □没有特殊原因一般不会去那里

(2) □曾经在那段时间去过那里,但没看那里的信息

(3) □曾经在那段时间去过那里,查看过在那里展示的消息,但没有看到相关规划信息

(4) □其他原因________________

23. 为什么没有从居(村)委会那里获取相关规划信息?

(1) □居(村)委会平常很少发布消息

(2) □居(村)委会平常发布消息,但自己很少看居(村)委会宣传的信息

(3) □居(村)委会平常发布消息,自己也经常看居(村)委会宣传的信息,但是这次居委会没有进行规划信息展示

(4) □其他原因________________

(三) 对规划的认可度调查

24. 对本次规划现状问题的分析是否认可?

(1) □认可　　　(2) □不认可

25. 对本次规划目标是否认可?

(1) □认可　　　(2) □不认可

26. 对本次规划结构是否认可?

(1) □认可　　　(2) □不认可

27. 对于自己所在地块用地性质被改变是否认可？

(1) □认可　　　　(2) □不认可

(四) 行为偏好调查

28. 您最常通过哪种媒体获取信息？（多选题）

(1) □报纸，请填写报纸名字________________

(2) □电台

(3) □电视，请填写最常看的地方台________________

29. 您最常通过除媒体外的哪种方式获取信息？（多选题）

(1) □别人电话通知我

(2) □信件通知我

(3) □小区内的信息宣传栏

(4) □网站

(5) □上门通知

30. 您倾向于选择哪种展示地点获取相关规划信息？

(1) □规划基地内展示

(2) □规划基地外展示

(3) □规划基地内与基地外共同展示

31. 您倾向于选择哪种规划基地现场地点获取相关规划信息？

(1) □基地围墙

(2) □街道办事处宣传栏

(3) □受影响区域的各个小区或单位入口处

(4) □受影响区域的各居委会门口宣传栏

(5) □其他地方________________

32. 您倾向于选择哪种规划基地外的地点获取相关规划信息？

(1) □附近的规划展示馆

(2) □政府门口宣传栏

(3) □规划基地所在区的各个公共服务中心（如图书馆、文化活动中心）

(4) □其他地点________________

附录B 上海控规实施(行政许可)过程中公众参与情况问卷调查表

公众问卷调查

上海市建设工程行政许可过程中公众参与情况调查问卷

亲爱的居民同志：

您们好！

我们是上海同济大学“上海市建设工程行政许可过程中公众参与情况调查”课题组的调查员(研究生)，今天来了解您参与的情况。

本次调查的目的是反映上海市建设工程行政许可过程中公众参与的现状情况，研究公众参与制度存在的问题，为今后的公众参与制度设计提供依据。

本次调查不记名、不涉及单个问卷的内容，仅被用于全部资料的综合统计，因此不会对您带来任何不良影响。

谢谢您的真诚合作，祝您全家幸福！

上海同济大学建筑与城市规划学院博士研究生

2014年5月

问卷说明：

① 请在符合您的情况和想法的问题答案号码上画“√”

② 如果所列问题的答案项都不符合您的具体情况，请在问题下的空白处填写您的具体答案

③ 填写问卷时，请保持个人意见，不要与他人商量填写

一、填写人基本资料(请在相关选项前打钩或在横线处填写，本调查属于研究内容，信息不会公开)

1. 性别：

(1) □男　　(2) □女

2. 年龄：

(1) □18岁以下　　(2) □18—35岁　　(3) □35—50岁　　(4) □50岁以上

3. 文化程度：

(1) □小学及以下　　(2) □初中　　(3) □高中及中专　　(4) □大专、本科及以上

4. 您的平均月收入：

(1) □1000元以下　　(2) □1000—3000元　　(3) □3000—5000元　　(4) □5000元以上

5. 您的职业：

(1) □务农人员 (2) □军人 (3) □教师 (4) □公务员
(5) □学生 (6) □制造业 (7) □商业 (8) □服务业
(9) □自由职业 (10) □退休 (11) □失业 (12) □其他

6. 请问您在本地居住了多长时间：

(1) □1 年(含)以下 (2) □1—5 年 (3) □5—10 年 (4) □10—15 年
(5) □15—20 年 (6) □20 年以上

二、调查内容

(一) 公众参与态度调查

1.1 建设工程行政许可过程中公众参与的认知情况

1. 您对建设工程设计方案中的相关概念了解吗？(比如容积率、绿地率、建筑高度、建筑密度、用地性质)

(1) □了解 (2) □了解一些 (3) □不了解

2. 您认为规土局在审批建设方案时需要征求利益相关人的意见吗？

(1) □应该 (2) □无所谓 (3) □不用

3. 您知道自己在建设工程方案审批过程中拥有什么样的权利吗？(多选题)

(1) □知情权 (2) □表达意见权 (3) □决策权 (4) □监督权
(5) □要求政府回应权 (6) □不知道

4. 您知道下面哪些法律支持您参与建设工程审批？(多选题)

(1) □宪法 (2) □物权法 (3) □城乡规划法 (4) □政府信息公开条例
(5) □行政许可法 (6) □不知道

5. 您认为公众的参与地位与政府相比应该如何？

(1) □政府高于公众 (2) □两者平等 (3) □政府低于公众

6. 您知道政府公布规划信息的方式吗？(多选题)

(1) □不知道 (2) □网上 (3) □现场展示 (4) □居(村)委会通知我

7. 您知道通过何种渠道表达意见吗？(多选题)

(1) □不知道 (2) □给规划局打电话 (3) □网上邮件 (4) □给规划局写信
(5) □到规划局上访

8. 您知道政府处理公众意见的方式吗？

(1) □不知道
(2) □对于公众的意见规划人员会全部采纳
(3) □对于公众的意见规划人员会依据法规的要求决定是否采纳
(4) □对于公众的意见规划人员会依据法规、发展的要求决定是否采纳

9. 您知道如何得知政府对您的意见的处理结果吗？(多选题)

(1) □不知道 (2) □网上回复我 (3) □写信回复我 (4) □电话回复我
(5) □将回复公告现场展示

1.2 建设工程审批过程中公众参与意愿调查

10. 您在什么情况下愿意参与？

(1) □只要和我有点关系就参与

(2) □只有涉及我很重要的利益(如健康、安全、财产)时才会参与

(3) □不愿意参与

11. 您愿意付出什么样的成本参与控规?

(1) □不要对现状工作生活有任何影响的成本

(2) □可以对现状工作生活有一点影响的成本

(3) □力所能及的成本

(4) □可以为了自己的利益不惜任何代价

1.3　建设工程许可过程中公众参与效能感调查

12. 您是否认为自己有能力可以对规划内容和决策进行有效的判断?

(1) □有能力　(2) □一些能力　(3) □能力一般　(4) □能力较小

(5) □没能力

13. 您是否认为自己的意见可以帮助政府进行更好的决策从而提高规划的质量?

(1) □完全可以　(2) □可以　(3) □一般　(4) □不太可以

(5) □不可以

14. 您是否觉得近几年自己了解和接触城市规划的机会比以前多?

(1) □多了很多　(2) □一些　(3) □一般　(4) □较少

(5) □没变化

15. 您是否认为自己的参与可以保障自己的权利?

(1) □完全可以　(2) □可以　(3) □一般　(4) □不太可以

(5) □不可以

(二) 参与的客观情况调查

16. 您是否参与本次建设工程审批的过程?

(1) □没参与　(2) □参与

(选1的回答第17题,选2的回答第22—29题)

17. 您为什么没有参与本次建设工程审批的过程?

(1) □围观(看到或别人告知规划信息,没有发表意见)

(2) □不知情所以没参与

(选1的回答第18题,选2的回答第19—21题)

18. 为什么"知情却不参与"

(1) □不关心

(2) □自己的参与不会对结果起作用

(3) □看不懂设计图纸,无法提意见

(4) □没时间

(5) □对规划没意见

(6) 其他原因________________

19. 为什么"不知情"

(1) □不关心本社区的规划及建设,从不留意此类信息

(2) □关心本社区规划及建设，但没有获得相关信息

(3) □其他原因________

20. 为什么没有从网站上获取相关信息？

(1) □家中没电脑，使用网络不方便

(2) □家中有电脑或使用网络方便，不知道规划信息会在规划局网站发布，平常不上规划局的网站

(3) □家中有电脑或使用网络方便，知道规划信息会在规划局网站发布，但没有特殊情况一般也不上规划局网站查看信息

(4) □其他原因________

21. 为什么没有从现场公示中获取相关规划信息？

(1) □没去那里，所以没看见

(2) □去了，但没看到相关信息

(3) □其他原因________

22. 您是如何参与的？

(1) □咨询问题　(2) □提反对意见

23. 您咨询的问题得到回答了吗？

(1) □回答　(2) □没有

24. 您咨询的问题得到回答后，您对回答满意吗？

(1) □满意　(2) □不满意

25. 您提的意见得到回复了吗？

(1) □没有　(2) □得到

26. 您对规土局的回复满意吗？

(1) □不满意　(2) □满意

27. 您提的意见得到解决了吗？

(1) □没有　(2) □得到

28. 您觉得规土局提供的信息足够吗？

(1) □完全可以　(2) □可以　(3) □一般　(4) □不太可以

(5) □不可以

29. 您对目前通过这种信息交流方式(即居民与规土局之间非面对面的交流)满意吗？

(1) □满意　(2) □可以　(3) □一般　(4) □不太满意

(5) □不满意

(三) 对规划的认可度调查

30. 对本次规划是否认可？

(1) □认可　(2) □不认可

(四) 行为偏好调查

31. 您最常通过哪种媒体获取信息？(多选题)

(1) □报纸，请填写报纸名字________

(2) □电台

(3) □电视,请填写最常看的地方台________________

32. 您最常通过除媒体外的哪种方式获取信息?(多选题)

(1) □别人电话通知我

(2) □信件通知我

(3) □小区内的信息宣传栏

(4) □网站

(5) □上门通知

33. 您倾向于选择哪种展示地点获取相关规划信息?

(1) □规划基地内展示

(2) □规划基地内与基地外共同展示

(选1的回答第34题)

34. 您倾向于选择哪种规划基地现场地点获取相关规划信息?

(1) □基地围墙

(2) □街道办事处宣传栏

(3) □受影响区域的各个小区或单位入口处

(4) □受影响区域的各居委会门口宣传栏

(5) □其他地方________________

35. 您倾向于选择哪种规划基地外的地点获取相关规划信息?

(1) □附近的规划展示馆

(2) □政府门口宣传栏

(3) □规划基地所在区的各个公共服务中心(如图书馆、文化活动中心)

(4) □其他地点________________

36. 您认为规土局应该选择下面哪种参与方式和公众交流?

(1) □座谈会(听取公众意见,回答简单问题)

(2) □听证会(意见的各方进行抗辩,按证据决策)

(3) □协商会(意见各方轮流发言、说理,各方互相理解,达成一致意见)

(4) □其他形式________________

致　谢

夜幕将至，余晖仍在，就在这样的时刻，我画上了本书的最后一个句点。我推开窗，微风拂面，树影婆娑，恰如此刻我的心境——平静而喜悦。今天和往常并没有什么不同，只是内心增添了一份淡定，不论对自己还是对未来都越发充满信心。这种信心来自于一直以来对美好理想的向往与追求，来自于八年博士求学生涯的探索与磨练，更来自于在这段生命历程中所感受到的温暖与关爱。

居里夫人曾说："如果能追随理想而生活，本着正直自由的精神，勇往直前的毅力，诚实而不自欺的思想而行，则定能臻于至善至美的境地。"一直以来，我都理想之上，自己认准的目标，从来都是勇往直前。所以，开题时很多教授出于爱护，建议我不要选择"城市规划公众参与"这个题目时，我还是义无反顾地投入了研究。我坚信它的价值，坚信通过自己的努力一定能对这一领域有所贡献。然而让我始料未及的是这条求知的路竟然走得异常艰辛。论文最初的设想是设计最优化的公众参与模式，2010 年整整一年，我在英国苦苦思索，海量阅读。辛苦没有白费，通过借鉴组织行为学的理念，我建构了基于主体成熟度的城市规划公众参与方式的选择模型。然而这一创新并没有得到盲审老师的认可，面对"修改意见"我蒙住了，不知所措。最痛苦的时刻，我的导师夏南凯教授建议我从中国实践案例入手再进行研究。放弃了近两年的成果，我进入上海市规划与国土资源管理局详规所开始实习，开始新的征程。结合上海市组织进行控规公众参与制度调整的契机，我对控规公众参与制度的内容、实施和效果进行了详细的调查研究，从规划合法性视角对城乡规划公众参与制度进行了研究。就当我以为终于功德圆满的时候，赵民教授的建议又让我再次陷入沉思。我重新检索了城市规划公众参与理论的发展过程，理清了公众参与制度在本质上是控规实现程序正义，继而实现合法化的重要内容。据此，最终确定了这篇博士论文——《上海控规运行过程中公众参与制度设计研究——基于程序正义的视角》。

毫无疑问，我是个幸运的人，因为至少现在以及在可预计的将来，我都能够从事自己喜欢的学术研究工作。拥有这些，应该知足了。在此时此地可以收获这样一份满足，最应该感谢的就是我的恩师夏南凯教授。自硕士阶段起我即求学于先生门下，多年来聆听教诲，耳濡目染，在学识和做人方面都获益颇丰。可以说，先生是我前行中的引路人，是我精神上的坚强后盾，同时也是改变我命运的贵人。

更应该感谢的还有赵民教授，赵老师在百忙之中帮我审阅论文，每次讨论中，他总能对我繁乱的思绪抽丝剥茧，发现其中的闪光点并为我指明前进的方向。没有赵老师的指导和帮助，我的研究工作将不可能顺利完成。赵老师对我的言传身教将使我终身受益，他严谨的治学作风、高深的学术造诣、勇攀高峰的精神以及对科研工作的满腔热情，无时无刻不在激励与鞭策着我，永远是我工作学习的榜样。

论文评阅及答辩过程中，有幸得到上海城市规划设计研究院的熊鲁霞总工、清华大学建筑与城市规划学院的田莉教授、同济大学建筑与城市规划学院的张冠增教授、华中科技大学建筑与城市规划学院的黄亚平教授、华中科技大学建筑与城市规划学院的耿虹教授、武汉大学城市设计学院的周婕教授的悉心指导，多谢他们对论文提出的宝贵意见。特别感谢周婕老师冒着暴雨从武汉坚持赶来参与我的博士论文答辩，感谢田莉老师在答辩后在本研究上一直给予我的支持和帮助。

还要感谢我的硕士同学们：郭欣、程琳、苗蕾、刘艳、刘璇，每次向她们索要资料、咨询问题总是不厌其烦，尽心帮助。感谢我的博士同学：董金柱、桑劲、吕晓东、殷涛、周静、王孟永、陈治军、陈鸿等等，这些年我们一起埋头苦读、互相鼓励、共同面对困难，这段难忘的人生际遇将成为我永远的美好回忆。感谢所有师兄、师弟及姐妹们的帮助。

特别感谢我的家人。感谢我的先生，承担了家庭的所有重担。感谢父母亲及公公婆婆的支持与关爱，是他们尽全力帮我分担，才使我能够集中精力完成学业。感谢我的 10 岁的女儿和 7 岁的儿子，无论我如何疲惫，一看到他们纯真的笑脸就会立刻充满动力。在这些年的求学之路上，家始终是我最温暖的港湾，让我对未来充满期待，毫无畏惧。家人们永远健康幸福是我最大的心愿！